Studien- und Übungsbücher der Wirtschafts- und Sozialwissenschaften

Herausgegeben von
Professor Dr. Heiko Burchert
und
Universitätsprofessor Dr. Thomas Hering

Bisher erschienene Werke:

Arens-Fischer · Steinkamp, Betriebswirtschaftslehre
Bechtel · Brink, Einführung in die moderne
Finanzbuchführung, 8. Auflage
Berlemann, Allgemeine Volkswirtschaftslehre
Brösel · Kasperzak, Internationale Rechnungslegung,
Prüfung und Analyse
Brösel · Keuper, Medienmanagement
Burchert · Hering · Keuper, Kostenrechnung
Burchert · Hering · Keuper, Controlling
Burchert · Hering, Betriebliche Finanzwirtschaft
Burchert · Hering · Rollberg, Produktionswirtschaft
Burchert · Hering · Rollberg, Logistik
Burchert · Hering, Gesundheitswirtschaft
Burchert · Hering · Pechtl, Absatzwirtschaft
Guba · Ostheimer, PC-Praktikum
Keuper, Finanzmanagement
Keuper, Strategisches Management
Koch, Wirtschaftspolitik im Wandel
Koch · Zacharias, Gründungsmanagement
Matschke · Hering · Klingelhöfer, Finanzanalyse
und Finanzplanung
Pohlmann · Zillmann, Beratung und Weiterbildung

Beratung und Weiterbildung

Fallstudien, Aufgaben und Lösungen

Herausgegeben von
Prof. Dr. Markus Pohlmann,
Thorsten Zillmann, (M. A.)

R. Oldenbourg Verlag München Wien

Bibliografische Information Der Deutschen Bibliothek

Die Deutsche Bibliothek verzeichnet diese Publikation in der Deutschen
Nationalbibliografie; detaillierte bibliografische Daten sind im Internet
über <http://dnb.ddb.de> abrufbar.

© 2006 Oldenbourg Wissenschaftsverlag GmbH
Rosenheimer Straße 145, D-81671 München
Telefon: (089) 45051-0
www.oldenbourg.de

Gedruckt auf säure- und chlorfreiem Papier
Druck: Oldenbourg Druckerei Vertriebs GmbH & Co. KG

ISBN   3-486-57996-7
ISBN 978-3-486-57996-3

Inhaltsverzeichnis

Einleitung und Überblicke   **1**

I. Einleitung. Beratung und Weiterbildung als alternative Formen des „Wissenstransfers" in der Wissensgesellschaft *(Markus Pohlmann und Thorsten Zillmann)* 3

II. Berufliche (Betriebliche) Weiterbildung im Umbruch – Perspektiven und Herausforderungen *(Christiane Schiersmann)* 9

III. Beratung als Interaktionsform – Perspektiven, Trends und Herausforderungen *(Markus Pohlmann)* 31

Beratung und Weiterbildung in der Industrie – Fallstudien aus der Praxis   **49**

I. Kommunikation und Vernetzung durch Wissenspromotion in Organisationen *(Sybille Peters und Sandra Dengler)* 51

II. Einführung eines multimedialen Lernarrangements in einem kleinen Unternehmen – eine Fallstudie im Rahmen eines Modellprojektes *(Carola Iller und Elisabeth Kamrad)* 63

III. Dialogorientierte Teamentwicklung und Supervision – OE im Bankenbereich *(Bernd Schmid und Thorsten Veith)* 73

IV. Teamentwicklung auf den Kopf gestellt – Das GPRI-Modell zur aufgabenorientierten Teamentwicklung *(Hans-Joachim Gergs und Michael Mosner)* 91

V. Ermittlung des Weiterbildungsbedarfs in kleinen und mittleren Unternehmen *(Carola Iller und Annika Sixt)* 111

VI. Unternehmensberatung in der Krise: Situation, Akteursrationalitäten und Beratungseffekte *(Holger Gerlach)* 121

VII. Einfluss von Unternehmensberatungen auf die Phase der Problemdefinition in organisationalen Lernprozessen *(Christiane Kerlen)* 127

Beratung und Weiterbildung in interkultureller Perspektive   **135**

I. Interkulturelle Kommunikation in der technischen Weiterbildung und Fertigung: Eine deutsch-koreanische Kooperation *(Jong-Hee LEE und Michael Friedel)*...........137

II. Von der Kunst, unsichtbare Hürden zu nehmen – Interkulturelle Kommunikation und organisationaler Wandel *(Markus Pohlmann)* 153

Beratung und Weiterbildung in Klinik und Pflege   **163**

I. Pflegeberatung – Von einem Berufsfeld für Pflegekräfte und der Beratung der Berater *(Heiko Burchert)* 165

II. Klinikumsinternes Ausbildungskonzept am Beispiel der/des MTAR *(Hyun Soo KO)*.. 173

III. Beratung von Angehörigen und Qualifizierung professionell Pflegender im Bereich Demenz. Ein Beispiel dafür, wie praxisnahe Forschung und konzeptgeleitete Umsetzung ineinander greifen können *(Sabine Kirchen-Peters)* 181

Beratung und Weiterbildung im Bildungssektor   **191**

I. Aufgabe und Anerkennung der Organisations- und Personalentwicklung *(Matthias Rolle, Annette Schilli und Stephan Fischer)* 193

II. Das Konzept der Corporate University – Neue Akteure in der Bildungslandschaft *(Jutta Staudte)* 219

AutorInnen   **237**

Einleitung und Überblicke

I. Einleitung. Beratung und Weiterbildung als alternative Formen des „Wissenstransfers" in der Wissensgesellschaft *(Markus Pohlmann und Thorsten Zillmann)*

Beratung und Weiterbildung sind heute gesellschaftlich fest etablierte Formen des Wissenstransfers. Sie sind insbesondere in Gesellschaften, die sich als „Wissensgesellschaften" deklarieren und verstehen, nicht mehr wegzudenken. Sie setzen an gesellschaftlichen Reflexions- und Lernprozessen an, die im Wandel von modernen Industriegesellschaften als immer wichtiger erachtet werden. Nicht umsonst hat „Lernen" in vielfältiger Weise in wissenschaftlicher Diskussion und unternehmerischer Praxis wieder Konjunktur: als „Lebenslanges Lernen", „Organisationslernen" oder im Stichwort der „Integration von Arbeit und Lernen". Und in der Tat wissen wir mittlerweile sehr viel über Prozesse individuellen Lernens und seine Praxis, aber die Analyse von Prozessen kollektiven Lernens und ihrer Praxis in Unternehmen und anderen Organisationen steht noch am Anfang. Wir sehen vieles in Weiterbildung und Beratung, das erfolgreich ist, ohne dass wir wissen warum und einiges, das misslingt, ohne dass sich uns die Ursachen erschließen. Hier setzt der vorliegende Sammelband an. Die hier versammelten Fallstudien sollen dokumentieren, welche Probleme durch Beratung und Weiterbildung wie angegangen wurden, welche erfolgreich oder gar nicht gelöst werden konnten und welche Ursachen dies hatte.

Wir haben uns hier auf Beratung und Weiterbildung konzentriert, weil es bei allen Unterschieden verwandte Formen des Wissenstransfers sind. Beide kommen ins Spiel, wenn Organisationen oder Menschen sich verändern wollen. Beide sind in der Regel von zeitlich begrenzter Dauer und basieren zu einem großen Teil auf externen Ressourcen. Dies schafft Vorteile, die andere Formen des Wissenstransfers nicht haben. Sie binden nicht zwangsläufig viele eigene Ressourcen und sind variabel ein- und absetzbar. Zwar kann man sie auch als Funktion oder Abteilung in ein Unternehmen hineinholen; man würde aber damit maßgeblich ihren Charakter verändern. Es ist diese Flexibilität und Variabilität, die ihre Relevanz mit begründet und dabei half, sie als Formen des Wissenstransfers fest zu etablieren. Bei allen konjunkturellen Schwankungen: Beratung und Weiterbildung gehören heute zum festen Repertoire an Veränderungsmaßnahmen, die Unternehmen, Verwaltungen oder Pflegeeinrichtungen initiieren. Die Flexibilität und Variabilität dieser Formen des Wissenstransfers hat jedoch auch ihren Preis: Sie können die Nachhaltigkeit der von ihnen angestoßenen Veränderungen nicht sicherstellen. Darin liegt ihre Achillesferse. Viele Beratungs- und Weiterbildungsmaßnahmen verpuffen einfach, bleiben wirkungslos. Die Frage ihrer mittel-und langfristigen Effekte bleibt zumeist eine offene. Die Antworten darauf hängen nicht so sehr von der Art des Wissenstransfers, sondern vom Wandel der Organisation selbst ab. Es ist diese Konstellation von zeitlicher Begrenztheit, hoher Variabilität und ungesicherter Nachhaltigkeit, die Beratungs- und Weiterbildungsmaßnahmen als Formen des Wissenstransfers typischerweise kennzeichnen.

Das Problem ihrer Nachhaltigkeit ist dabei grundlegend. Die Abhängigkeit des Erfolgs von Voraussetzungen, die sich ihrer Kontrolle entziehen, ist konstitutiv für beide Formen des Wissenstransfers und sorgt typischerweise für ein erkleckliches Maß an Unzufriedenheit, Zurechnungsdifferenzen und Überraschungen auf beiden Seiten. Nicht zuletzt haben die für viele unerwarteten PISA-Ergebnisse dies nochmals bezogen auf das Bildungssystem verdeutlicht. Und auch die vergleichsweise hohe Unzufriedenheit mit Beratung, auf die alle Beratungsstudien hinweisen, macht darauf aufmerksam (siehe den Beitrag von Pohlmann in diesem Band). Beratung und Weiterbildung sind persönliche Dienstleistungen, bei denen die beratene Organisation oder die weitergebildete Person sich Wissen aneignet und in dieser Aneignung sehr selektiv und eigenlogisch verfährt. Wie alle Formen des Wissenstransfers sind auch Beratung und Weiterbildung substanziell auf die Selbstorganisation des Wissens bei ihrer Klientel verwiesen. Es gibt keinen Nürnberger Trichter und auch Ratschläge müssen angenommen und in die Tat umgesetzt werden, bevor sie „wirklich" werden. So entsteht immer eine Kluft zwischen der Beratungs- oder Vermittlungsabsicht und ihrer Realisation auf Seiten der Organisation und der Menschen, die sich beraten oder weiterbilden lassen. Beratung und Weiterbildung können mal bessere und mal schlechtere Voraussetzungen für ihren Erfolg schaffen, aber sie können die Voraussetzungen dafür *nicht* sicherstellen, da sie über einen Großteil der Realisationsbedingungen der anderen Seite weder verfügen oder diese erschaffen können. Was aus Weiterbildung oder Beratung wird, entscheiden letztlich die Beratenen oder Weitergebildeten. Und darin liegt ihr Dilemma: dass sowohl die Gesellschaft als auch ihr Klientel davon absieht und die Verantwortung dort sucht, wo sie eben nur zum Teil übernommen werden kann, bei Beratern und Weiterbildern.

Dennoch lässt sich auch hier ein Wandel feststellen. Lernprozesse sind, so Schiersmann, immer Selbststeuerungsprozesse und darauf beginnen alle Beteiligten sich zunehmend einzustellen. Die Entwicklung der Weiterbildung von einer funktions- und berufsorientierten zu einer prozessorientierten reagiert darauf ebenso (siehe Schiersmann in diesem Band S. 10 ff.) wie jene von der Expertenberatung zur prozessorientierten Organisationsberatung. Jedes Mal tritt der Prozess in den Vordergrund, wird die Prozessgestaltung zum zentralen Verantwortungsbereich der Berater und Weiterbilder und bleiben die Ergebnisse des Prozesses offen. Ob und wie moderne Organisationen mit dieser Ergebnisoffenheit umgehen und welche Methoden der Prozessgestaltung mit Erfolg zum Einsatz kommen können, ist allerdings eine noch sehr unzureichend geklärte Frage. Denn Beratung und Weiterbildung sind in Deutschland relativ spät entwickelte Forschungsfelder. Gemessen an ihrer gesamtwirtschaftlichen Relevanz und der Entwicklung des Marktes konnte man lange Zeit sogar von ihrer Unterrepräsentation in der wissenschaftlichen Debatte sprechen. Erst langsam gewinnt eine Diskussion an Profil, welche die hier versammelten Beiträge zu konkretisieren, ergänzen und weiterführen beanspruchen.

Ihre Erkenntnisse weisen u.a. darauf hin, dass es bei Beratung und Weiterbildung oft die weichen Faktoren sind, die harte Probleme verursachen und wenden deswegen der Prozessgestaltung große Aufmerksamkeit zu. So entscheide nicht selten der Kommunikationsprozess maßgeblich darüber, ob der „Wissenstransfer" durch Beratung oder Weiterbildung erfolgreich verläuft oder nicht (siehe dazu auch den Beitrag von Peters/Dengler in diesem Band). Aber auch die Lernkultur einer Organisation spiele dabei eine Rolle sowie die damit verbundene Eigeninitiative und Motivation der Beteiligten. Doch auch diese erweisen sich als abhängig von Organisation, als im Zusammenspiel von Organisation und Mensch organisier-oder vernichtbar (siehe dazu Iller/Kamrad in diesem Band). Deswegen ist es ein Irrweg, darauf weisen alle Beiträge in diesem Band hin, sich bei der Gestaltung von Beratung und Weiterbildung allein auf den Menschen zu kaprizieren. Viel wichtiger ist, dass Prozesse und Strukturen in einer Weise organisiert sind, dass sie zu Eigeninitiative einladen und entsprechende Motivationen mit erzeugen. Ob es sich bei diesen Gestaltungsformen z.B. um supervisionsorientierte (Veith/Schmidt in diesem Band) oder um aufgabenorientierte Teamentwicklung (Gergs/Mosner in diesem Band) handelt – jedes Mal setzt das Lernen (oder Nicht-Lernen) der Organisation die entscheidenden Rahmenbedingungen. Denn auch Motive, Eigeninitiative oder Lernblockaden basieren auf kollektiven Zurechnungen und werden – ob man will oder nicht – im Kontext der Organisationen mit produziert. So erweist sich z.B. die Teamentwicklung, über die Gergs/Mosner schreiben, eben nicht als ein Veränderungsprojekt, das man nur gelegentlich anstoßen muss, sondern als eine Regelaufgabe der Führung, mehr noch: der Organisation. Es müssen *kontinuierlich*, so der Hinweis von Gergs/Mosner, Ziele gesetzt, Prozesse organisiert, Rollen zugewiesen und das Miteinander gestaltet werden, soll die Teamentwicklung Erfolg haben.

Viele der hier versammelten Fallstudien zielen darauf ab, dass Beratung und Weiterbildung im Kontext einer lernenden Organisation die besten Entwicklungschancen hat. Sie zeigen aber auch, dass es zwar ein hehrer Anspruch sein mag, das Unternehmen zu einer lernenden Organisation zu entwickeln, aber die Erfüllung dieses Anspruches in der Praxis hoch voraussetzungsvoll ist (vgl. nur den Beitrag von Iller/Sixt in diesem Band). Strukturänderungen im Zusammenspiel Mensch und Organisation stoßen häufig auf Widerstände, die nur schwer abzubauen sind. Viele Studien weisen darauf hin, dass der *gezielte* Wandel der Organisation ein Kunststück ist, das vielen Unternehmen nicht gelingt und Veränderungen nur selten zur Zufriedenheit der maßgeblichen Akteure ausfallen. Nach deren Einschätzung ziehen viele Belegschaftsangehörige, bisweilen bis zu zwei Drittel der Belegschaft, es in der Regel vor, sich nicht an Maßnahmen zum Organisationsumbau zu beteiligen, wenn sich ihnen die Gelegenheit dazu bietet (vgl. dazu den Beitrag von Pohlmann in diesem Band). Dass auch Berater daran bisweilen wenig ändern können, kann man den Studien zur Unternehmensberatung in der Krise ohne weiteres entnehmen. Bereits die Möglichkeiten, Einfluss auf die Problemdefinition des Unternehmens nehmen zu können, erweisen sich als begrenzt bzw. an spezifische exklusive Bedingungen, wie dem Vorweis einer sehr guten Kenntnis der Interna des Unternehmens geknüpft (vgl. dazu die Beiträge von Gerlach und Kerlen in diesem Band). Gerade auch die Organisationsberatung vermag es keineswegs immer, durch die Beteiligung aller Betroffener nachhaltige Veränderungseffekte zu erzielen (siehe den Beitrag von Pohlmann in diesem Band).

Weiterbildung und Beratung sind – ob sie wollen oder nicht – auf die Veränderungsfähigkeit und den Veränderungswillen ihrer Klientel verwiesen. Aber sie können Veränderungsprozesse gestalten helfen und Anreize setzen, können richtige oder falsche Methoden anwenden. Die hier versammelten Beiträge zeigen damit einhergehende Chancen und Restriktionen auf, analysieren die Praxis von sehr unterschiedlichen Gestaltungsformen in der Industrie, im öffentlichen, sozialen und im Gesundheitssektor. Jedes Mal zeigt sich, dass die „feinen Unterschiede" im Umgang mit Kommunikationsformen, Lernkulturen und Problemdefinitionen von entscheidender Bedeutung für Erfolg oder Misserfolg von Beratung und Weiterbildung sind. Auch deswegen werden sie im Zusammenhang mit Organisationsentwicklung als deren probate Mittel ausgerufen, erscheinen als sanfte Formen organisationalen Wandels besonders tauglich. Aber nichtsdestotrotz zeigen die wissenschaftlichen Studien auch, dass insbesondere in Krisenzeiten gerne auf sie verzichtet wird. Dies gilt um so mehr, je kleiner die Unternehmen sind bzw. je weniger Ressourcen sie im Regelfall mobilisieren können Es gibt in puncto Beratung und Weiterbildung einen sehr klaren Größeneffekt. Je größer die Unternehmen, desto eher nutzen sie Beratung und Weiterbildung als Formen des Wissenstransfers. Ein Blick auf die Teilnahmestrukturen von Beratung und Weiterbildung, wie er in den Überblicksartikeln von Christiane Schiersmann und Markus Pohlmann gegeben wird, zeigt für beide Formen des Wissenstransfers ein identisches Muster. Unternehmen, die wissensbasiert arbeiten und besonders viel professionelles, hoch qualifiziertes Personal beschäftigen, greifen sehr viel stärker auf Beratung und Weiterbildung zurück als andere. Der Größeneffekt geht also nicht selten mit einem Matthäus-Effekt einher: Wer hat, dem wird gegeben und wer nicht hat, der/dem nutzt auch Beratung und Weiterbildung nur in geringem Maße. Dies setzt sich auf individueller Ebene fort. Nach Schiersmann kommen alle Datenquellen einstimmig zu dem Ergebnis, dass die Weiterbildungsbeteiligung um so niedriger ausfällt, je geringer das schulische bzw. das berufliche Qualifikationsniveau ist (siehe den Beitrag in diesem Band, S. 19). Und dasselbe gilt im Falle von individueller Beratung/Coaching.

Neben der sozialen und organisationalen Selektivität von Beratung und Weiterbildung stellt aber auch die wachsende Interkulturalität ihre Praxis vor neue Herausforderungen. Während in solchen Fällen oft die Vermittlung von Fach- und Organisationskenntnissen im Vordergrund steht, erweisen sich diese tatsächlich im Falle von Fusionen und Kooperationen zwar als wichtig, aber nicht als zentral. Was so viele Fusionen und strategische Allianzen organisatorisch und wirtschaftlich ins Schleudern bringt, sind vielmehr die als selbstverständlich erachteten Hintergrundannahmen des Personals, der lebensweltliche Wissensvorrat der Organisation, der nicht hinterfragt wird, aber die Auslegung des Vermittelten oder des Ratschlags maßgeblich mit bestimmt. Kulturen prägen die kollektiven Deutungsschemata nachhaltig und ändern sich nur langsam. Die Schwierigkeiten, die daraus für Beratung und Weiterbildung erwachsen, sind erheblich und die hier vorgelegten Fallstudien zeigen (siehe dazu die Beiträge von Friedel/Lee und Pohlmann), dass in der Praxis bislang nur unzureichend auf diese Schwierigkeiten reagiert wird.

Dasselbe gilt für Beratung und Weiterbildung im öffentlichen Bereich und im Bereich der sozialen Dienstleistungen. So sehr hier eine Professionalisierung versucht wird (siehe dazu die Beiträge von Burchert, Ko und Kirchen-Peters in diesem Band), so sehr steckt diese noch in den Anfängen. Die Qualifizierung von z.B. professionell Pflegenden und deren Lehrkräften hat zwar in den letzten Jahren institutionellen Auftrieb erhalten, aber nach wie vor stehen der Beratung und Weiterbildung in diesen Bereichen hohe Hürden entgegen. Das Gesundheitssystem beschäftigt in Deutschland zwar mehr Menschen als die Automobilindustrie und das Krankenversorgungssystem setzt mit seinen unterschiedlichen Organisationen mehr als 10 Prozent des Bruttosozialprodukts um, aber nichtsdestotrotz sind die finanziellen, juristischen und personellen Restriktionen in diesem Bereich besonders gravierend. Beratung und Weiterbildung ist nun bereits in Industrieunternehmen keine einfache Sache. Trotz eines ungleich größeren Handlungsspielraums stehen ihr auch dort beträchtliche Probleme entgegen. Wie wird nun aber in Krankenhäusern, Pflegeeinrichtungen etc. auf Basis höherer Belastungen und stärkerer Restriktionen die Organisations- und Personalentwicklung gestaltet und wie kann Beratung und Weiterbildung dabei helfen? Auch dieser Frage gehen die Fallstudien in diesem Band nach.

Nicht nur wurde in letzter Zeit der Ruf nach einer das aktuelle Wissen des ärztlichen, medizinisch-technischen und des Pflegepersonals steigernden Weiterbildung immer lauter, sondern zwangen auch die personalwirtschaftlichen Rahmenbedingungen alle sozialen Einrichtungen in diesem Bereich nach neuen Organisationsformen zu suchen und sich in dieser Suche beraten zu lassen. Die Reflektionen auf die Schwierigkeiten und den Erfolg dieser Weiterbildungen und Beratungen haben allerdings erst begonnen.

Hier sind denn auch die Universitäten, ist die Beratung und Weiterbildung im Bildungssektor gefragt, die mit ihren neuen praxisnahen Aus- und Weiterbildungsgängen auf Schwierigkeiten und Erfolg von Beratung und Weiterbildung reflektieren. Bezogen auf die Weiterbildung im Bereich Organisationsentwicklung und Personalentwicklung stellen Rolle, Schilli und Fischer deren Konzeption und Praxis vor, während Staudte in ihrem Beitrag die Praxis in den Corporate Universities analysiert, die in vielen Großunternehmen heute die „Speerspitze" der Weiterbildungsaktivitäten in der Wirtschaft bilden. Entstehen hier neue Lernlandschaften und wodurch unterscheiden sich universitäre von großunternehmerischen Konzepten der Weiterbildung?

Diesen und anderen Fragen gehen die hier versammelten Fallstudien nach. Sie sollen es zum einen Wissenschaftlern und Studierenden ermöglichen, einen Blick hinter die Kulissen der Praxis zu werfen. Sie wollen zum anderen auch für Praktiker aufzeigen, wie sich die Erkenntnisse unterschiedlicher Disziplinen tatsächlich in der Praxis von Beratung und Weiterbildung bewähren und welche „best practices" es gibt. Auf diese Weise möchte der Band eine Diskussion über Formen des Wissenstransfers und des kollektiven Lernens weiterführen, die mit der Wissensbasierung von Unternehmen und anderen Organisationen ständig an Bedeutung gewinnen, ohne dass der Erkenntnisgewinn der Wissenschaften mit dieser Bedeutungszunahme bisher Schritt halten konnte.

II. Berufliche (Betriebliche) Weiterbildung im Umbruch – Perspektiven und Herausforderungen (*Christiane Schiersmann*)

1. Der gesellschaftliche Rahmen beruflicher Weiterbildung

Die aktuelle Bedeutung und Wertschätzung von beruflicher Weiterbildung ist vor dem Hintergrund der folgenden zentralen Dynamiken des gesellschaftlichen Wandels zu interpretieren, die an dieser Stelle lediglich in aller Kürze skizziert werden können (vgl. dazu auch: Baethge u.a. 2004: 19ff.).

- Tertiarisierung

In Deutschland ist – ebenso wie in anderen klassischen Industrieländern – eine deutliche Verschiebung von der Produktions- zur Dienstleistungsökonomie zu konstatieren: Ende des 20. Jahrhunderts waren 2/3 aller Beschäftigten im Dienstleistungsbereich tätig. Damit gewinnt gegenüber dem in den handwerklichen und industriellen Berufen dominierenden Umgang mit Material und Sachen der Umgang mit Menschen und Symbolen an Bedeutung. ‚Tertiäre' Kompetenzprofile zeichnen sich in der Regel – wenn auch von Feld zu Feld in unterschiedlich starkem Ausmaß – durch hohe Anforderungen an Analysefähigkeit und analytischem Wissen, an kommunikativer Sensibilität, an situationsgebundener Problemlösefähigkeit sowie an Reflexivität aus.

- Informatisierung/steigende Wissensintensität

Die Informations- und Kommunikationstechnologien sind massiv in die Arbeits- und Lebensprozesse eingedrungen und der Faktor Wissen wird vielfach als vierter Produktionsfaktor bezeichnet. Die Arbeitsprozesse sind dadurch abstrakter und komplexer geworden. Zugleich haben sich Ablauf- und Entscheidungsprozesse nachhaltig beschleunigt. Auch diese Entwicklung beeinflusst die erforderlichen Kompetenzen nachhaltig: Für die Industriearbeit waren neben den fachlichen Kenntnissen und Fertigkeiten Kompetenzen wie technische Sensibilität, Zuverlässigkeit, Genauigkeit und Sorgfalt zentral. Hinzu kommen nun auch in Bezug auf diesen Trend Kompetenzen wie Kreativität, Problemlösefähigkeit, Reflexionsvermögen, Selbststeuerungs- und Kommunikationsfähigkeit und insbesondere die Bereitschaft, die eigene Wissensbasis ständig zu aktualisieren. Dies setzt die Bereitschaft zum Lernen und zur Reflexion der eigenen Lernprozesse im Sinne einer Metakompetenz voraus.

- Internationalisierung/Globalisierung

Wenngleich die Internationalisierung von Unternehmen kein völlig neues Phänomen darstellt, so hat sie doch eine neue Qualität erreicht. Über den internationalen Austausch von Waren hinaus kommt es heute zu einer tendenziell weltweiten Verteilung von Wertschöpfungsketten. Dies erweitert die internationale Kooperation über die Führungsspitzen bzw. Spezialabteilungen hinaus auf nahezu alle Beschäftigtengruppen. Außerdem haben sich die Arbeitsmärkte räumlich entgrenzt. Um auf diesen handlungs- und wettbewerbsfähig zu sein, sind neben hoher Fachkompetenz Sprachkenntnisse, Verständnis anderer Kulturen und Mobilitätsfähigkeit unerlässliche Kompetenzen.

• Veränderung der Arbeitsorganisation

Die Betriebe haben auf den skizzierten Wandel mit einer Veränderung der Betriebs- und Arbeitsorganisation reagiert. Die traditionelle funktions- und berufsbezogene Strukturierung wird durch eine Orientierung an den Geschäftsprozessen und damit an den Abläufen ersetzt (vgl. Picot u.a. 1996). Mit Hilfe dieses Organisationsmodells sollen die Innovationsfähigkeit und Reaktionsgeschwindigkeit der Betriebe gegenüber Marktentwicklungen erhöht, die Erschließung der Wissenspotentiale intensiviert und die Kooperationsstrukturen enthierarchisiert werden. Diese erfordert eine flexible Spezialisierung, kleine selbst organisierte Einheiten, neue Kooperationsformen (Team-, Gruppen- und Projektarbeit) und neue Steuerungsformen, die individuelle Motivation und Kompetenz prämieren. Damit werden Mobilität, Flexibilität und Selbstorganisationsfähigkeit zu neuen Leitkategorien im Arbeitsverhalten.

Die Folgen der vier Megatrends für berufliches Handeln und berufliche Kompetenz sind gravierend: Die berufstypischen Aufgabenprofile lösen sich tendenziell auf. „Es entsteht ein neuer Typus von Arbeitskraft, dem neben fachlichen und sozialkommunikativen Qualifikationen in der Arbeit Kompetenzen des Selbstmanagements im Sinne von eigenständiger Lebensplanung und Koordinierung von Arbeit und Leben, der Mitgestaltung der Gemeinschaft, der Orientierungs- und Handlungsfähigkeit (Mobilität) auf dem Arbeitsmarkt und vor allem des Umgangs mit Unsicherheit abverlangt werden." (Baethge u.a. 2004: 29) Da die gegenwärtig erforderlichen Kompetenzen von der Mehrzahl der Beschäftigten in der Jugendphase noch nicht erworben wurden, ist die Weiterbildung gefordert, um diese Lernprozesse zu unterstützen.

Vor dem skizzierten Hintergrund lässt sich die Entwicklung der beruflichen Weiterbildung als Wandel von einer funktions- und berufsorientierten Weiterbildung zu einer prozessorientierten charakterisieren. Die Tab. 1 stellt diese Entwicklung überblicksartig dar. Damit werden Tendenzen beschrieben, jedoch nicht postuliert, dass der Wandel bereits vollständig vollzogen wäre bzw. je die alte Ausrichtung vollständig durch die neue ersetzt würde. Die folgenden Ausführungen orientieren sich an dieser Systematik, wenngleich nicht auf alle Aspekte mit gleicher Ausführlichkeit eingegangen werden kann, und fokussieren dabei insbesondere die betriebliche Weiterbildung.

Tab. 1: Von der berufs- und funktionsorientierten zur prozessorientierten Weiterbildung

Dimensionen der Weiterbildung	Funktions- und berufsorientierte Weiterbildung	Prozessorientierte Weiterbildung
Didaktische Ebene		
Lernziele	Verbesserung einzelner Qualifikationen – bezogen auf Berufsbilder	Kompetenzentwicklung (im Sinne umfassender beruflich/betrieblicher Handlungsfähigkeit)
Lehr/Lernarrangements	Kurse und Seminare (Dominanz formalisierter Weiterbildung)	Stärkung non-formaler arbeitsbegleitender Lernarrangements, Selbststeuerung von Lernprozessen als Leitbild, Einbezug neuer Medien
Lerninhalte	Fach- und berufsbezogene Kenntnisse und Fertigkeiten	Zusätzlich fachübergreifende, insbesondere sozialkommunikative Kompetenzen
Zielgruppen/Teilnehmer	Individuelle Nachfrager (insbesondere Fach- und Führungskräfte)	Einzelne Leistungsträger auf allen betrieblichen Ebenen, Teams, Projektgruppen
Institutionelle Ebene		
Bedarfsdefinition	Mittel- bzw. langfristige Orientierung an Berufs- und Branchenstruktur	Kurzfristige, prozessbezogene Bedarfsdefinition
Programmplanung	Mittelfristige anbieterorientierte Programmplanung	Kurzfristige nachfrageorientierte Programmplanung
Rolle des Personals	Dozent, Wissensvermittler	Moderator, Lernbegleiter
Qualitätssicherung	Kursbezogene Evaluation	Qualitätsmanagementkonzept

Quelle: In Anlehnung an: Baethge, Martin/Schiersmann, Christiane (2000): Prozessorientierte Arbeits- und Betriebsorganisation – Konsequenzen für die Anforderungen an „Lebensbegleitendes Lernen. In: Achtenhagen, Frank Lempert, Wolfgang (Hrsg.): Lebenslanges Lernen im Beruf – seine Grundlegungen im Kindes- und Jugendalter. Band 2. Opladen: Leske + Budrich , S. 36, Baethge, Martin/Baethge-Kinsky, Volker (2004): Der ungleiche Kampf um das lebenslange Lernen. Münster u.a.: Waxmann. S. 22

2. Didaktische Ausgestaltung der Weiterbildung

Ziele der Weiterbildung

In der aktuellen Weiterbildungsdiskussion ist der Kompetenzbegriff weitgehend an die Stelle älterer Begrifflichkeiten wie Qualifikation oder Schlüsselqualifikation getreten. Wenngleich die theoretische Diskussion über den Kompetenzbegriff sehr heterogen ist und sowohl von verschiedenen Disziplinen geführt wird als auch in unterschiedliche Theoriekonstrukte eingebaut ist, so lassen sich doch einige Gemeinsamkeiten herauskristallisieren:

In Abgrenzung zum Qualifikationsbegriff rekurriert der Kompetenzbegriff stärker auf Dispositionen, die zum kompetenten Handeln befähigen. Er impliziert folglich bereits die Dimension einer umfassenden beruflich/betrieblichen Handlungsfähigkeit. So definiert Bernien (1997: 25) aus psychologischer Sicht Kompetenz als „die Summe aller Fähigkeiten, Fertigkeiten, Wissensbestände und Erfahrungen des Menschen, die ihn zur Bewältigung seiner beruflichen Aufgaben und gleichzeitig zur eigenständigen Regulation seines Handelns einschließlich der damit verbundenen Folgeabschätzungen befähigen".

Der Kompetenzbegriffs betont bei der Beschreibung von Handlungskompetenz die Fähigkeit, seine eigenen Handlungen reflektieren zu können. Löwisch (2000: 165) bezeichnet dies als eine „Kompetenz zweiter Ordnung".

Der Kompetenzbegriff ist eng gekoppelt an den der Selbstorganisation, d.h. er setzt auf die Selbstorganisationsfähigkeit des Menschen. So beschreiben z.B. Erpenbeck/Heyse (1999: 130) den Kompetenzerwerb als selbstorganisierten Prozess.

Dieses Ziel der Herausbildung einer umfassenden reflexiven beruflichen Handlungsfähigkeit kann als angemessene Antwort auf die oben beschriebenen Anforderungen der Arbeitswelt angesehen werden. Allerdings liegen bislang kaum empirische Studien zu der Frage vor, wie sich der Erwerb bzw. der Ausbau von Kompetenzen im Erwachsenenalter im Einzelnen konkret vollzieht. Hier besteht ein erheblicher Forschungsbedarf, der ein komplexes und interdisziplinär angelegtes Forschungsdesign erfordert.

Lehr-Lern-Arrangements
Die Umgestaltung der Weiterbildung in Richtung Prozessorientierung hat nachhaltige Konsequenzen für die didaktischen Arrangements. Diese werden häufig auch mit der Chiffre einer neuen Lernkultur umschrieben (vgl. das Programm Lernkulturentwicklung des Bundesministeriums für Bildung und Forschung). Dabei spielen die Aspekte der Selbststeuerung von Lernprozessen, des arbeitsbegleitenden Lernens, des Lernens mit neuen Medien sowie das Gruppen- bzw. Organisationslernen eine zentrale Rolle.

Selbstgesteuertes Lernen
Die aktuelle Diskussion um lebenslanges Lernen geht einher mit der programmatischen Forderung nach der Selbststeuerung von Lernprozessen Erwachsener (vgl. Schiersmann 2001; Schiersmann/Remmele 2002). Die damit verbundene Umorientierung wird vielfach bereits als Paradigmenwechsel beschrieben. Die auf einer allgemeinen Ebene zu beobachtende hohe Übereinstimmung in Bezug auf diese Zielperspektive verdeckt jedoch, dass im Einzelnen keineswegs immer klar ist, was genau gemeint ist. Die Begründungen für selbstgesteuertes Lernen verbleiben bislang vielfach auf einer Plausibilitätsebene und empirische Belege fehlen weitgehend. Weber (1996: 178) geht davon aus, dass das Konzept des selbstgesteuerten Lernens nicht zuletzt deswegen so attraktiv sei, weil es unscharf gefasst ist und je nach Situation und Interessenlage definiert und konkretisiert werden kann. Vor diesem Hintergrund versuche ich im Folgenden – ebenfalls noch auf einer heuristischen Ebene – drei Zugänge zu diesem theoretischen Konstrukt auszudifferenzieren.

Der Lernprozess als Selbststeuerungsprozess
Eine zentrale Rolle spielt das Konzept der Selbststeuerung im Rahmen systemischer und konstruktivistischer Lerntheorien (vgl. Friedrich/Mandl 1995; Siebert 2003). In diesem Kontext werden selbstreferentielle Prozesse sozialer Systeme als Lernprozesse verstanden. Dabei wird davon ausgegangen, dass der Lernende nicht einfach Wissen rezipiert, sondern im Lernprozess sein Wissen konstruiert, d.h. in sein Vorwissen einbaut. Die aus konstruktivistischer Sicht betonte Aktivität des Lernenden bezeichnet eine mentale und kognitive Eigenaktivität. Diese Konzeptionalisierung des selbstgesteuerten Lernens kann als psychologischer bzw. erkenntnistheoretischer Zugriff charakterisiert werden. Bei dieser Ausgestaltung des Konzepts der Selbststeuerung stehen Eigenschaften und Verhaltensweisen von Personen als

wesentliche Variablen im Vordergrund, die auf ein konstruiertes ‚Idealbild' vom selbstgesteuert Lernenden hinauslaufen (vgl. Kraft 1999: 836): Dieser zeichnet sich vor allem dadurch aus, dass er ‚aktiv' ist bezogen auf verschiedene Aspekte des Lernens: Er ergreift die Initiative, um Lernbedürfnisse zu befriedigen, setzt sich Lernziele und setzt diese in Pläne um, greift situativ auf unterschiedliche Formen der Unterstützung zurück, wählt geeignete Hilfsmittel beim Lernen, verfolgt und überprüft den Lernprozess, verfügt über realistische Einschätzungen der eigenen Kompetenzen und Grenzen sowie über ein positives Selbstbild, das auf vergangenen Erfahrungen beruht, und kennt außerdem seine Stärken, Fähigkeiten und Motivationslagen. Das nicht alle Erwachsenen derzeit über derartige Lernkompetenzen verfügen, unterstreicht eine eigene Erhebung (vgl. Schiersmann 2004: 57ff). Es konnte gezeigt werden, dass die familiale Unterstützung, der Bildungsabschluss, das Niveau der Berufsausbildung und der Erwerbsstatus einen nachhaltigen Einfluss auf die Ausprägung der Selbststeuerung haben.

Selbststeuerung als pädagogisch-didaktische Dimension
Im Rahmen einer didaktisch-methodischen Konzipierung von Selbststeuerung steht die Intention im Mittelpunkt, Lernsituationen (Kurse, Seminare, aber auch arbeitsplatzbezogene Formen des Lernens) so auszugestalten, dass sie ein möglichst hohes Maß an Eigenaktivitäten ermöglichen. Folglich handelt es sich hierbei um einen im klassischen Sinne pädagogischen Zugang, der sich an dem Ziel der Förderung der Mündigkeit des Menschen orientiert (Dohmen 1998: 65). Dabei wird insbesondere an den Begriff „Selbst" angeknüpft, der auf die Autonomie der Individuen zielt. Bei dieser positiven Konnotierung des „Selbst" wird allerdings kaum thematisiert, dass die Tatsache, etwas selbst zu tun, noch nicht unbedingt ein Qualitätsmerkmal darstellt (vgl. Kraft 2002: 17). Die Qualität einer Handlung bemisst sich zumindest auch an den Inhalten und Zielsetzungen des jeweiligen Tuns (vgl. Heid 1991: 267ff.). Bei dieser Ausgestaltung des Konzepts selbstgesteuerten Lernens handelt es sich m.E. zu einem erheblichen Teil um „neuen Wein in alten Schläuchen", denn diese Aspekte werden in der Weiterbildung schon seit langem unter dem Stichwort der Teilnehmer- bzw. Adressatenorientierung diskutiert.

Selbststeuerung als Selbstmanagement des Lernenden
Eine dritte Ebene der Konzeptualisierung von Selbststeuerung ist eher auf einer bildungs- bzw. gesellschaftspolitischen Ebene angesiedelt. Sie fokussiert das Selbst-Management des Lernens. Diese Zielperspektive dürfte die zu beobachtende Individualisierung von Lernprozessen in dem Sinne verstärken, dass den Individuen die Verantwortung für das (erfolgreiche) Lernen einseitig übertragen wird. Es wird – ausgedrückt auch in dem Begriff der ‚employability' (Beschäftigungsfähigkeit) – zur individuellen Aufgabe, sich permanent um die Aktualisierung seiner Kompetenzen zu bemühen. Bei dieser Argumentation steht die Überlegung im Vordergrund, dass das Reagieren auf Lernangebote nicht mehr hinreichend ist, um den Anforderungen des lebenslangen Lernens gerecht zu werden, sondern vielmehr die Internalisierung der Eigeninitiative zum Lernen als notwendig erachtet werden müsse. Dabei wird ebenfalls noch näher zu untersuchen sein, inwieweit die Betroffenen die Voraussetzungen für diese Form der Selbststeuerung besitzen. Die Erfahrungen mit der Verteilung von Bildungsgutscheinen für Arbeitslose haben hierzu bereits vielfältige Erfahrungen beigesteuert.

Generell scheint es nicht sehr hilfreich, von einer Dichotomisierung zwischen selbstgesteuertem und fremdgesteuertem Lernen auszugehen. Vielversprechender erscheint es mir, einzelne Merkmale und Dimensionen von Lernprozessen wie Lernziele und Lerninhalte, die Gestaltung des Lernprozesses, die Rolle des Lernenden oder institutionelle Rahmenbedingungen im Hinblick auf ihren jeweiligen Ausprägungsgrad an Selbst- und Fremdsteuerung zu beurteilen.

Arbeitsbegleitende Lernprozesse

Für die Abkehr von herkömmlichen Lernkontexten wie Seminaren oder Kursstrukturen hin zu Lernangeboten, die stärker mit dem Arbeitsprozess selbst verknüpft sind, sprechen die höhere Situationsangemessenheit derartiger Lernangebote und die besseren Chancen zum Transfer der erworbenen Kompetenzen. Nun handelt es sich bei dem Phänomen, dass im Prozess der Arbeit oder in enger Verknüpfung mit dieser auch Lernprozesse stattfinden bzw. gezielt gefördert werden, keineswegs um ein neues (vgl. Baethge/Schiersmann 1998; Kühnlein 1999; Büchter 1999). Insbesondere die betriebliche Ausbildung wies mit ihrem Ursprung in der Handwerkerlehre schon immer hohe Anteile des Lernens im Arbeitsprozess auf. Insofern geht es auch bei der Analyse der aktuellen Diskussion zentral um die Frage, was daran neu ist, und ob sich eine Ausweitung entsprechender Lernprozesse nachweisen lässt.

Trotz vieler in empirischen und theoretischen Studien unternommener Versuche, arbeitsplatznahes bzw. integriertes Lernen systematisch darzustellen, konnte bislang keiner davon erschöpfend und zur Gänze nachvollziehbar die Vielfalt der so bezeichneten Lernprozesse untergliedern. Eine Hauptproblematik besteht darin, die Nähe zum Arbeitsprozess kategorial sauber zu differenzieren. Dehnbostel (1998: 182) unterteilt beispielsweise „dezentrales Lernen" in drei Formen:

- arbeitsgebundenes Lernen (Lernort und Arbeitsplatz sind identisch, z. B. Lerninseln und betriebliche Lernstationen),

- arbeitsverbundenes Lernen (räumliche und arbeitsorganisatorische Verbindung zwischen Lernort und Arbeitsplatz, z. B. Technikzentren und Musterausbildungsplätze),

- arbeitsorientiertes Lernen (Lernort und Arbeitsplatz sind räumlich und arbeitsorganisatorisch getrennt, z. B. Lernfabriken und Produktionswerkstätten in Bildungseinrichtungen).

Selbst mit Hilfe der vom Autor angeführten Beispiele, die sich fast ausschließlich auf den gewerblichen Bereich beziehen und kaufmännische bzw. verwaltende Bereiche außer Acht lassen, bleiben die Konturen dieser drei Begriffe verschwommen.

Severing (1994: 26) versucht mit seiner Darstellung der Dimensionen der Lernprozesse (Lernorte, Lernorganisation, Lernzeiten und Lerninhalte) das Verhältnis von Arbeiten und Lernen sichtbar zu machen. Abstufungen des Lernorts beispielsweise seien Arbeitsplatz, Umgebung des Arbeitsplatzes, betriebliche Bildungsstätten, überbetriebliche Bildungsstätten bzw. externe Seminare.

Die vorliegenden Systematisierungen werfen u.a. die Frage auf, was das Konzept „Arbeitsplatz" überhaupt umfasst: Ist damit der Schreibtisch/die Werkbank gemeint oder auch die jeweilige Abteilung des Mitarbeiters? Grünewald u.a. (1998) haben die folgende Systematik erarbeitet, die hilfreich erscheint:

Abb. 1: Systematik betrieblicher Weiterbildung

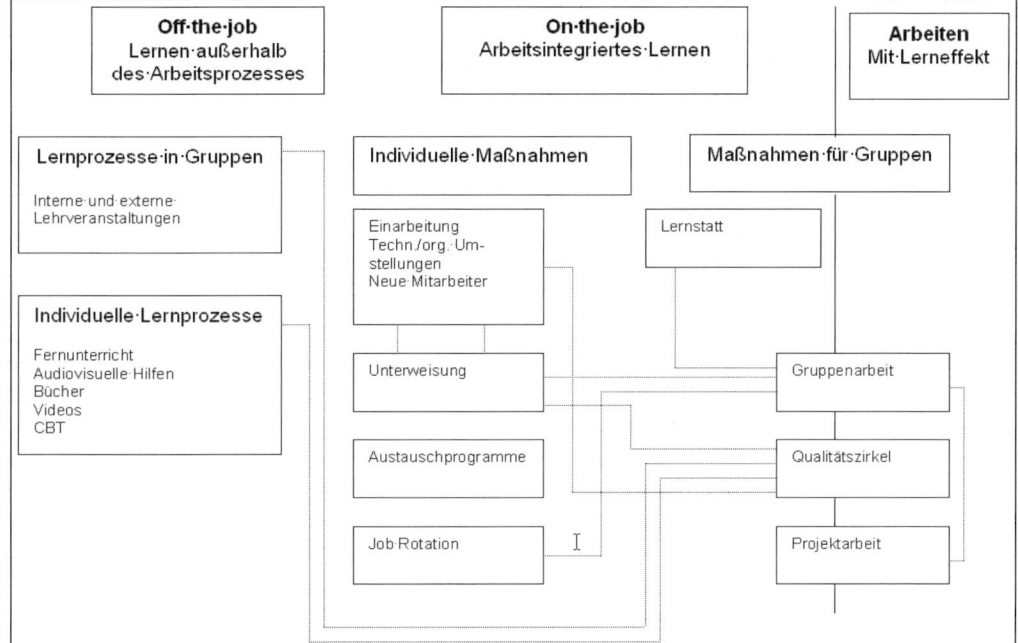

Quelle: Grünewald u.a. (1998), S. 35

Arbeitsintegriertes Lernen (on-the-job) wird dabei als Zwischenform zwischen „off-the-job"-Weiterbildungsmaßnahmen und „Arbeiten mit Lerneffekt" betrachtet.

Da den arbeitsbegleitenden Lernformen in letzter Zeit hohe Bedeutung zugemessen wird, werden sie auch in den neueren Erhebungen zur betrieblichen Weiterbildung oft mit erfasst, so in den Untersuchungen des Instituts der Deutschen Wirtschaft (vgl. Weiss 2003), dem Berichtssystem Weiterbildung (vgl. Bundesministerium für Bildung und Forschung 2003) sowie in den beiden Untersuchungen der Europäischen Union (CVTS I und II) und den darauf bezogenen deutschen Zusatzerhebungen (vgl. Grünewald u.a. 2003, Grünewald/Moraal 1996).

In der Erhebung CVTS II wurden die im folgenden aufgelisteten fünf „anderen" Formen der betrieblichen Weiterbildung erfasst. Dabei ergaben sich einige Veränderungen gegenüber CVTS I durch eine Zusammenfassung einzelner Variablen (vgl. Grünewald u.a. 2003):

1. Geplante Phasen des Trainings, der Unterweisung oder der praktischen Arbeitserfahrung bei Nutzung der normalen Arbeitsmittel

2. Geplantes Lernen durch Job-Rotation oder Austauschprogramme mit anderen Unternehmen

3. Teilnahme an Lern- und Qualitätszirkeln

4. Selbstgesteuertes Lernen durch Fernunterricht, audiovisuelle Hilfen wie Videos, computerunterstütztes Lernen, und Internetnutzung

5. Informationsveranstaltungen

Vergleicht man die Ergebnisse der beiden Erhebungen, so zeigt sich, dass bei allen Formen zwischen 1993 und 1999 ein Anstieg aller „anderen" Formen betrieblicher Weiterbildung zu beobachten ist. Quantitativ dominiert jedoch eindeutig die Unterweisung/Einarbeitung, bei der es sich eher um eine traditionelle arbeitsbegleitende Lernform handelt. Dieses Ergebnis macht nebenbei auch deutlich, dass sich hinter informellen bzw. arbeitsnahen Lernformen nicht notwendigerweise innovative Konzepte verbergen Besonders stark gestiegen ist der Anteil der Qualitätszirkel (von 5% auf 15%). Dabei handelt es sich um eine neue Form arbeitsbegleitenden Lernens, deren Verbreitung aber trotz des Anstiegs immer noch gering ist. Die Formen selbstgesteuerten Lernens, die in dieser Erhebung vor allem medial unterstützte Lernformen erfassen, ist demgegenüber erstaunlicherweise nahezu gleich geblieben (mit 17% vs. 18%). (vgl. Grünewald u.a. 2003: 134 f.).

Wie aus dem Berichtssystem VIII (vgl. Bundesministerium für Bildung und Forschung 2003) hervorgeht, sind die Teilnahmequoten von Erwerbstätigen bei – dort als „informelle berufliche Weiterbildung" bezeichneten – Formen wie „Unterweisung/Anlernen durch Kollegen, Vorgesetzte etc." mehr als dreimal so hoch wie die von „Qualitäts-, Werkstattzirkel, Lernstatt, Beteiligungsgruppe". Zwar verzeichnet das Berichtssystem einen Anstieg der letztgenannten Formen von 4% im Jahr 1994 auf 9% im Jahr 1997. Parallel stiegen aber auch die Unterweisungs-/Anlernformen von 16% auf 34% im selben Zeitraum an (Bundesministerium für Bildung, Wissenschaft, Forschung und Technologie (BMBF) 2000: 189). Die IW-Studie verzeichnet einen Rückgang von „Lernen in der Arbeitssituation" von 44,8% im Jahr 1992 auf 39% 1998 (vgl. Weiß 2003: 22).

Die Erhebung im Rahmen des Berichtssystems Weiterbildung (vgl. Bundesministerium für Bildung und Forschung: 2003) erlaubt auch eine Aufgliederung der Beteiligung an informeller beruflicher Weiterbildung nach soziodemographischen Kriterien. Dabei zeigt sich, dass sich die aus der formalen beruflichen Weiterbildung bekannte Segmentierung (s. dazu Abschnitt 2.3) in der informellen Weiterbildung wiederholt. Dies bedeutet, dass die Beteiligung an informeller beruflicher Weiterbildung keineswegs die Teilnahme an Kursen oder Seminaren kompensiert.

Eine Problematik der Diskussion über das arbeitsbegleitende Lernen besteht darin, dass stellenweise ein geringer Formalisierungsgrad bereits als grundlegendes Qualitätsmerkmal von Lernprozessen angesehen wird, während die traditionellen und in der Regel stark formalisierten Weitebildungsseminare pauschal abgewertet werden (vgl. z.B. Staudt/Kriegesmann: 2000). So postuliert Bergmann (2001), Lernen im Arbeitskontext sei nicht in erster Linie darauf angelegt, punktuell einzelne Qualifikationen zu verbessern, sondern solle weit umfassender die Kompetenz der Mitarbeiter erhöhen, ein Begriff, mit dem die höhere Qualität solcher Lernprozese kenntlich gemacht werden soll.

Bei der Beschreibung und empirischen Erfassung arbeitsbegleitender Lernprozesse besteht neben der begrifflichen Kategorisierung ein weiteres Problem darin, dass die Trennung zwischen Arbeitsprozessen, die auch Lernpotentiale enthalten, und dem Lernen im Kontext von Arbeit fließend sind. Diese zeigt sich bei der weitgehend unentschiedenen Zuordnung einzelner Formen arbeitsnahen Lernens durch Betriebspraktiker: Qualitätszirkel wurden im Rahmen des Berichtssystems Weiterbildung VIII jeweils mit ca. 48% Zustimmung dem Lernen zugerechnet (Bundesministerium für Bildung und Forschung 2003: 199).

Bei dieser Bewertung spielt der Aspekt eine Rolle, ob es sich um Kontexte handelt, die gezielt im Interesse arbeitsnaher Lernprozesse initiiert wurden (z.B. Lernwerkstatt, Lerninsel) oder um die Tatsache, dass die Arbeitsplätze dergestalt verändert wurden, dass sie höhere Lernpotentiale beinhalten. In Bezug auf Letzteres stellte in den neunziger Jahren die Einführung von Gruppenarbeit, die wie Projekt- oder Qualitätszirkelarbeit in unterschiedlichem Ausmaß Möglichkeiten zu arbeitsnahen Lernprozessen eröffnen, eine der wichtigsten Maßnahmen im Zuge von strukturinnovativen Dezentralisierungsbestrebungen vieler Unternehmen dar (vgl. hierzu u.a. die Ergebnisse die BILSTRAT-Studie von Dybowski u.a. 1999: 175). Die Lernförderlichkeit bezieht sich dabei beispielsweise auf den Problemgehalt der Arbeit sowie auf reale Handlungsspielräume, denn: „Möglichkeiten, selbst zu planen, Varianten zur Lösung der Arbeitsaufgaben zu erproben, Kontrolle auszuüben, insgesamt Verantwortung für die Optimierung der Arbeit und für die Gestaltung humanverträglicher Arbeitsbedingungen zu haben, stimulieren das Lernen" (Trier 1999: 56). Die tendenziell größeren Freiheitsgrade, die erweiterte Selbstorganisation und die kooperierende Bewältigung von Problemen im Arbeitsprozess, erleichtert durch den Abbau von Hierarchieebenen, sind allesamt Punkte, die sie von den konventionellen arbeitsnahen Lernformen aus hierarchischen Kontexten wie Unterweisung und Einarbeitung zunächst einmal unterscheiden.

Bezüglich des Formalisierungsgrads von Bildungs- und Lernformen lassen sich mit Faust/Holm (2001: 145) zusammenfassend zur Zeit zwei Trends feststellen: Zum einen ist eine „Entformalisierung" formalisierter Weiterbildungsformen zu beobachten (beispielsweise durch die zunehmende Selbstorganisation durch Lernende auch in kursförmiger Weiterbildung oder durch das Näherrücken der Lernformen an den Arbeitsprozess), zum anderen eine „Formalisierung" bislang sich eher informell und nebenbei vollziehenden Lernens. Es ist daher die These plausibel, dass in Zukunft von einer Verschränkung bzw. Ergänzung unterschiedlicher Weiterbildungsformen auszugehen ist statt von einer weitgehenden Verdrängung der institutionalisierten Formen. Auch die Ergebnisse der BIBB/IAB-Erhebung von 1998/1999 (vgl. Ulrich 2000) sowie anderer Studien (vgl. z.B. Bosch 2000) unterstützen diese Einschätzung. Mit dem Versinken formalisierter Weiterbildungsformen in die Bedeutungslosigkeit ist daher nicht zu rechnen. Die Untersuchungen legen auch die Vermutung nahe, dass der Formalisierungsgrad als alleinige Analysekategorie nicht ausreicht, um der Komplexität einzelner Lernformen gerecht zu werden.

Lernen mit neuen Medien
Das Lernen mit neuen Medien umfasst computer- bzw. netzgestützte Lernarrangements und wird häufig auch als E-Learning bezeichnet. Als Vorteile des E-Learning werden in der Regel die Orts- und Zeitunabhängigkeit der Lernprozesse sowie die Wahl eines individuellen Lerntempos hervorgehoben. Auch eine vermutete Kostengünstigkeit im Vergleich zu Präsenzveranstaltungen wurde lange Zeit als Argument für die Nutzung von E-Learning benannt. Insbesondere als Unterstützung für selbstgesteuertes Lernen stehen computer- und netzbasierte Lernangebote gegenwärtig im Zentrum der Aufmerksamkeit.

Verbreitungsgrad
Wenngleich das Lernen mit neuen Medien in der Fachöffentlichkeit zur Zeit hohe Aufmerksamkeit erfährt, ist dessen Verbreitung jedoch bislang weit hinter den ursprünglichen Erwartungen zurückgeblieben. Im Bereich der betrieblichen Weiterbildung überwiegt der Einsatz

in Großbetrieben, insbesondere bei Banken und Versicherungen sowie bei Branchen der Informations- und Kommunikationstechnologie. Eine Erhebung bei den 350 größten deutschen Unternehmen ergab, dass von diesen 90% E-Learning einsetzen (vgl. Schüle 2002). Die Inhalte des E-Learning konzentrieren sich auf die Vermittlung theoretischen Wissens und technischen Know-hows sowie auf den Bereich der EDV- und des Sprachtrainings (vgl. Kailer 1998: 36). Primäre Zielgruppen sind Mitglieder der Verwaltung, des mittleren Managements sowie Techniker; Arbeiter rangieren erst an vierter Stelle (vgl. Kailer 1998: 39). Eine Unternehmensbefragung des Bundesinstituts für Berufsbildung (vgl. Bundesministerium für Bildung und Forschung 2002: 245) hat ergeben, dass es keine typischen E-Learning-Unternehmen gibt. Entscheidungen zum Einsatz von E-Learning hängen bisher weniger von objektiven Kriterien wie einem bestehenden Qualifikationsbedarf ab, sondern eher von der subjektiven Einstellung der Entscheider.

Von der Technikzentrierung zur Konzentration auf didaktische Fragen
Bislang stand bei der Entwicklung von E-Learning-Angeboten die Technik im Mittelpunkt. Sie ist inzwischen weitgehend ausgereift. In der Weiterbildungsszene kursieren bereits Sprüche wie „entwickelt nicht die 185. Lernplattform, davon gibt es bereits genug, kümmert euch um die didaktischen Konzepte". Diese Forderung ist deshalb berechtigt, weil Lernen mit neuen Medien kein Lernkonzept und keine Lernstrategie im engeren Sinne darstellt. Es kann der Informationsvermittlung dienen, es kann sich um didaktisch strukturierte Lernmodule handeln oder es kann mittels neuer Medien die Kommunikation zwischen Lernenden gestützt werden (vgl. Hahne/Zinke 2004a: 6). Der zweite Grund dafür, dass eine intensivere Auseinandersetzung mit den didaktischen Fragen ansteht, resultiert aus der Erfahrung, dass reine E-Learning-Angebote nur in seltenen Fällen als optimale Lehr-/Lernstrategie anzusehen sind. Vielmehr setzt sich die Auffassung durch, dass E-Learning-Anteile mit Präsenzveranstaltungen zu verknüpfen sind. In diesem Zusammenhang ist gegenwärtig der Begriff des Blended-Learning an Stelle des E-Learning in aller Munde. Allerdings besteht noch ein erheblicher Forschungs- und Entwicklungsbedarf hinsichtlich der Frage, wie genau für welche Zielgruppen und bei welchen Inhalten eine optimale Verknüpfung zwischen E- und Präsenzlernen aussehen sollte, um optimale Lernergebnisse zu erzielen. Eine weitere Herausforderung besteht für den betrieblichen Bereich darin, E-Learning stärker mit arbeitsbegleitenden Lernformen zu verbinden, d.h. über klassische Kursformen hinauszugehen und non-formale Lernkontexte einzuschließen (vgl. Hahne/Zinke 2004b).

Aufwand/Support
Gerade die von Anbietern in Aussicht gestellte Kostenreduzierung für Weiterbildung durch den Einsatz von E-Learning hat sich in der Praxis vielfach als trügerisch erwiesen: Zum einen veraltet das Wissen heutzutage sehr schnell, so dass in schneller Folge Aktualisierungen nötig werden. Folglich rechnet sich das E-Learning häufig nur für Themen (wie eben Sprache oder EDV), wenn genügend große Umsätze damit zu erwarten sind. Zum anderen ist der Betreuungsaufwand sowohl hinsichtlich der technischen Seite als auch der Lernenden nachhaltig unterschätzt worden (vgl. Kerres 2001: 24). Auch dies trägt dazu bei, dass es sich beim E-Learning keineswegs um eine billige Lernform handelt. Schließlich benötigen Klein- und Mittelbetriebe bei der Implementation von E-Learning-Angeboten einen umfangreichen Support – vorzugsweise aus „einer Hand" (vgl. Iller/Kamrad 2003).

Als Fazit in Bezug auf das Lernen mit neuen Medien ist festzuhalten, dass die noch vor wenigen Jahren vorherrschende Euphorie hinsichtlich der Potenziale und positiven Wirkungen des E-Learning einer wesentlich nüchterneren Betrachtung und Bewertung gewichen ist. Gleichwohl gehe ich davon aus, dass der Einsatz der neuen Medien Lernkontexte und -prozesse mittelfristig nachhaltig verändern wird.

Gruppen- und Organisationslernen
Aktuelle Untersuchungen haben gerade in Bezug auf lernförderliche Arbeitsformen wie Gruppen- und Projektarbeit problematisiert, dass sich Lernprozesse nicht nur auf Individuen, sondern zugleich auf Gruppen und Organisationen beziehen (vgl. Dybowski u.a. 1999). Solche kollektiven Lernprozesse werden auch unter den Überschriften Lernende Organisation (vgl. u.a. Wilkesmann 1999; Unger 1998; Nagl 1997) bzw. Wissensmanagement (vgl. u.a. Bullinger/Prieto 1998; North/Papp 2001) untersucht.

Ungeachtet der Tatsache, dass einige Autoren (vgl. z.B. Straka 2001) die Annahme überindividueller Lernprozesse aus lerntheoretischen Erwägungen grundsätzlich ablehnen, haben empirische Untersuchungen zum Organisationslernen doch interessante Ergebnisse erbracht im Hinblick auf Lernprozesse innerhalb von Gruppen bzw. des gesamten Unternehmens bzw. eine freie innerbetriebliche Weitergabe von Wissen. Problematische Aspekte beziehen sich dabei vor allem auf machtpolitische Beweggründe angesichts starker innerbetrieblicher Konkurrenzsituationen, die einzelne Mitarbeiter daran hindern, ihr Wissen einem größeren Kreis zur Verfügung zu stellen (vgl. Moldaschl 1997; Romhardt 1998). Beispielsweise gaben nach Darstellung von Albert u.a. (1998: 134) Gruppenführer im Rahmen eines arbeitsnahen Bildungs- und Integrationskonzeptes eines Automobilbetriebs als Multiplikatoren das in Lernmodulen aufgenommene Wissen lediglich in Bezug auf fachliche Inhalte an ihre Mitarbeiter weiter, während sie Wissen über Führungsinstrumentarien für sich behielten.

Wie eine Vergleichsstudie von 1998 bis 2000 zur Einführung von Wissensmanagement der Fachhochschule Wiesbaden ergab (vgl. North/Papp 2001), schreitet die Implementierung von spezifischen Wissensmanagementstrukturen in vielen Unternehmen offensichtlich nur zögernd voran. Als problematisch erweisen sich nach der Erhebung des Fraunhofer Instituts für Arbeitswirtschaft und Organisation (IAO) zum Stand von Wissensmanagement in Forschung und Praxis zufolge vor allem Zeitknappheit, ungenügendes Bewusstsein, fehlende Anreizsysteme oder mangelnde Transparenz (vgl. Bullinger/Prieto 1998). Auch die hohen Erwartungen an Wissensdatenbanken haben sich in diesem Zusammenhang offenbar noch nicht bestätigt (vgl. Probst/Raub/Romhardt 1999). Nichtsdestoweniger ist vor allem in innovativen Branchen wie der IT-Branche oder im Finanz- und Beratungssektor vielfach ein intensiver Wissensaustausch zu beobachten, wobei ein großer Teil über informelle Personennetzwerke und Kontakte bzw. unternehmensübergreifende Communities of Practise vollzogen wird (vgl. Willke 2001; Bullinger/Prieto 1998), die zum Teil von Unternehmensseite eigens gefördert bzw. initiiert werden (vgl. z.B. Sydow/van Well 1996; Pilz 2001).

3. Teilnahmestrukturen

Einleitend ist darauf hinzuweisen, dass es nicht ganz leicht ist, einen quantitativen Überblick über die Beteiligung an beruflicher Weiterbildung zu gewinnen, da es sich um einen sehr heterogenen Teilbereich des Bildungssystems handelt und differenzierte Daten nur über gezielte empirische Erhebungen gewonnen werden können .

Teilnahmestrukturen

Eine Analyse von Teilnahmedaten zeigt zunächst über die letzten beiden Jahrzehnte hinweg einen deutlichen Anstieg der Teilnahme an beruflicher Weiterbildung von 10% im Jahr 1979 auf 30% im Jahr 1997 (s. Abb. 2). Seither ist ein deutlicher Rückgang (auf 26% im Jahr 2003) zu konstatieren, für den noch keine überzeugenden Erklärungen vorliegen. Ein Einflussfaktor dürfte darin zu suchen sein, dass die Teilnahme von Personen aus den neuen Bundesländern, die seit 1991 deutlich über der in den alten Bundesländern lag, seit 1997 deutlich (um 11%) gefallen ist und sich 2003 nicht mehr von der in den alten Bundesländern unterscheidet. Folglich geht eine Interpretation dahin, dass ein gewisser Nachholbedarf in den neuen Bundesländern abgeschlossen ist sowie eine darauf bezogene aktive Arbeitsmarktpolitik politisch zurückgefahren wird. Ebenso weisen viele Signale darauf hin, dass Betriebe in den letzten Jahren ihre Weiterbildungsbudgets deutlich reduziert haben. Diese recht vorläufigen Thesen gälte es jedoch noch näher zu belegen. Generell wird mit den jüngsten Befunde die Frage aufgeworfen, ob im Hinblick auf die Weiterbildungsbeteiligung ein Plateau erreicht worden ist und zukünftig nicht mehr mit einer weiteren linearen Steigerung der Beteiligungsquoten zu rechnen ist was Konsequenzen für die Konzeption eines lebenslangen Lernens für alle mit sich brächte oder ob der Einbruch temporär begrenzt ist. Betrachtet man die Entwicklung der Teilnahmequote unter soziodemographischen Kriterien, so kommen alle Datenquellen einstimmig zu dem Ergebnis, dass die Weiterbildungsbeteiligung um so niedriger ausfällt, je geringer das schulische bzw. berufliche Qualifikationsniveau oder die berufliche Stellung ist (s. Abb. 2).

Abb. 2: Teilnahme an Weiterbildung nach Qualifikationsniveau

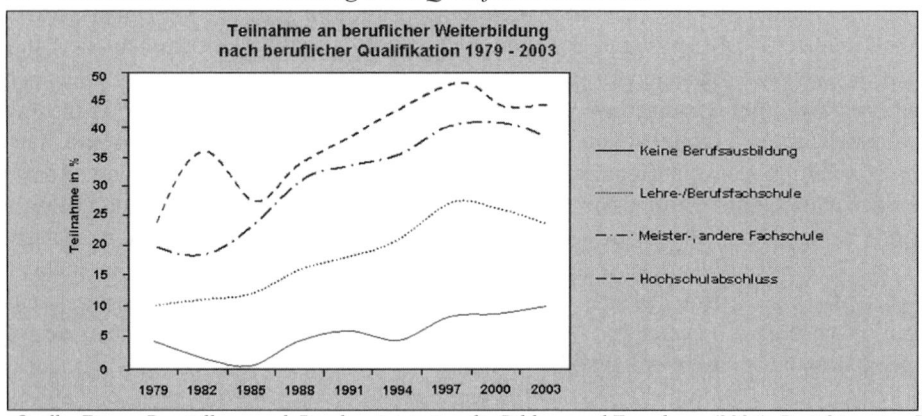

Quelle: Eigene Darstellung nach Bundesministerium für Bildung und Forschung (2004): Berichtssystem Weiterbildung IX. Ergebnisse der Repräsentationsbefragung zur Weiterbildungssituation in Deutschland. Bonn: BMBF, S. 29

Auch eine Betrachtung der Weiterbildungsbeteiligung nach Altersgruppen weist deutliche Unterschiede aus: Wenngleich in allen Altersgruppen die Weiterbildungsbeteiligung in den letzten 25 Jahren deutlich gestiegen ist, so bleibt dennoch die Beteiligung der Älteren deutlich hinter der der Jüngeren zurück (s. Abb. 3). Angesichts der sich abzeichnenden demographischen Veränderungen stellt es für die Betriebe eine Herausforderung dar, auch die älteren Beschäftigten als Zielgruppe der Personalpolitik und damit der Weiterbildung stärker in den Blick zu nehmen.

Abb. 3: Teilnahme an beruflicher Weiterbildung nach Alter

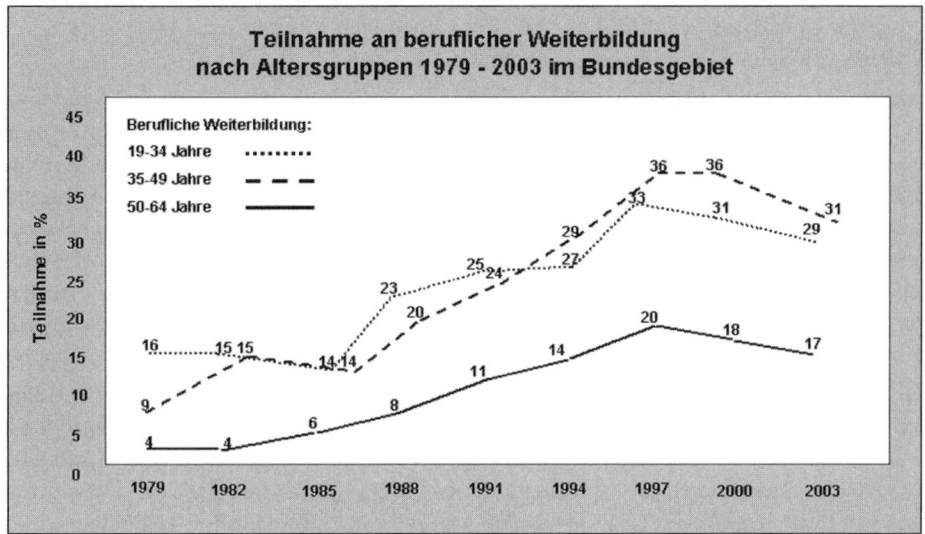

Quelle: Eigene Darstellung nach: Bundesministerium für Bildung und Forschung (2004): Berichtssystem Weiterbildung IX. Ergebnisse der Repräsentationsbefragung zur Weiterbildungssituation in Deutschland. Bonn: BMBF, S. 26.

Neben den statistischen Erhebungen und Wiederholungsbefragungen liegen aus den letzten Jahren zwei neue umfangreiche quantitative Erhebungen vor, die in je spezifischer Weise eine vertiefende Analyse der Teilnehmerstrukturen vornehmen: So wurde an der Universität München der Ansatz der sozialen Milieus auf die Analyse von Teilnehmergruppen und Teilnahmemotive angewandt (vgl. Tippelt/Barz 2004). Sie arbeitet heraus, dass Teilnahmequoten, Teilnahmeinteressen und -motive nicht nur von zentralen soziodemographischen Merkmalen beeinflusst werden, sondern dafür auch die Milieuzugehörigkeit eine große Rolle spielt. Ein weitere Erhebung, die von einem Forschungsverbund des Soziologischen Forschungsinstituts Göttingen, dem Brandenburg-Berliner Institut für Sozialwissenschaftliche Studien sowie dem Lehrstuhl für Weiterbildung an der Universität Heidelberg durchgeführt wurde (vgl. Baethge/Baethge-Kinsky 2004; Schiersmann/Strauß 2004), hat den Zusammenhang von Lernerfahrungen und Weiterbildungsverhalten untersucht sowie den Einfluss von Arbeitsbedingungen und -erfahrungen auf das Lernniveau. Diese Untersuchung bestätigt die hohe Bedeutung von informellen Lernprozessen für die subjektiv wahrgenommenen Lernerfahrungen (vgl. Schiersmann/Strauß 2004) und den großen Einfluss von Arbeitserfahrungen auf die Lernaspiration (vgl. Baethge/Baethge-Kinsky 2004).

Teilnahme an betrieblicher Weiterbildung
Das Betriebspanel des Instituts für Arbeitsmarkt- und Berufsforschung (vgl. Bellmann/Düll/Leber 2001: 107) sowie die europäische Erhebung CVTS (vgl. Grünewald/Moraal/Schönfeld 2003: 77) ermöglichen eine Ausdifferenzierung der Beteiligung an

betrieblicher Weiterbildung nach Branchen. Wenngleich die Ergebnisse im Einzelnen differieren, so kann doch konstatiert werden, dass z.B. das Versicherungs- und Kreditgewerbe eine hohe Weiterbildungsbeteiligung aufweist, während im Baugewerbe, im Handel und im Gastgewerbe eine vergleichsweise geringe Weiterbildungsbeteiligung zu konstatieren ist. Es wäre der Frage näher nachzugehen, ob diese Differenzen auf unterschiedliche Politiken der jeweiligen Betriebe zurückzuführen sind oder eher eine Konsequenz eines differierenden Qualifikationsniveaus der Belegschaften darstellen.

Die Untersuchung des Instituts der deutschen Wirtschaft (vgl. Weiß 2003) gibt zudem Auskunft über den zeitlichen Umfang der Weiterbildungsteilnahme. Für das Jahr 2001 ergibt die Erhebung, dass im Durchschnitt jeder Mitarbeiter 13,6 Stunden an Weiterbildung teilnahm. Im Vergleich zur letzten Erhebung zeigt sich damit ein deutlicher Rückgang um sechs Stunden. Differenziert man den Zeitaufwand nach dem Veranstaltungstypus, so zeigt sich, dass insbesondere der Umfang der internen Lehrveranstaltungen von 1992 auf 2001 erheblich gesunken ist, und zwar um 4,8 Stunden. Es lässt sich die Vermutung formulieren, dass in konjunkturell angespannten Zeiten gerade bei den internen Veranstaltungen gespart wird.

Die CVTS-Erhebung ermittelte für 1999 eine Zahl von durchschnittlich 27 Stunden pro Teilnehmer (vgl. Grünewald u.a. 2003: 81). Diese Untersuchung zeigt, dass auch der Umfang der Beteiligung nach Branchen stark differiert: Am höchsten liegt die Stundenzahl pro Teilnehmer mit 38 Stunden bei den mit dem Kredit- und Versicherungsgewerbe verbundenen Tätigkeiten, im Mittelfeld liegen das verarbeitende Gewerbe mit 29 Stunden, der Handel mit 21, am unteren Ende liegen das Gastgewerbe mit 15 und der Bergbau mit 10 Stunden (vgl. Grünewald u.a. 2003: 82).

Nicht-Teilnahme

Angesichts der intensiven Diskussion um die politische Forderung nach lebenslangem Lernen ist verstärkt die Frage in den Mittelpunkt gerückt, warum sich welche Gruppen nicht an Weiterbildung beteiligen. In diesem Zusammenhang stellt sich die Frage nach den Barrieren für die Weiterbildungsbeteiligung bzw. der Motivation bzw. dem Nutzen der Teilnahme an beruflicher Weiterbildung. Bolder/Hendrich (2000) konnten in ihrer methodisch vielschichtigen Untersuchung die fehlenden Anwendungsmöglichkeiten des Erlernten als wesentliche Ursache für Weiterbildungsabstinenz ausmachen. Auch eine im Kontext der Arbeit der Expertenkommission zur Finanzierung Lebenslangen Lernens in Auftrag gegebene Studie beschäftigt sich systematisch mit der Nicht-Teilnahme an Weiterbildung (vgl. Schröder/Schiel/Aust 2004). So zeigt sich, dass jede 8. Person im erwerbsfähigen Alter noch nie an Weiterbildung teilgenommen hat. Die herausgearbeiteten Schwerpunkte der Nicht-Teilnehmer in Bezug auf soziodemographische Daten korrespondieren mit den bekannten Befunden zur Beteiligung. Interessant ist das Ergebnis, dass die Weiterbildungsabstinenz zumindest implizit von den Betroffenen auch als rationale Entscheidung gesehen wird, die auf einer Abwägung von Kosten und Nutzen basiert.

4. Institutionelle Strukturen der beruflichen Weiterbildung

Über lange Zeit hinweg standen in der Weiterbildungswissenschaft die eben diskutierten Dimensionen der Lehr-/Lernprozesse im Vordergrund. In den letzten Jahren zeichnet sich eine Tendenz ab, sich intensiver auch mit den Institutionen bzw. Organisationen zu beschäftigen, die Weiterbildung anbieten bzw. durchführen. Dies ist u.a. deswegen zwingend notwendig geworden, weil auch diese Institutionen einen umfassenden Wandel bewältigen müssen, weil sich Teilnehmerinteressen rasch verändern und die Orientierung an einem Weiterbildungsmarkt bzw. die Kundenorientierung zunehmend an Bedeutung gewinnt. Ich konzentriere mich im Folgenden auf den Teilbereich der betriebliche Weiterbildung.

Management der Weiterbildung

Die Systematisierung und strategische Ausrichtung des betrieblichen Weiterbildungsmanagements ist eine Entwicklung, die sich quer zu Branchen, Betriebsgrößen und nationalen Bildungssystemen feststellen lässt (vgl. Nyhan 2000; Stahl 1998). Dies erklärt sich daraus, dass die betriebliche Weiterbildung mittlerweile konzeptionell und organisatorisch in komplexe Wertschöpfungsprozesse eingebunden und in deren Kontext reorganisiert wird (vgl. auch Baethge/Schiersmann 1998). Deshalb verwundert es nicht, dass die Planung und Steuerung von Weiterbildungsprozessen in den letzten Jahren nicht nur Gegenstand von weiterbildungswissenschaftlichen Untersuchungen war, sondern auch in der Personal- und Managementforschung Beachtung findet (vgl. Pawlowsky/Bäumer 1996; Bäumer 1999). Es wird deutlich, dass das Aufgabenspektrum der Personalentwicklung und Weiterbildung in Unternehmen vielfältiger geworden ist und auch umfassender praktiziert wird, wie Kailer u.a. (2001) in einer Befragung von österreichischen Unternehmen feststellen. Eine Integration der verschiedenen Methoden und Instrumente in einem Weiterbildungs- oder Personalentwicklungskonzept steht jedoch in den meisten Unternehmen noch aus.

In den repräsentativen Betriebsbefragungen ist die Weiterbildungsorganisation bisher nur ausschnitthaft erhoben worden. Der CVTS I-Befragung zufolge hatten 1993 10% der in Deutschland befragten Unternehmen ein eigenständiges Budget für Weiterbildung, 5% der Unternehmen verfügen über einen eigenständigen Arbeitsbereich „Weiterbildung" und lediglich 3% beschäftigten einen Mitarbeiter oder eine Mitarbeiterin, die ausschließlich für Weiterbildungsaufgaben zuständig ist (vgl. Grünewald/Moraal 1996). Der CVTS II-Befragung zufolge hatten 1999 bereits 17% der in Deutschland befragten Unternehmen ein eigenständiges Budget für Weiterbildung (vgl. Grünewald/Moraal/Schönfeld 2003: 64). Der Befragung wird jedoch ein hoch entwickeltes Organisationskonzept von Weiterbildung zu Grunde gelegt, das offensichtlich nur in sehr wenigen Unternehmen praktiziert wird. Dieses Ergebnis ist daher nicht dahingehend zu interpretieren, dass in den anderen Unternehmen gar keine Organisation des Weiterbildungsbereichs existiert. So stellten Pawlowsky/Bäumer (1996) in ihrer Untersuchung fest, dass die Weiterbildung in den befragten Unternehmen teils zentral, teils dezentral organisiert und nur in knapp 20% der Fälle gar nicht institutionell organisiert ist. In eine ähnliche Richtung weisen die Ergebnisse von Littig (1996).

Als eine besondere Problematik für das Weiterbildungsmanagement stellt sich mit Blick auf die Zukunft die Frage, wie der Bedarf an Weiterbildung angesichts immer kürzer werdender Planungshorizonte angemessen ermittelt werden kann, d.h. z.B. welche Formen der Bedarfsanalyse in den Betrieben eine Rolle spielen. Die systematische Bedarfsermittlung gilt als Ausgangspunkt jedes planvollen Weiterbildungsmanagements. Untersuchungen dazu haben jedoch gezeigt, dass der professionelle Methodeneinsatz oftmals mit den vorhandenen betrieblichen Ressourcen nicht zu realisieren ist (vgl. Baethge/Schiersmann 1998; Büchter

1999). Zumindest was die Ermittlung von mittelfristigen Bedarfen anbelangt, werden auch überbetriebliche Ansätze erprobt. Die Entwicklung von Verfahren zur Früherkennung von langfristigen Veränderungen von Tätigkeitsbereichen und beruflichen Einsatzfeldern wird deshalb auch zum Gegenstand der empirischen Arbeits- und Berufsbildungsforschung. Ziel von Projekten wie ADe-Bar (vgl. BMBF 2001: 176) oder der Früherkennungsstudien des Bundesinstituts für Berufsbildung (vgl. Meifort 2001) ist es, Instrumente zur Dauerbeobachtung von Arbeitsmarkt, Aus- und Weiterbildung und Arbeitspraxis zu entwickeln, die Hinweise auf Qualifikationsentwicklung und Professionalisierungsprozesse geben und dadurch ein frühzeitiges Eingreifen in der Arbeitsmarkt- und (Berufs-)Bildungspolitik ermöglichen. Hier zeigt sich jedoch, dass weniger die Früherkennung als vielmehr die Beurteilung von relevanten Entwicklungstrends zum Problem wird (vgl. Meifort 2001).

Im Rahmen des Weiterbildungsmanagements wird auch das Konzept des Bildungscontrollings diskutiert (vgl. Döring 1998). Allerdings besteht auch hier das Problem, dass die spezifischen Zielsetzungen des Weiterbildungsmanagements möglicherweise nicht zum Tragen kommen können, wenn die Verfahren in übergeordnete betriebliche Controllingkonzepte eingepasst werden. In der Praxis werden umfassende Bildungscontrollingverfahren bisher ohnehin kaum angewandt, der Einsatz beschränkt sich vielmehr auf Teilinstrumente (vgl. Kailer u.a. 2001; Krekel/Beicht 1998). Die Auswertungen von Betriebsdaten des Referenz-Betriebs-Systems (RBS) durch das BIBB und IES ergeben, dass vor allem die Erfassung der Weiterbildungskosten stark verbreitet ist, die Aufstellung eines jährlichen Weiterbildungsplans sowie die Weiterbildungsbedarfsermittlung häufig stattfinden; dagegen sind Maßnahmen der Transfersicherung und Nutzenanalysen kaum verbreitet (vgl. Krekel/Beicht 1998).

Rolle und Funktion des Weiterbildungspersonals
Nach wie vor sehr lücken- und bruchstückhaft sind die Erkenntnisse über das in der beruflichen Weiterbildung tätige Personal, seine Aufgaben und Funktionen, sein Qualifikationsprofil und seine Beschäftigungsformen. Für die zweite Hälfte der neunziger Jahre lassen sich nur wenige Untersuchungen ausmachen, die sich überwiegend auf die betriebliche Weiterbildung konzentrieren. Übereinstimmend beklagen die Autoren zu Recht, dass bislang keine Systematik der Qualifikationsanforderungen vorliegt, auf die sich empirische Untersuchungen beziehen könnten und sehen ihre Arbeiten als Beitrag zu dem Versuch, ein (aktuelles) Professionsverständnis zu erarbeiten (vgl. Sorg-Barth 2000; Harteis/Prenzel 1998; Rottmann 1997; Frank 1996). Die Ergebnisse weisen im Kern in die gleiche Richtung: Es lässt sich – so Rottmann (1997) – kein einheitliches Handlungsfeld betrieblicher Weiterbildner ausmachen. Bestätigt wird die bereits von Frank (1996) konstatierte Entwicklung, dass die Rolle der Weiterbildner sich vom Wissensvermittler in Richtung eines Beraters bzw. Prozessbegleiters verlagert. Harteis/Prenzel (1998) kommen – weitgehend übereinstimmend mit den anderen Arbeiten – zu dem Ergebnis, dass zukünftig die in einem engeren Sinne pädagogischen und didaktischen Kompetenzen nach wie vor von hoher Bedeutung sind, dass aber darüber hinaus aber soziale Kompetenzen, d.h. grundlegende Fertigkeiten und Fähigkeiten zur Kommunikation und zum Umgang mit Menschen (z.B. Gruppen) an Bedeutung gewinnen. Als weitere Kompetenzanforderungen werden die Orientierung am Kunden, am Unternehmen und am Markt benannt, die als Fähigkeiten zur Berücksichtigung ökonomischer Rahmenbedingungen und wirtschaftlicher Gesichtspunkte interpretiert werden. Als bedeutsam erachtet werden weiterhin Fähigkeiten zur Bedarfsermittlung, zum Qualitätsmanage-

ment und zur Evaluation, die auf einen stärkeren Stellenwert der Managementfunktion verweisen.

5. Zusammenfassung

Angesichts der Dynamisierung des gesellschaftlichen Wandels und der damit sich ebenfalls rasch verändernden Anforderungen an Kenntnissen, Wissen und Fähigkeiten steht die Weiterbildung vor umfassenden Herausforderungen. Als Lernziel kristallisiert sich die Kompetenzentwicklung im Sinne umfassender beruflicher Handlungsfähigkeit heraus. In diesem Kontext wird das Konzept der Selbststeuerung zu einem Leitbild, das sich sowohl auf die Eigensteuerung der Lernprozesse im Sinne der kognitiven Informationsverarbeitung, die didaktische Ebene der Schaffung von Lernumgebungen, die eine Selbststeuerung der Lernprozesse unterstützen sowie die Ebene der Selbstverantwortlichkeit für die Gestaltung im Sinne der Planung und Reflexion der eigenen Lernbiographie bezieht. Klassische Kurse und Seminare verlieren tendenziell an Bedeutung. Im Vordergrund der fachlichen Diskussion und partiell auch in der Praxis steht eine enge, situationsspezifische Verknüpfung von Arbeits- und Lernprozessen. Dieser Trend korrespondiert mit der stärkeren Prozessorientierung in der Betriebs- und Arbeitsorganisation. Daneben wird dem Lernen mit neuen Medien eine hohe Bedeutung zugeschrieben, wobei allerdings der Verbreitungsgrad bislang einen deutlichen Schwerpunkt bei Großbetrieben aufweist und sich häufig auf quantitativ relevante Themenbereiche wie Sprachen und EDV bezieht. Schließlich zeichnet sich eine engere Verknüpfung von Weiterbildung, Personalentwicklung, Organisationsentwicklung und Wissensmanagement in den Betriebe ab. Hierdurch wird den Lernprozessen von Gruppen und Organisationen stärkere Beachtung geschenkt.

In Bezug auf die organisationale Verankerung der Weiterbildung in den Betrieben zeichnet sich eine zunehmende systematische und strategische Verankerung dies Handlungsgeldes ab, wobei insbesondere für Klein- und Mittelbetriebe hier noch Entwicklungspotential liegt. Gleichzeitig wird eine mittelfristige Planung und Steuerung von Weiterbildung erschwert, weil die Bedarfsermittlung durch den raschen Wandel erschwert ist.

Literatur

Albert, K./Brischar, T./Hänle, W. (1998): Facharbeiterweiterbildung in der Produktion: Chancen und Grenzen. In: Dehnbostel, P. (Hrsg.): Berufliche Bildung im lernenden Unternehmen. Berlin, S. 121-142

Baethge, M./Baethge-Kinsky, V. (2004): Der ungleiche Kampf um das lebenslange Lernen. Münster/München/Berlin

Baethge, M./Schiersmann, C. (1998): Prozessorientierte Weiterbildung – Perspektiven und Probleme eines neuen Paradigmas der Kompetenzentwicklung für die neue Arbeitswelt der Zukunft. In: Kompetenzentwicklung ´98. Forschungsstand und Forschungsperspektiven. Hrsg. von der Arbeitsgemeinschaft QUEM. Münster, S.15-87

Bäumer, J. (1999): Weiterbildungsmanagement. Eine empirische Analyse deutscher Unternehmen. München

Bellmann, L./Düll, H./Leber, U. (2001): Zur Entwicklung der betrieblichen Weiterbildungsaktivitäten. Eine empirische Untersuchung auf der Basis des IAB-Betriebspanels, In: Arbeitsmarktrelevante Aspekte der Bildungspolitik. Nürnberg, S. 97-123

Bergmann, B. (2001): Kompetenzentwicklung – eine Aufgabe für das gesamte Erwerbsleben. In: QUEM-Bulletin, 3/2001, S. 1-6

Bernien, M. (1997): Anforderungen an eine qualitative und quantitative Darstellung der beruflichen Kompetenzentwicklung. In: Kompetenzentwicklung '97. Münster u.a., S. 17-83

Bolder, A./Hendrich, W. (2000): Fremde Bildungswelten. Alternative Strategien lebenslangen Lernens. Opladen

Bosch, G. (2000): Betriebliche Reorganisation und neue Lernkulturen, in: Arbeitsgemeinschaft Qualifikations-Entwicklungs-Management (Hrsg.): Kompetenzentwicklung 2000, Münster u.a.

Büchter, K. (1999): Geschichte betrieblicher Weiterbildung – ein Annäherungsversuch. In: Hendrich, W./Büchter, K. (Hrsg.): Politikfeld betriebliche Weiterbildung: Trends, Erfahrungen und Widersprüche in Theorie und Praxis. München/Mering, S. 32-51

Bullinger, H.-J./Prieto, J. (1998): Wissensmanagement: Paradigma des intelligenten Wachstums – Ergebnisse einer Unternehmensstudie in Deutschland, in: Pawlowsky, P. (Hrsg.): Wissensmanagement: Erfahrungen und Perspektiven. Wiesbaden 1998, S. 87-118

Bundesministerium für Bildung, Wissenschaft, Forschung und Technologie) (BMBF) (Hrsg.) (2001): Berufsbildungsbericht 2001. Bonn

Bundesministerium für Bildung und Forschung (2002): Berufsbildungsbericht 2002. Bonn

Bundesministerium für Bildung und Forschung (BMBF) (Hrsg.) (2003): Berichtssystem Weiterbildung VIII. Integrierter Gesamtbericht zur Weiterbildungssituation in Deutschland, Bonn

Dehnbostel, P. (1998): Lernorte, Lernprozesse und Lernkonzepte im lernenden Unternehmen aus berufspädagogischer Sicht. In: Dehnbostel, P./Erbe, H.-H./Novak, H. (Hrsg.): Berufliche Bildung im lernenden Unternehmen: Zum Zusammenhang von betrieblicher Reorganisation, neuen Lernkonzepten und Persönlichkeitsentwicklung. Berlin, S. 175-194

Döring, K. (1998): Professionelles Bildungscontrolling zwischen Anspruch und betrieblicher Wirklichkeit. In: Neue Perspektiven 3 (1), 1998, S. 5-20

Dybowski, G./Töpfer, A./Dehnbostel, P./Kling, J. (1999): Betriebliche Innovations- und Lernstrategien: Implikationen für berufliche Bildungs- und betriebliche Personalentwicklungsprozesse BILSTRAT. Berichte zur beruflichen Bildung 228. Bielefeld

Erpenbeck, J./Heyse, V. (1999): Die Kompetenzbiographie. Strategien der Kompetenzentwicklung durch selbstorganisiertes Lernen und multimediale Kommunikation. Münster u.a.

Faust, M./Holm, R. (2001): Formalisierte und nicht-formalisierte (informelle) Lernprozesse in Betrieben – Abschlussbericht Teil 1, Projektträger „Arbeitsgemeinschaft Betriebliche Weiterbildungsforschung e. V.", unveröffentl. Manuskript

Frank, G. (1996): Funktionen und Aufgaben des Weiterbildungspersonals. In: Arbeitsgemeinschaft Qualifikations-Entwicklungs-Management (Hrsg.): Kompetenzentwicklung '96. Strukturwandel und Trends in der betrieblichen Weiterbildung. Berlin, S. 337-397

Grünewald, U./Moraal, D. (1996): Betriebliche Weiterbildung in Deutschland: Gesamtbericht, Ergebnisse aus drei empirischen Erhebungsstufen einer Unternehmensbefragung im Rahmen des EG-Aktionsprogramms FORCE. Bielefeld

Grünewald, U./Moraal, D./Schönfeld, G. (2003): Betriebliche Weiterbildung in Deutschland und Europa. Bielefeld

Grünewald, U./Moraal, D./Draus, F./Weiß, R./Gnahs, D. (1998): Formen arbeitsintegrierten Lernens – Möglichkeiten und Grenzen der Erfaßbarkeit informeller Formen der betrieblichen Weiterbildung. QUEM-Report, Heft 53. Berlin

Hahne, K./Zinke, G Hahne (2004a): Informelles und formelles E-Learning zur Stützung des beruflichen Lernens. In: K./Zinke, G (Hrsg.): (2004b): Virtuelle Kompetenzzentren und Online-Communities zur Unterstützung arbeitsplatznahen Lernen. Bielefeld, S. 12-34

Hahne, K./Zinke, G. (Hrsg.): (2004b): Virtuelle Kompetenzzentren und Online-Communities zur Unterstützung arbeitsplatznahen Lernen. Bielefeld

Harteis, C./Prenzel, M. (1998): Welche Kompetenzen brauchen betriebliche Weiterbildner in Zukunft? Ergebnisse einer Delphi-Studie in einem Industrieunternehmen. In: Zeitschrift für Pädagogik, 44, 1998, 4, S. 583-601

Iller, C./Kamrad, E. (2003): Einführung von mediengestütztem Lernen in kleinen und mittleren Unternehmen – ein Auslöser für Organisationsentwicklung. In: Literatur- und Forschungsreport Weiterbildung, 26, 2003, 2, S. 97-110

Kailer, N. (1998): Innovative Weiterbildung durch computer based training. Ergebnisse einer europaweiten Studie. Wien

Kailer, N. u.a. (2001): Steuerung betrieblicher Kompetenzentwicklungsprozesse: Controlling betrieblicher Weiterbildung und Personalentwicklung in österreichischen Unternehmen: Einsatzhäufigkeit, Defizitbereiche und Einsatzbeispiele. In: Kailer, N. (Hrsg.): Betriebliche Kompetenzentwicklung. Praxiskonzepte und empirische Analysen. Wien, S. S. 55-76

Kerres, M. (2001): Multimediale und telemediale Lernumgebungen: Konzeption und Entwicklung. 2. Aufl. München/Wien

Krekel, E./Beicht, U. (1998): Welchen Stellenwert hat Bildungscontrolling in der betrieblichen Weiterbildung? In: Berufsbildung in Wissenschaft und Praxis (BWP), 27, 1998, 2, S. 22-26

Löwisch, D.-J. (2000): Kompetentes Handeln. Bausteine für eine lebensweltbezogene Bildung. Darmstadt

Meifort, B. (2001): Früherkennung von Qualifikationsentwicklungen in den personenbezogenen Dienstleistungen. 4-Stufen-Modell zur Früherkennung. In: Berufsbildung in Wissenschaft und Praxis (BWP), 30, 2001, 1, S. 25-29.

Moldaschl, M. (1997): Arbeitsorganisation und Leistungspolitik im Qualitätsmanagement. In: Hirsch-Kreinsen, H. (Hrsg.): Organisation und Mitarbeiter im TQM. Berlin/Heidelberg, S. 63-96

Nagl, A. (1997): Lernende Organisation: Entwicklungsstand, Perspektiven und Gestaltungsansätze in deutschen Unternehmen. Eine empirische Untersuchung. Aachen 1997

North, K./Papp, A. (2001): Wie deutsche Unternehmen Wissensmanagement einführen – Vergleichsstudie 1998 bis 2000. In: REFA-Nachrichten, 2001, 1, S. 4-12

Nyhan, B. (2000): Trends in competence development in European companies. In: Sellin, B./CEDEFOP (Hrsg.): European trends in the development of occupations and qualifications. Finding of research, studies and analyses for policy and practice. Volume II. European Communities, S. 201-228

Pawlowsky, P./Bäumer, J. (1996): Betriebliche Weiterbildung. Management von Qualifikation und Wissen. München

Picot A./Reichwald, R./Wigand, R. (1996): Die grenzenlose Unternehmung. Information, Organisation und Management. Lehrbuch zur Unternehmensführung im Informationszeitalter. Wiesbaden

Probst, G. J. B./Raub, S./Romhardt, K. (1999): Wissen managen: wie Unternehmen ihre wertvollste Ressource optimal nutzen. 3. Auflage. Frankfurt/Wiesbaden

Romhardt, K. (1998): Die Organisation aus der Wissensperspektive: Möglichkeiten und Grenzen der Intervention. Wiesbaden

Rottmann, J. (1997): Zur Professionalisierung von Diplom-Pädagogen und Diplom-Pädagoginnen in beruflich-betrieblichen Handlungsfeldern. Frankfurt a. M.

Sauter, E./Weiss, R./Gnahs, D./Grünewald, U./Meyer-Dohm, P. (1998): Lernen im Prozess der Arbeit – Ende der betrieblichen Weiterbildung? Dokumentation der Fachtagung am 15. Juni 1998 im Leibnizhaus Hannover. Hannover

Schiersmann, Ch./Remmele, H. (2002): Neue Lernarrangements in Betrieben. Berlin

Schiersmann, Ch. (2004): Selbststeuerung von Lernprozessen – Ansatz einer empirischen Fundierung. In: Literatur- und Forschungsreport Weiterbildung, 27, 2004, 3, S. 57-66

Schiersmann, Ch./Strauss, H. (2004): Informelles Lernen – der Königsweg zum lebenslangen Lernen? In: Wittwer, W./Kirchhof, S. (Hrsg.): Informelles Lernen und Weiterbildung. München 2003, S. 145-167

Schröder, H./Schiel, S./Aust, F. (2004): Nichtteilnahme an beruflicher Weiterbildung. Motive, Beweggründe, Hindernisse. Bielefeld

Schüle, H. (2002): E-Learning und Wissensmanagement in deutschen Großunternehmen. www.unimind.com am 19.02.04

Severing, E. (1994): Arbeitsplatznahe Weiterbildung. Betriebspädagogische Konzepte und betriebliche Umsetzungen. Neuwied/Kriftel/Berlin

Sorg-Barth, C. (2000): Professionalität betrieblicher Weiterbildner. Eine Analyse der erforderlichen Kompetenzen. Hamburg

Stahl, T. (1998): Innerbetriebliche Weiterbildung: Trends in europäischen Unternehmen. In: Europäische Zeitschrift Berufsbildung, 15, 1998, S. 31-34.

Staudt, E./Kriegesmann, B. (2000): Weiterbildung: Ein Mythos zerbricht. In: Berufsbildung in Wissenschaft und Praxis (BWP), 30, 2000, 1, S. 174-177

Sydow, J./van Well, B. (1996): Wissensintensiv durch Netzwerkorganisation – Strukturationstheoretische Analyse eines wissensintensiven Netzwerks. In: Schreyögg, G./Conrad, P. (Hrsg.), Managementforschung 6: Wissensmanagement, Berlin/New York, S. 191-234

Tippelt, R./Barz, H. (2004): Weiterbildung und soziale Milieus in Deutschland. Bd. 2: Adressaten und Milieuforschung zu Weiterbildungsverhalten und -interessen. Bielefeld

Trier, M. (1999): Lernen im Prozess der Arbeit – Zur Ausdifferenzierung arbeitsintegrierter Lernkonzepte. In: Arnold, R./Gieseke, W. (Hrsg.): Die Weiterbildungsgesellschaft. Neuwied/Kriftel, S. 46-68

Ulrich, J. G., (2000): Weiterbildungsbedarf und Weiterbildungsaktivitäten der Erwerbstätigen in Deutschland. Ergebnisse aus der BIBB/IAB-Erhebung 1998/1999. In: Berufsbildung in Wissenschaft und Praxis (BWP), 29, 2000, 3, S. 23-29

Unger, H. (1998): Organisationales Lernen durch Teams. München/Mering

Weber K. (1996): Selbstgesteuertes Lernen. Ein Konzept macht Karriere, in: Grundlagen der Weiterbildung (GdWZ), 7, 1996, 4, S. 178-182

Weiß, R. (2000): Wettbewerbsfaktor Weiterbildung. Ergebnisse der Weiterbildungserhebung der Wirtschaft. Köln

Weiß, R. (2003): Betriebliche Weiterbildung 2001 – Ergebnisse einer IW-Erhebung. In: IW-Trends, 30, 2003, 1, S. 1-17

Wilkesmann, U. (1999): Lernen in Organisationen: die Inszenierung von kollektiven Lernprozessen. Frankfurt/New York

Willke, H. (2000): Systemisches Wissensmanagement. 2. Aufl. überarb. Stuttgart

III. Beratung als Interaktionsform – Perspektiven, Trends und Herausforderungen *(Markus Pohlmann)*

Weltweit ist die Consultingbranche personell und bezogen auf ihre Umsatzvolumina von enorm stabilem Wachstum gekennzeichnet. Der deutsche Beratungsmarkt bildet hierin keine Ausnahme: Dennoch deutet sich seit dem Zusammenbruch des neuen Marktes in Deutschland ein leichter Umsatzrückgang an, der mit der Stagnation der deutschen Wirtschaft insgesamt zu tun hat. Trotzt dieses Rückgangs hat die Branche aber im gleitenden Durchschnitt zwischen 1998 und 2003 immer noch 5,0% Wachstum im Jahr realisieren können (BDU 2004: 5). Die Vielfalt der angebotenen Beratungsleistungen hat sich dabei weiter erhöht. „Anything goes" scheint die Devise auf einem (nach wie vor ohne Professionalisierung der Berater funktionierendem) Markt für Beratungswissen zu sein, auf dem weltweit schätzungsweise weit mehr als 100 Mrd. € (was ungefähr dem BSP einiger europäischen Volkswirtschaften wie z.B. dem Finnlands oder Norwegens entspricht) umgesetzt werden. Der Umsatz von Beratung hat sich damit in den letzten 10 Jahren mehr als verdoppelt.. Die Zuwachsraten lagen im letzen Jahrzehnt nach Angaben des Bundes deutscher Unternehmensberater (BDU) bei rund 6,7% per anno.

Abb. 1: Beratungsintensität (Anteil Beratungsumsatz am Bruttoinlandsprodukt in %) und Beratungsumsatz in Deutschland von 1993 bis 2003

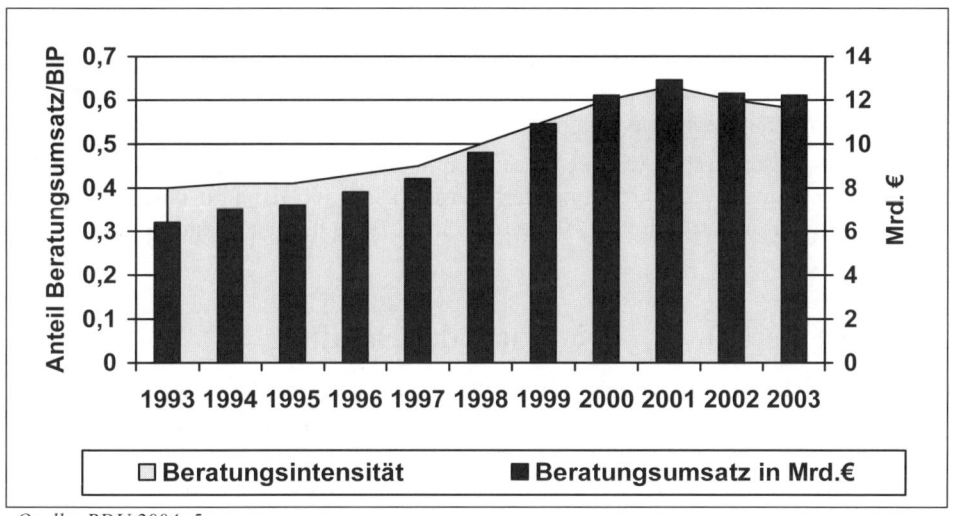

Quelle: BDU 2004: 5

Die spektakulären Erfolge (und Misserfolge) der großen Beratungsunternehmen und die damit verbundene Fokussierung der öffentlichen Berichterstattung auf die Top-Unternehmen der Branche – die 2003 rund die Hälfte des Gesamtumsatzes der Branche (ebd.) realisierten – lassen jedoch oft übersehen, dass die vierzig größten deutschen Beratungsfirmen nur etwa 0,3% der Beratungsunternehmen ausmachen (vgl. BDU 2004: 8). Zwar fallen die Wachstumsraten der kleineren Beratungsfirmen deutlich geringer aus als die der großen. Die TOP 40-Beratungsgesellschaften in Deutschland realisierten im Jahr 2000, also vor dem Zusammenbruch der neuen Ökonomie, im Durchschnitt 18 Prozent Wachstum, das der kleineren Firmen lag bei wesentlich geringeren 2,5 Prozent. 2003 lag der Umsatzrückgang der großen Firmen dann bei -0,2%, während die kleinen Firmen einen Rückgang von -1,5% hinnehmen mussten. Gemessen aber an der absoluten Zahl der Beratungsaufträge übernehmen die kleinen und mittelgroßen Beratungsunternehmen bis heute das Gros der Problembearbeitungen. Auf dem deutschen Beratungsmarkt waren nach Angaben des BDU im Jahr 2003 ca. 66800 Management-, Personal- und IT-Berater in 14.190 zumeist kleineren Beratungsgesellschaften tätig (BDU 2004: 8).

Die im letzten Jahrzehnt trotz Einbrüchen hohen Zuwachsraten des Beratungsumsatzes scheinen für viele zu belegen, dass Beratung (trotz vieler anderer Funktionen, die sie erfüllt) offensichtlich auch den häufig weitgesteckten Erwartungen der Kunden, den organisationalen Wandel anzustoßen oder voranzutreiben, gerecht wird. Jedenfalls zeigt sich anhand dieser Daten, dass sich Beratung in erstaunlicher Weise als eine wichtige und weit verbreitete Form des Wissenstransfers weltweit institutionalisiert hat. Natürlich muss der Wissenstransfer nicht immer der zentrale Grund sein, warum Berater engagiert werden. Zur Legitimation längst getroffener Entscheidungen, zur Durchsetzung oder zum bloß symbolischen Ausweis von Veränderung werden Berater ebenfalls engagiert. Aber der Wissenstransfer ist einer der wichtigsten Gründe, Berater ins Unternehmen zu holen. Der durch dieses Wachstum (trotz kleinerer Umsatzrückgänge in jüngster Zeit) dokumentierte Erfolg der Beratung ist deshalb auf den ersten Blick beeindruckend. Doch was steckt hinter dieser Nachfrage und welche Unternehmensentwicklungen kann welche Art von Beratung tatsächlich anstoßen? Wie steht es um die Nachhaltigkeit von Beratung? Trägt Beratung maßgeblich zum organisationalen Wandel bei? Ob Beratung im Regelfall tatsächlich einen Beitrag zum organisationalen Wandel zu leisten und die Erwartung der Auftraggeber zu befriedigen vermag, ist im folgenden aus wissenschaftlicher Perspektive zu prüfen.

Bevor ich mich diesen Fragen widme, ist es wichtig zu klären, was aus sozialwissenschaftlicher Perspektive unter Beratung verstanden werden kann, um dann zu bestimmen, wie sie praktiziert wird und woran sich ihr Erfolge und ihre Effekte für den organisationalen Wandel bemessen lassen.

1. Was ist Beratung? – Die Form der Beratung

Will man die Bedeutung von Beratung verstehen, darf man sich nicht darauf verlassen, was in der Praxis als „Beratung" deklariert wird. Dies hat in einem Großteil der Beratungsliteratur für Verwirrung gesorgt. Es hat sich gezeigt, dass es sich nicht lohnt, den „Gemischtwarenladen" von Beratungsfirmen auf einen Nenner bringen zu wollen. Vieles, was als Beratung deklariert wird, hat nichts mit Beratung zu tun. Da werden Gutachten erstellt oder Computer verkauft, Rechnerarchitekturen aufgebaut oder Produktions-, Planungs- und Steuerungssysteme eingeführt. Dies alles ist zwar zum Teil das Geschäft von Beratungsfirmen, aber sehr fern von dem, was in sozialwissenschaftlicher Perspektive unter Beratung verstanden werden kann.

In sozialwissenschaftlicher Perspektive ist Beratung eine *Interaktionsform*, die dem Wissenstransfer dient. Sie ist zeitlich begrenzt und setzt für schwierigere Sachverhalte Anwesenheit voraus. Sie ist in der Regel *keine Organisationsform*. Wenn sie organisiert wird, verändert sie ihren Charakter. Es kommt dann nicht mehr nur vereinzelt vor, dass aus Karriereinteressen ein Gefälligkeitsrat gegeben wird, der eine vorgefasste Meinung bestätigt oder dass sich organisationsinterne Intrigen an Ratschläge knüpfen. Immer dann, wenn Ratgeber und Beratener dauerhaft derselben Organisation angehören, wird genau dieses erwartbar und die Beratung folgt dann mit größerer Wahrscheinlichkeit organisationseigenen als den spezifischen Regeln der Beratungsinteraktion. Beratung ist aber auch als *Kommunikationsform* nicht zureichend beschrieben. Es reicht nicht hin, ein Beratungsbuch zu schreiben oder es zu kaufen und in den Schrank zu stellen. Beratung beginnt als Interaktionsform immer dort, wo eine wechselseitige Abstimmung der Handlungen aufeinander und auf ein unmittelbares Handlungsziel in spezifischer Weise vollzogen wird.[1] Sie kann deswegen auf die Anwesenheit der Akteure zwar temporär, aber nicht prinzipiell – wie dies im Falle von Organisationen und Kommunikationen möglich ist – verzichten.[2]

Um über diese prinzipiellen Abgrenzungen hinaus Beratung als Interaktionsform im engeren Sinne kennen zu lernen, ist es notwendig, sie von anderen Interaktionsformen abzugrenzen. Erst im Vergleich mit diesen – indem man sagt, was Beratung nicht ist – gewinnt man klare Konturen eines im soziologischen Sinne enger gefassten Beratungsverständnisses.

So ist, wie bereits angedeutet, eine Beratung keine bloße *Verkaufsinteraktion* (auch wenn dafür bezahlt wird), bei der jemand einfach ein Produkt, sagen wir Beratungsliteratur oder ein Gutachten, veräußert. Während die Kauf/Verkauf-Interaktion insbesondere auf Märkten auf ein punktuelles Ereignis zusammengezogen werden kann, hat Beratung (wie viele andere Dienstleistungen) einen *prozessualen Charakter*. Für die Beratungsinteraktion ist nicht, wie für die Verkaufsinteraktion, eine minimale soziale Situation hinreichend. Bei dieser können Angebot und Nachfrage durch den Preis vermittelt aufeinander treffen, ohne dass Anbieter und Nachfrager sich kennen oder treffen müssen. Beratung ist im Vergleich dazu durch eine *stärkere wechselseitige Bezugnahme* geprägt. Wen wir nicht einschätzen können oder qua Organisation oder Bildungstitel einen Vertrauenskredit einräumen, von dem lassen wir uns im Regelfall auch nicht beraten. Das bedeutet jedoch keinesfalls, dass gute Absichten im Spiel sein müssen. Berater und Beratene können sich auch wechselseitig übervorteilen oder

---

[1] Im Vergleich zu anderen Formen des Wissenstransfers spielt die zeitliche Dauer von Beratungen für diese Einordnung zunächst eine wichtige Rolle. Für eine Kommunikationsform oder eine kommunikative Gattung ist diese im Regelfall zu hoch, für eine Organisationsform zu gering. Daher ist es sinnvoller, Beratung als eine *Form der Interaktion* zu verstehen. Dieser liegt ein wechselseitiges soziales Handeln von zwei oder mehr Personen zugrunde, das aufeinander bezogen oder aneinander orientiert abläuft. Es gibt dabei einen Konsens über ein unmittelbares Handlungsziel, was nicht ausschließt, dass einander widersprechende Fernziele verfolgt werden (vgl. dazu Bahrdt 1996: 121 ff.). Luhmann spricht in diesem Zusammenhang von der Freiheit und Distanz, die allen Interaktionssystemen in modernen Gesellschaften eignen (Luhmann 1984: 570 ff.). Eine interaktive Handlung ist so angelegt, dass sie ihr Ziel nur erreichen kann, wenn der andere die Handlung versteht und durch eigenes ergänzendes Handeln zur Erreichung des Zieles beiträgt (vgl. dazu Bahrdt 1996: 121 ff.). Interaktionen konstituieren also im Weberschen Sinne eine wie immer auch temporäre *soziale Beziehung*.

[2] Wie jede andere Interaktionsform lässt sich auch Beratung – anders als im Falle von Organisation – ohne einen hohen Grad an Anwesenheit nicht auf Dauer stellen. Ihre Grenze ist durch Abwesenheit konstituiert (vgl. Luhmann 1984: 560).

hinters Licht führen wollen, doch gerade auch dazu bedarf es einer grundlegenden Form der aufeinander bezogenen Abstimmung.

Dies kennzeichnet Beratung ebenso wie die Tatsache, dass diese im Handel als „Kontraktgut" überhaupt nur in unvollständiger Weise „Warenform" annehmen kann. Sie ist nicht als tauschbares Produkt mit genau spezifizierten und festgelegten Merkmalen materialisiert, sondern ist als „Tauschgut" sowohl während der Interaktion als auch nachträglich veränderbar. Was sie ist und welchen Gebrauchswert sie hat, bestimmt erst die Interaktion. Beratung ist also in einem sehr weitreichenden Sinne ein interaktives Produkt, dessen Merkmale sich erst während und nach der Interaktion spezifizieren, also zum Beispiel erst dann, wenn die Beratung längst abgeschlossen ist.

Mit einer Beratung ist aber auch keine, wie vorher bereits angesprochen, *hierarchische Interaktion* gemeint, in der jemand gezwungen werden kann, eine Beratung zu machen oder einen Rat zu befolgen (was diesen zu einer Anweisung machte). Ein Rat hat – nicht nur semantisch betrachtet – Vorschlagscharakter, sonst würden wir nicht von einem Ratschlag sprechen. Ein Vorschlag macht sich jedoch immer von der Zustimmung anderer abhängig; er lässt es frei, ihn anzunehmen oder nicht. Zur Interaktionsform „Beratung" gehört deshalb sowohl ein bestimmter Grad an *Freiwilligkeit* im Einlassen auf diese Interaktionsform als auch ein bestimmter Grad an *Freiheit* in der Formulierung und Annahme des Rates (vgl. insbesondere Arimond 1966: 186) – und damit eine relative Autonomie der Akteure. Auch dies ist nicht euphemistisch gemeint. Beratung findet nie im machtfreien Raum statt. Aber ohne die prinzipielle Möglichkeit, sowohl zur Beratung als auch zum Ratschlag nein zu sagen – so schwer es im Einzelnen auch fallen mag – haben wir es mit Anweisungen oder Zwang zu tun, aber nicht mit Beratung. Der Ratgeber, der die Annahme eines Rates erzwingen kann, überführt die Interaktion in eine, in der es sich maßgeblich um Gehorsam dreht. Aber auch der Beratene, der einen ihm gefälligen Rat erwirkt, macht den Ratschlag in der Sache nutzlos.[3] Beide Male ist der Problembezug der Beratung ad absurdum geführt.

Ob Beratung stattfinden kann oder nicht, entscheidet dabei der Kontext. Wichtig für die Etablierung von Beratungsprozessen ist, dass über ein freies (Vertrags)Verhältnis von Akteuren hinaus keine dauerhafte Zuweisung von Anweisungsbefugnis von „Untergebenen" auf „Übergeordnete" stattfindet. In Beratungen selbst, zwischen Beratern und Beratenen, spielt Macht insofern eine untergeordnete Rolle, als weder direkt mit der Zuordnung von Vermeidungsalternativen (Luhmann) noch mit der Durchsetzung von Anweisungen gegen Widerstand (Weber) operiert werden kann, ohne die Beziehung zu hierarchisieren (und sie damit zu etwas anderem als Beratung zu machen). Dass Berater und Beratene Interessen haben, die nicht deckungsgleich sind, ändert daran nichts. Aufgrund der Verständigungsorientierung spielen *Einfluss und Vertrauen* innerhalb der Beratungsinteraktion eine größere und Macht eine geringere Rolle. Aber auch hier bedeutet Verständigung wiederum nicht, dass schlechte Absichten oder einseitige Vorteilnahmen ausgeschlossen sind. Macht spielt bei der Analyse des Interaktionssystems „Beratung" insbesondere dann eine Rolle, wenn der organisationale

---

[3] Man kennt die Situation aus der Geschichte: Wenn man diejenigen, die einem raten, was man nicht hören möchte, einen Kopf kürzer macht, bekommt man nur noch Ratschläge, die man hören möchte – und die deshalb keine nützlichen mehr sind, weil die soziale Abhängigkeit die für die Beratungsinteraktion notwendige Sachorientierung zerstört.

Kontext ins Spiel kommt, der darüber mitbestimmt, wie und ob überhaupt Beratung stattfinden kann. Hier können dann „herrschaftskritische" Analysen an Relevanz gewinnen (vgl. Iding 2000: 11; Pongratz 2000: 54).

Abb. 2: Die Interaktionsform Beratung im Vergleich zu anderen Interaktionsformen

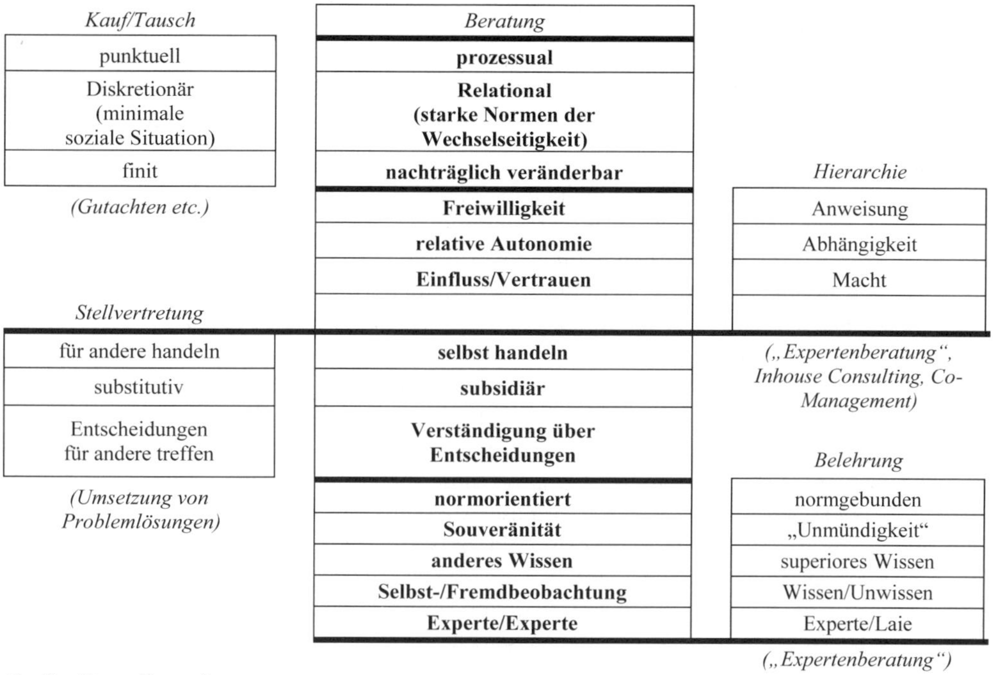

Kauf/Tausch — punktuell / Diskretionär (minimale soziale Situation) / finit / *(Gutachten etc.)*

Beratung — **prozessual** / **Relational (starke Normen der Wechselseitigkeit)** / **nachträglich veränderbar** / **Freiwilligkeit** / **relative Autonomie** / **Einfluss/Vertrauen**

Hierarchie — Anweisung / Abhängigkeit / Macht

Stellvertretung — für andere handeln / substitutiv / Entscheidungen für andere treffen / *(Umsetzung von Problemlösungen)*

selbst handeln / **subsidiär** / **Verständigung über Entscheidungen** / **normorientiert** / **Souveränität** / **anderes Wissen** / **Selbst-/Fremdbeobachtung** / **Experte/Experte**

(„Expertenberatung", Inhouse Consulting, Co-Management)

Belehrung — normgebunden / „Unmündigkeit" / superiores Wissen / Wissen/Unwissen / Experte/Laie

(„Expertenberatung")

Quelle: Eigene Darstellung

Mit Beratung ist auch keine Stellvertretungs-Interaktion gemeint, in der der Ratgeber seinen Rat gleich selbst in die Tat umsetzt. Sonst wäre eine Eheberatung eine sehr umstrittene Sache. Die Beratenen wollen oder müssen handeln. Deswegen brauchen sie Beratung. Beratung ist eine Interaktionsform, bei der das Heft des Handelns bei den Beratenen bleibt. Das Handeln bleibt selbstbestimmt. Das heißt, Beratung ist immer *subsidiär*, als Hilfe zur Selbsthilfe ausgelegt (vgl. dazu auch Brem-Gräser 1993: 15; Willke 1994: 30 ff.). Es werden keine Entscheidungen für andere getroffen. Sollte dies im unternehmerischen Beratungsgeschäft doch der Fall sein, so findet eben keine Beratung, sondern Stellvertretungshandeln statt.

In dieser Verneinung des Stellvertretungshandeln gleicht die Beratungsinteraktion am ehesten der Weiterbildung oder der Erziehung. Doch unterscheidet sie sich auch von der „Belehrungsinteraktion" in signifikanter Weise. Pädagogen formulieren in schulischen Kontexten anders als Berater einen allgemein verpflichtenden Anspruch, ihren Inhalten zu folgen (Normgebundenheit). Noch wichtiger aber ist, dass Beratung (anders als Erziehung) Mündigkeit, Selbstständigkeit und ein „Expertentum", zumindest aber eine „Souveränität in eigenen Belangen" auf der Seite der Beratenen voraussetzt. Wenn diese Voraussetzung verletzt wird, gerät die Beratung in eine Schieflage, weil sie dann dem Subsidiaritätsprinzip nicht mehr folgen kann. Das unterscheidet die Form der Beratung von jener der Therapie: dass diese eine Nicht-Souveränität in eigenen Belangen in Kauf nehmen kann, ja in vielen Form geradezu voraussetzt und erzeugt. Dabei ist der Klient in der Beratung keineswegs der „Hörige" oder „Schutzbefohlene", wie es die Ursprungsbedeutung des Wortes will, sondern der Experte seiner eigenen Belange. Eine Beratung kommt nicht umhin, eine solche „Expertenschaft" vorauszusetzen, wie immer implizit und von Überlegenheitsvorstellungen torpediert diese sein mag. Tut sie dies nicht, kann sie weder die Annahme eines alternativen Vorschlags noch die Art der Befolgung des Rates freistellen. Sie ist bei einer auf Krankheit oder Unmündigkeit zielenden Zurechnung ja geradezu gesellschaftlich verpflichtet, Maßnahmen auch ohne die Willensbekundung oder gar gegen den Willen des Patienten zu ergreifen.

Beratung ist als Interaktionsform immer eine Verständigung über Alternativen, Auswahlen, Folgen und Nebenfolgen von Entscheidungen. Dadurch ist ihre Leistung bestimmt. Sie zielt auf einen je spezifischen Problem- und Handlungshorizontes des Beratenen. In diesem Bezug ist sie einseitig. Der zu Beratende gibt das Problem vor. Indem der Handlungshorizont in verständigungsorientierter Weise erweitert oder verengt wird, entsteht Kontingenz. Alternativen werden sichtbar, Auswahlen werden bestätigt oder hinterfragt, Folgen und Nebenfolgen als vernachlässigbar oder relevant erachtet. Jedes Mal verändert sich der Handlungshorizont des Beratenen, selbst dann, wenn vorgefasste Meinungen nur bestätigt werden. Es hätte auch anders möglich sein können und Beratung macht diese Kontingenz auf die eine oder andere Weise sichtbar. So verengt eine Studienberatung in einem bestimmten Fach zwar den Handlungshorizont auf eine bestimmte Alternative hin, aber erweitert ihn zugleich, indem sie aufzeigt, was passieren kann, wenn man diese Alternative wählt: dass man sich wieder mit Mathematik beschäftigen muss, dass man unklare Berufsperspektiven hat oder mit spannenden Auslandsexkursionen rechnen kann.

Es hat sich also insgesamt gezeigt, dass der Pfad der Beratungsinteraktion sehr schmal ist und man schnell gänzlich anderes Terrain betritt, wenn man diesen Pfad verlässt. Immer dann, wenn Beratungsfirmen Gutachten verkaufen, die Umsetzung von Problemlösungen übernehmen, Co-Management betreiben oder mit der Verfügungsmacht von Banken oder Investoren ausgestattet Betriebe umgestalten, findet eine andere Form der Interaktion statt. Diese ist nicht per se schlechter oder besser oder gar irrelevant. Sie lässt sich nur nicht als Beratung klassifizieren. Wir müssen also Beratung als Etikett im Beratungsgeschäft, mit dem ganz unterschiedliche Interaktionsformen gekennzeichnet werden, unterscheiden von Beratung als einer Interaktionsform, die sich analytisch sehr klar von anderen Interaktionsformen trennen lässt. Dies ist aus zwei Gründen wichtig: Um Veränderungseffekte und Erfolgschancen von Beratung einschätzen zu können, müssen wir erstens wissen, ob überhaupt Beratung im engeren Sinne praktiziert wurde. Zweitens bekommen wir nur so ein Verständnis dafür, dass Beratung kontextuell voraussetzungsvoll ist, d.h. sich unter der Hand schnell in andere Interaktionsformen verwandeln kann, wenn bestimmte kontextuale Voraussetzungen nicht bestehen oder verletzt werden. Beratungen erweisen sich in der Praxis als transformationsanfällig – sehr schnell entstehen hierarchische, Belehrungs- oder Stellvertretungsformen der Interaktion – und daher als abhängig von Kontexten, die sie ermöglichen und nicht überformen.

Deswegen ist ein Auf-Dauer-Stellen von Beratungsinteraktionen in organisationsinternen Kontexten eher unwahrscheinlich. Die organisationale *Veralltäglichung von Beratung* sorgt durch Hierarchisierung, Belehrung und Stellvertretung für einen sinkenden Grenznutzen ihrer Effekte. Man bekommt im Laufe der Zeit etwas anderes als man gewollt hat. Erst die Externalisierung – also z.B. durch den Einkauf von Beratungswissen auf Märkten, durch die Vermittlung über die Institution des Marktes – schafft einen Kontext, der Beratungsinteraktionen zuverlässiger ermöglicht, indem er zugleich die Art und die Dauer der Beratung begrenzt. Es ist diese Begrenzung, durch die Beratung als Interaktionsform institutionalisiert werden kann. Unternehmensberatungen versorgen Unternehmen im Rahmen dieser Grenzen mit zusätzlichen Reflexions-, Durchsetzungs- und Legitimationschancen, die diese der Externalität der Beratungsdienstleistung verdanken. Diese beschränkt Beratung also nicht nur, sondern schafft in dieser Beschränkung erst die Regelvoraussetzungen für sie. Die Wahrnehmung dieser Chancen bleibt gleichwohl Sache der Unternehmen selbst.

2. Was tun Unternehmensberatungen?

In der Beratungsliteratur werden unterschiedliche Beratungsarten unterschieden. Dazu gehören die Gutachtenberatung, die Expertenberatung, die Organisationsentwicklungs- und Personalentwicklungsberatung und die systemische Beratung. Nach einer Untersuchung von Walger/Scheller zu dem Beratungsaufkommen in Deutschland, Österreich und der Schweiz Ende der 90er Jahre führten 1,7% der untersuchten Beratungsunternehmen Gutachtenberatung, 84,7% Expertenberatung, 11,4% Organisationsentwicklungs- und Personalentwicklungsberatung und 2,2% systemische Beratung durch (vgl. Walger/Scheller 1998: 18-40, 62-68; vgl. dazu auch Walger 1995). Die Klassifikation von Walger bezieht sich jedoch das Beratungsgeschäft von Beratungsfirmen und nicht auf das engere wissenschaftliche Verständnis von Beratung. Legt man dieses an, so dezimiert sich das Beratungsvolumen, das tatsächlich auf Beratung in engerem Sinne beruht, beträchtlich. So kann die Erstellung von Gutachten gar nicht und die Expertenberatung nur zum Teil als Beratung im engeren Sinne verstanden werden. Die Expertenberatung ist nach Walger zum einen dadurch definiert, dass die Problemdefinition vom Spezialisten geleistet wird und spezifische, vorher festgelegte Beratungstools zur Anwendung kommen. Dies schließt nach unserer Definition nicht aus, dass Beratung stattfindet. Zum anderen spielt aber auch die Beteiligung an der Umsetzung der Lösungsvorschläge eine Rolle. Soweit diese stattfindet und die Berater als Co-Manager[4] agieren, können wir nicht mehr von Beratung sprechen. Dies war nach den Ergebnissen von Walger/Scheller bei 41% der Expertenberatung der Fall. Während die Organisationsentwicklungs-, Personalentwicklungs- und systemische Beratung qua Definition unserem Beratungsverständnis entsprechen, kann also ein Teil der Expertenberatung (34,7%) und die Gutachtenberatung, insgesamt also 36,4%, nicht als Beratung im engeren Sinne deklariert werden.

Diese Quote entspricht auch in etwa unseren Ergebnissen zur Beratungslandschaft in Ostdeutschland von Mitte bis Ende der 90er Jahre. Es zeigte sich, dass sich zwar der Rückgriff auf Unternehmensberatung in Ostdeutschland als die wichtigste Form der Inanspruchnahme externer Hilfe für betriebliche Probleme herauskristallisierte. Fast jeder zweite Betrieb hatte

---

[4] Dabei beziehe ich die Bezeichnung als Co-Manager auf die Funktion des Beraters und nicht, wie sonst üblich, auf die Dauer seiner Anwesenheit im Betrieb.

seit der Treuhandphase unseren Ergebnissen zufolge[5] mindestens einmal Leistungen von Unternehmensberatungsfirmen in Anspruch genommen. Aber diese waren nach Angaben der befragten Manager zu 46,3% der Fälle Leistungen die auf Co-Management, Management auf Zeit oder Beteiligung an der Umsetzung zielten. Sie können deswegen im engeren Sinne nicht als Beratung klassifiziert werden. In 53,7% der Fälle beschränkte sich Beratung allerdings auf Analyse- und Konzeptentwicklungsleistungen, basierte auf subsidiären Beratungsvorstellungen und entsprach damit unserem engeren Verständnis von Beratung.

Das bedeutet, dass nur in rund der Hälfte bis zu zwei Drittel des Beratungsgeschäfts überhaupt Beratung in dem hier entwickelten, engeren Sinne praktiziert wird – und auch hier wissen wir nicht, wie oft Belehrung oder Bevormundung diese dominiert.

Abb. 3: Zur Inanspruchnahme von Beratung im engeren Sinne und verschiedener anderer Leistungen von Beratungsfirmen in ost- und westdeutschen Industrieunternehmen, 1997/98

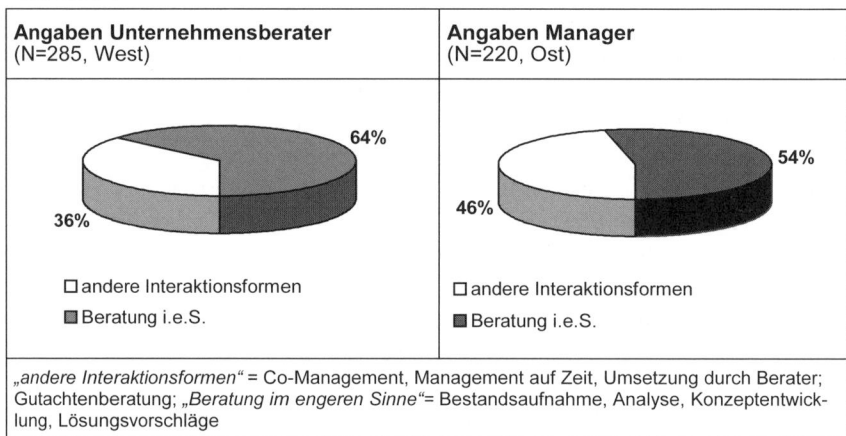

Quelle: Eigene Ergebnisse

Während bei den anderen Interaktionsformen die sog. Expertenberatung im Mittelpunkt steht, ist es bei der Beratung im engeren Sinne (im Falle der Unternehmensberatung) die Organisationsberatung. Dabei ist mit dem Begriff der Organisationsberatung nicht immer die Organisationsentwicklungs- oder Personalentwicklungsberatung gemeint, diese sind vielmehr Unterformen der Organisationsberatung. Organisationsberatung spricht eine Form von Beratung i.e.S. an, die sich auf die Unternehmensorganisation bezieht und nicht auf Personen. Organisationsberatung meint, dass mithilfe der Interaktionsform „Beratung" nicht nur individuelle, sondern organisationale Veränderungsprozesse angeregt werden sollen. Sie ist daher sowohl von den Möglichkeiten, die sie hat, als auch von den Grenzen, die ihr gezogen

---

[5] Unsere Ergebnisse basieren auf vier, an der Friedrich-Schiller-Universität Jena, Institut für Soziologie durchgeführten Untersuchungen: 1. eine von 1996 bis 1999 durchgeführte Untersuchung von Unternehmensberatern und beratenen Unternehmen mit 12 Fallstudien; 2. eine 1997/98 durchgeführte schriftliche Befragung von 230 in Ostdeutschland tätigen Unternehmensberatern; 3.eine von 1995 bis 1997 durchgeführte Untersuchung von Management und Belegschaften in 10 ostdeutschen Betrieben (Ø-Größe 289 Ma.) mit insgesamt 110 Interviews; 4. eine 1997/98 durchgeführte schriftlichen Befragung von insgesamt 220 Managern von ebenso vielen Industrieunternehmen in Ostdeutschland (Ø-Größe 102 Ma.).

werden, eine *andere Art* von Beratung. In der Form der Organisationsentwicklungsberatung wird sie seit den 70er-Jahren als ein „Königsweg" der Organisationsgestaltung ausgewiesen, auf dem durch Überzeugung, indirekte Einflussnahme und Anregung zur Selbständerung einem zielorientierten Wandel der Organisation auf die Sprünge geholfen werden könne. In dieser Form steht sie paradigmatisch der „Expertenberatung" mit Umsetzungsfunktion entgegen. Diese folgt viel eher einem älteren Konzept von Beratung, das die Beratungsaufgabe auf die Planung der Entscheidungsprämissen mit entsprechenden direkten Interventionen des Beraters im Unternehmen bezogen hatte. Der Berater ist in der Perspektive der sog. „Expertenberatung" mit Umsetzungsfunktion (mehr noch als der Manager) ein Betriebsspezialist, der als eine Art Co-Manager die Probleme löst und in direktiver Weise nachhaltige Effekte erzielen kann. „Gemeinsam mit den Führungskräften des Klienten", so Walger noch in den 90ern, „löst der Experte komplexe Probleme und führt nachhaltige Veränderungen im Unternehmen herbei" (Walger 1995: 5). Sie ist deswegen eine direktive Form der Interaktion, während Organisationsberatung eine non-direktive ist. Diese zielt darauf ab, auf Basis von Beratung im engeren Sinne die Organisation zur Selbständerung anzuregen. Sie verzichtet dabei auf direktive Eingriffe.

Abb. 4: „Expertenberatung" mit Umsetzungsfunktion versus Organisationsberatung"

	„Expertenberatung" mit Umsetzungsfunktion (Direktive Interaktion)	Organisationsberatung („non-direktive Interaktion)
Perspektiven		
Beratungsverständnis	„Co-Management"	„Beratung"
Beraterhandeln	Stellvertretend	subsidiär
Interventionsform	Direktiv	non-direktiv
	Anweisung	Einflussnahme
	Bestimmung von Veränderung	Anregung zur Selbständerung
Zurechnungsformen		
Beratungskompetenz	Fachkompetenz	Beratungskompetenz
Beratungsbeziehung	Experte/Laie	Experte/Experte
Beratungswissen	überlegenes Wissen	anderes Wissen
Ziele		
Beratungsziel	Festlegung und Umsetzung von Entscheidungen	Erweiterung des Problem- und Handlungshorizonts

Quelle: Eigene Darstellung

Wichtig ist, dass zwar die Organisationsberatung im engeren Sinne im letzten Jahrzehnt sehr klar an Bedeutung gewonnen hat, dass jedoch mit dem Auftragsrückgang in den letzten Jahren zunehmend die Beratung mit Umsetzungsleistungen wieder an Terrain gewonnen hat. So schreibt der BDU 2004, dass von den Firmen zunehmend auch die Umsetzung der entwickelten Konzepte durch Unternehmensberatungen verlangt werde. Und was unter dem Label der Organisationsberatung praktiziert wird, ist immer noch sehr häufig punktuelle Beratung, die mitnichten den idealtypischen Vorstellungen von Organisationsberatung auch nur annähernd entspricht.

Abb. 5: Beratungsfelder auf dem europäischen Beratungsmarkt 2002

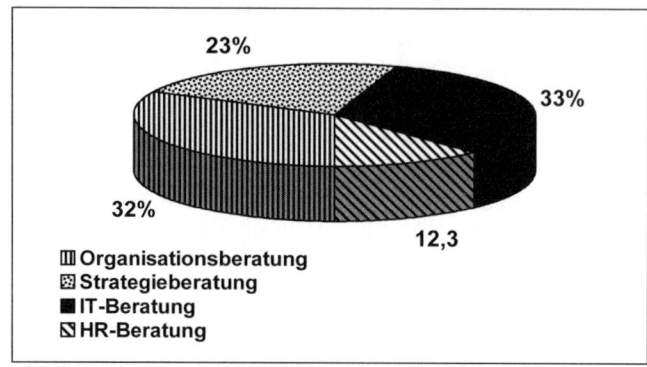

23%	33%
32%	12,3

▥ Organisationsberatung
▨ Strategieberatung
■ IT-Beratung
◪ HR-Beratung

Quelle: FEACO 2003; BDU 2004

Sowohl die Organisationsberatung als auch die „Expertenberatung" mit Umsetzungsfunktion bewegen sich aber von ihren Gestaltungsparametern im *Teufelskreis von zu wenig Zeit, zu hohem Problemdruck und zu hoher Problemkomplexität*. Weitgehend ungeachtet der Komplexität des Problems dominiert im Regelfall eine Kurzform der Beratung. Selten umfasst die Beratungsdauer mehr als vier Personenwochen. Viele Berater geben zudem an, dass sie im Regelfall erst hinzugezogen werden, wenn der Problemdruck bereits sehr hoch ist. Es zeigt sich also, dass der Alltag der Unternehmensberatung durch eine hohe *Temporalität* der Beratung gekennzeichnet ist, die einerseits Beratung erst ermöglicht, sie aber andererseits in den Aufgaben, die sie erfüllen kann, auch deutlich begrenzt.

Mit dieser Dominanz von Kurzberatungen ist häufig die Reduktion von Organisationsberatung auf eine punktuelle Managementberatung verbunden. Der Einbezug *aller relevanten und/oder von Restrukturierungsmaßnahmen* betroffenen betrieblichen Akteure, der im Falle der Organisationsberatung gewünscht ist, bleibt aus. „Beratung light" gibt es zu einem nicht unbeträchtlichen Anteil nur für Führungskräfte. Bei den Klein- und Mittelunternehmen mit ihrer deutlich dünneren Personaldecke fand unseren Ergebnissen zufolge in nur gut der Hälfte der Fälle ein Einbezug weiterer Betroffener statt. In jedem zweiten Fall also hatten die Unternehmensberater nur mit der Geschäftsleitung oder noch nicht einmal mit dieser intensiv zusammengearbeitet hat.

3. Welche Effekte erzielen Unternehmensberatungen im organisationalen Wandel

Nicht erst der Fall der Swissair hat es gezeigt: Organisationsberatung erhöht keineswegs zwangsläufig die Überlebenswahrscheinlichkeit einer Organisation. Sie kann auch nicht garantieren, dass eine Organisation sich entwickelt. Daran scheinen auch die vergleichsweise hohe Dosen von Beratung nichts zu ändern, wie sie McKinsey der Swissair zu gute kommen ließ. 10 Jahre und 100 Mio. DM Beratungshonorar später wurde die Swissair dennoch in den Sand gesetzt (vgl. dazu manager magazin 2001).

Diese und andere Fälle machen auf ein Problem aufmerksam, das uns im folgenden interessiert. Kann es der Organisationsberatung in Krisenzeiten gelingen, zur Entwicklung und

Veränderung der Organisation beizutragen? Welche Voraussetzungen müssen dazu erfüllt sei und welche Scheiternsrisiken gibt es?

Ein Großteil der mannigfaltigen Inputs in Organisationen, so Weick, bleibt „unberührt". Keineswegs immer interpretiert die Organisation also die im Gestaltungsprozess der Beratung produzierten Ergebnisse so, als ob eine *relevante* Entscheidung getroffen worden wäre. Erst wenn dies geschieht und Beratungswissen durch die retrospektive Sinngebung der Organisation als relevant erachtet wird, hat sich die Beratung als organisational anschlussfähig erwiesen. Diese nachträgliche Sinngebung lässt sich einfach erheben, indem man die Einschätzung des Ergebnisses der Beratung durch die Beratenen heranzieht. Sie ist deswegen bedeutsam, weil sich in unseren Fallstudien sehr klar gezeigt hatte, dass sich in den Organisationen, in denen die Beratung als Misserfolg eingeschätzt wurde, auch nichts an den Problem- und Handlungshorizonten sowie an den etablierten Organisationsstrukturen geändert hatte. Damit wissen wir zwar noch nichts über die organisationale Anschlussfähigkeit im Falle einer Erfolgseinschätzung, aber die Misserfolgseinschätzung kann uns als Indikator dafür dienen, dass Beratungswissen in der Organisation folgenlos verpufft ist.

Es zeigte sich, dass gemessen an diesem Indikator, die „Folgenlosigkeit" von Beratung kein seltenes Phänomen ist. Insgesamt rund 40% der Beratenen in unserem Sample deklarierten die Beratung im Nachhinein als Misserfolg. Wenn sie, wie in Zweidrittel der Fälle angegeben, nicht den anfänglichen Erwartungen entsprach, so war dies negativ gemeint: Die Beratenen waren enttäuscht. Und diese Enttäuschung schlug sich auch in der zu fast 80% geäußerten Absicht nieder, keine Beratungsleistungen mehr in Anspruch nehmen zu wollen.

Übersicht 1:   Bewertungen von Beratungsleistungen durch die beratenen Geschäftsführer, 1997/98, N=103; Mehrfachnennungen möglich

Die Beratung war eher ein Misserfolg	38,2%
Die Beratungskosten waren der Leistung nicht angemessen	41,3%
Die Beratung entsprach teilweise/gar nicht den Erwartungen	67,3%
In näherer Zukunft keine Beratung mehr	77,5%

Quelle: Eigene Ergebnisse

Von den 120 Geschäftsführern, die keine Beratung in Anspruch genommen hatten, gaben zudem fast die Hälfte an, dies aufgrund schlechter Erfahrungen mit Beratern nicht getan zu haben. In Bezug auf dieses hohe Maß an Unzufriedenheit mit Beratung, sind unsere Ergebnisse mitnichten ein Sonderfall. Beratung, das zeigen auch andere Untersuchungen, ist insgesamt ein enttäuschungsreiches Geschäft.

Übersicht 2: Erfolgseinschätzungen von Unternehmensberatungen durch die Klientel nach unterschiedlichen Untersuchungen 1993-2001

Erfolgseinschätzungen von Beratungen	Proz.	N	Typ
Beratung führte nicht zu einem umsetzungsfähigen Ergebnis (Lachnit/Müller 1993).	24%	161	KMU
Beratung führte nicht zu einer Umsetzung der Ergebnisse (Kailer/Merker 1999)	41%	74	KMU
Die Beratung war ... eher ein Misserfolg. (Pohlmann/Gerlach 1999)	38%	104	KMU
Die Beratungsprojekte waren ... weniger erfolgreich (Fritz/Effenberger 1998)	31%	141	GU
Die Beratungsprojekte haben die Erwartungen ... teilweise/gar nicht erfüllt (manager magazin 2001)	55%	100	GU
Die Beratungsprojekte wurden mit .. befriedigend oder schlechter bewertet (manager magazin 2001)	50%	100	GU
Mit der Beratung ... teils/teils oder weniger zufrieden (Stöbe 1998)	63%	83	Min.

Quelle: Eigene Zusammenstellung; Anmerkung: KMU = Klein- und Mittelunternehmen; GU = Großunternehmen, Min. = Ministerien

Dabei gab es zentrale Faktoren, welche die Wahrnehmung von Beratung als Misserfolg deutlich erhöhten. Je kleiner der Betrieb, je höher das Honorar, je geringer die Beratungsdauer und Kontinuität, aber auch je weniger betriebliche Experten beteiligt waren, desto wahrscheinlicher war eine Misserfolgswahrnehmung der Beratenen. Am stärksten zu betonen ist aber, dass unseren Ergebnissen zufolge im Falle der Organisationsberatung eine Einschätzung der Beratung als Misserfolg wahrscheinlicher war als im Falle der sog. Expertenberatung. Diese schuf, gemessen an diesem Indikator, ein geringes Maß an organisationaler Folgenlosigkeit, ohne dass damit jedoch bereits etwas über die Nachhaltigkeit ihres Beitrags zum zielorientierten Wandel der Organisation gesagt wäre.

Übersicht 3: Die Wahrnehmung aller Leistungen der Beratungsunternehmen und der Organisationsberatung als Erfolg bzw. Misserfolg, 1997/98

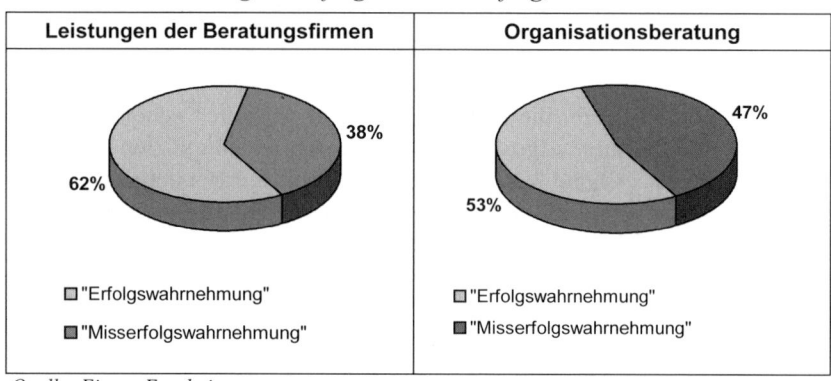

Quelle: Eigene Ergebnisse

Diese Perspektive auf den organisationalen Wandel ist aber noch nicht hinreichend. Noch wissen wir nicht, unter welchen Bedingungen es zur organisationalen Anschlussfähigkeit kam und wann die Selektion von Beratungswissen tatsächlich zur Ausbildung neuer Rationalitätsformen, und damit zu einem nachhaltigen Wandel der Organisation geführt hat. Es ist diese Frage der Stabilisierung von Änderungen, die uns im folgenden interessiert.

Anhand der Analyse von unterschiedlichen Organisationstypen und den damit korrespondierenden Gestaltungs-, Selektions- und Stabilisierungsformen von Beratung ließen sich einige Regeln aufstellen, unter welchen Bedingungen Organisationsberatung in der Krise zur Veränderung von Organisationen beitragen konnten und unter welchen nicht.

- Immer dann, wenn in der Krise latente Regeln des „Durchwurstelns" die Stabilisierung bestimmen („organisierte Anarchie"), nehmen die auf Änderungen bezogenen *Erwartungsspielräume und Außenorientierungen* bei den Akteuren in der Organisation sehr stark ab. Es wird kurzfristig reagiert, auf Basis einfacher Konzepte. Es kommt in der Organisation zu einer sehr emotionalen, kollektiv stabilisierten Selbstbezogenheit, die eine sehr restriktive Gestaltung von Organisationsberatung nicht nur nach sich zieht, sondern sich durch deren sich dann einstellenden Erfolgslosigkeit bestätigt sieht. Dass Organisationsberatung nicht weiterhilft, wird hier zur selbsterfüllenden Prophezeiung. Entscheidungen orientieren kann Beratung in diesen Fällen nur, wenn sie keine ist, also in der Form des Co-Management praktiziert wird. Nur dann wird sie als Erfolg eingeschätzt.

- Immer dann, wenn es zu einer einfachen *Modernisierung* der Organisation nach dem Rationalmodell gekommen ist („klassisch-moderne Organisation"), sorgt die Krise für einen starken Konservatismus in der Organisation. Zwar sind die Außenorientierungen und Änderungs*bereitschaften* der Organisationsmitglieder hoch, aber sie übersetzen sich in vielen Fällen nicht in organisationale Änderungsfähigkeit. Vielen Beschäftigten ist das Sanktionsrisiko für unkonventionelles Handeln und Fehlern bei ungeregelter Verantwortungsübernahme zu hoch, und vielen Managern Anreizsysteme zur Förderung der Verantwortungsübernahme zu teuer. In der Krise nimmt im Zusammenspiel dieser Handlungsrationalitäten der Rückgriff auf stark regelorientierte Handlungsnormen zu. Mechanistische Beratungsvorstellungen sind deshalb von Bedeutung und restringieren die Gestaltungsmöglichkeiten der Organisationsberatung. Zwar entstehen vor diesem Hintergrund auch an Organisationsberatung anknüpfende Entscheidungsorientierungen. Sie können jedoch im Auseinanderfallen von individueller Änderungsbereitschaft und organisationaler Änderungsfähigkeit nur selten als Strukturänderungen stabilisiert werden.

- Am größten aber sind die Chancen der Organisationsberatung beim Typus der wissensbasierten Organisation. Deren Stabilisierungsmechanismen sind in der Krise auf einen beinahe wissenschaftlichen Experimentalismus in Sachen Strukturänderung ausgerichtet. Ein Zitat soll dies verdeutlichen:

„Und wir haben auch immer ganz bewusst gesagt, die festgeschnittene Struktur im Moment ist nicht so zu verstehen, dass die wirklich irgendwo statisch ist, sondern ich betrachte eine Struktur eigentlich immer nur so lange als gültig, so lange nicht neue Erkenntnisse da sind. Und das geht bei uns relativ schnell, dann zu sagen, jetzt müssen wir ganz einfach umstellen, weil die Gegebenheiten andere sind".

In diesen Betrieben werden die großen Erwartungsspielräume des meist professionellen Personals für Strukturreformen genutzt. Die starke Außenorientierung der Akteure sorgt zusammen mit der Kultur der Expertengemeinschaft für eine gering restriktive Gestaltung des Beratungsprozesses. Er erweist sich bis hin zur Entfaltung neuer Rationalitätsformen als hoch anschlussfähig. Immer dann, wenn Organisationen mit experimentellen Strukturänderungen auf die Krise reagieren, entsteht zwischen einer experimentellen Außenorientierung mit hoher Veränderungsbereitschaft und dem Einbezug von Organisationsberatung eine

Wechselwirkung, die der Organisationsberatung große Veränderungsmöglichkeiten in der Organisation eröffnet.

Übersicht 4: Veränderungschancen durch Organisationsberatung nach Organisationstypen

	Organisierte Anarchie	Klassisch-moderne Organisation	wissensbasierte Organisation
Gestaltung von Beratung (Variation)	*Organisationsberatung*	*Organisationsberatung*	*Organisationsberatung*
Entscheidungsorientierung (Selektion)	**Co-Management/ „Expertenberatung"**	*Organisationsberatung*	*Organisationsberatung*
		„Expertenberatung"	
Strukturänderung (Stabilisierung)	**„Notoperation"**	**„Expertenberatung"/ Co-Management**	*Organisationsberatung*
Revolution (turn around)	**„Notoperation"**	**„Notoperation"**	nicht beobachtet

Quelle: Eigene Darstellung; kursiv = Einfluss der Organisationsberatung auf den organisationalen Wandel; fett = Einfluss/Notwendigkeit anderer Formen des Veränderungsmanagements

4. Resümee: Zum Zusammenhang von Organisationsentwicklung und Organisationsberatung

Unsere Ergebnisse zeigen sehr deutlich, dass auch Organisationsberatung von sich aus keine magische Qualität entfalten kann, die sie zu einem Allzweckmittel für organisationale Änderungen macht. Daran schließen sich folgende Thesen an:

- Organisationsberatung ist eine hoch voraussetzungsvolle Form von Beratung, die nur zur nachhaltigen Strukturänderung der Organisation beitragen kann, wenn privilegierte Gestaltungsbedingungen geschaffen werden.

- Je professionalisierter die Organisation, desto eher schafft sie Gestaltungsformen von Beratung, die ihre organisationale Anschlussfähigkeit mit organisieren können und desto eher gelingt es, Strukturänderungen zu stabilisieren.

- Aus unseren Ergebnissen lässt sich ablesen, dass es eine Art Matthäus-Prinzip der Organisationsberatung gibt: Wer hat, dem wird gegeben und wer nicht hat, dem kann auch Organisationsberatung kaum helfen. Organisationsberatung ist nicht per se krisentauglich, sondern nur, wenn sie ihre eigenen Voraussetzungen mit organisiert.

- Je unsicherer und krisenhafter der Beratungskontext eingeschätzt wird, desto höher sind, das haben wir gesehen, die Scheiternsrisiken von Organisationsberatung.

Organisationsberatung ist in Krisensituationen – also dann, wenn sie besonders wichtig ist – noch schwieriger als ohnehin und mit wesentlich höheren Scheiternsrisiken belastet. Gerade dann also, wenn Organisationsberatung am nötigsten ist, ist ihr Gelingen am stärksten vom Scheitern bedroht. Im Prokrustes-Bett der in der Krise zur Geltung kommenden Rationalitätskriterien (wie z.B. *Kurzfristigkeit, Kalkulierbarkeit und Pragmatismus*) konnte sich Organisationsberatung als Katalysator organisationalen Wandels nicht allzu oft bewähren. Sie muss in solchen Fällen im Vorhinein Maßnahmen ergreifen, um ihre Veränderungswirkungen abzusichern. Sie muss die Vorberatungsphase bereits beratend gestalten und die Beteiligung betrieblicher Experten sowie die Selbstbeteiligung der Führungskräfte zur Voraussetzung der Durchführung machen. Vielleicht kann so die Überlegenheit der Organisationsberatung in der Frage der Nachhaltigkeit gegenüber der kurzfristig zufrieden stellenden Entlastung, die „Expertenberatung" verspricht, stärker zur Geltung kommen.

- Die Beratungsenttäuschung aber, das zeigt sich in unterschiedlichen Befunden sehr klar, ändert langfristig nichts an der Beratungsnachfrage.

Dies liegt nicht nur an der hohen Fluktuation der Beratenen. Für die Unternehmen, die zugrunde gehen, kommen in hinreichender Zahl neue nach. Sondern auch daran, dass die Enttäuschung (ähnlich wie in der Ehe) mehr auf den Berater zugerechnet, und weniger auf die Beratung und ihre Gestaltungsformen. Die Beratungsnachfrage bleibt deswegen von den Schwierigkeiten der Organisationsberatung weitgehend unberührt.

Dabei lassen sich auf dieser Basis die Scheiternsrisiken und Erfolgschancen von Organisationsberatung anhand unserer Ergebnisse vergleichsweise genau fassen:

- Organisationsberatung braucht Zeit. (Wobei umgekehrt Zeit aber kein Garant dafür ist (siehe Swissair), dass Beratung den Wandel der Organisation vorantreiben kann.) Sie ist immer dann gefährdet, wenn die Dauer der Beratung eine Entfaltung der Beratungsinteraktion nicht zulässt. Angesichts komplexer, bereichsübergreifender Probleme sind weder Analysen noch Lösungen in kurzer Zeit erreichbar.

- Die Wirkkraft der Organisationsberatung ist immer dann gefährdet, wenn der Einbezug der Betriebsexperten zu eng begrenzt bleibt. Da der Wirkungskreis der Beratung die gesamte Organisation ist, muss diese auf Organisationsexperten auf mehreren Hierarchieebenen oder in mehreren Abteilungen – soweit diese mit dem Problem befasst sind – zugreifen.

- Eine Organisationsberatung scheitert immer dann als Interaktionsform, wenn an Stelle von „Beratung" „Hilfe" verlangt und die Beratung entsprechend beansprucht wird. Wird das Postulat der Subsidiarität verletzt, sinkt die Wahrscheinlichkeit, dass durch die Kooperation nachhaltige Effekte in den Unternehmen erzielt werden können.

- Organisationsberatung scheitert dann besonders häufig, wenn Rollenkonzepte oder die wechselseitige Rollenzuweisung in den damit verbundenen Erwartungen unklar sind. Sei es, dass überbordende Heilserwartungen ins Spiel kommen, sei es, dass die Erwartungen diametral entgegengesetzt sind oder zu diffus und unspezifiziert bleiben.

- Eine typische Gefährdung der Beratungsinteraktion liegt darin, Macht ins Spiel zu bringen. Während im Beratungsumfeld der Organisation Macht alltäglich ist, erhöht sie im Zusammenwirken von Berater und Betriebsexperten das Risiko des Scheiterns enorm. Wird die Prämisse der Selbstständigkeit verletzt, kann das Ziel einer Erweiterung des Problemlöse- und Handlungshorizonts nur schwer erreicht werden. Ist z.B. durch die Intervention der Banken die Beratung nicht mehr freiwillig, sind die für eine Beratung notwendigen Vertrauensgrundlagen häufig zerstört. Nur in Ausnahmen kommt unter diesen Umständen eine für beide Seiten „gewinnbringende" Beratungsinteraktion zustande.

- Organisationsberatung gestaltet sich immer dann besonders schwierig, wenn die wechselseitige Anerkennung als gleichwertige, aber gleichwohl verschieden ausgerichtete Experten im Beratungsprozess nicht gelingt.

Literatur

Argyris, Chris, Donald A. Schön (1999): Die lernende Organisation. Grundlagen, Methode, Praxis, Stuttgart

Arimond, H. (1966): Zeitgemäße Berufsaufklärung, Psychologische Beiträge 9, o.O.

Bund Deutscher Unternehmensberater (BDU) (2004): Der Unternehmensberatungsmarkt 2003, BDU

Brem-Gräser, Luitgard (1993b): Handbuch der Beratung für helfende Berufe. Band 2. 11. Aufl., München; Basel

Dahl, Edgar. (1967): Die Unternehmensberatung. Eine Untersuchung ausgewählter Aspekte beratender Tätigkeiten in der Bundesrepublik Deutschland, Meisenheim am Glan

Elfgen, Ralph; Klaile, B. (1987): Unternehmensberatung: Angebot, Nachfrage, Zusammenarbeit., Stuttgart

Fritz, Wolfgang, Jens Effenberger (1998): Strategische Unternehmensberatung. Verlauf und Erfolg von Projekten der Strategieberatung, DBW, 58, 1, 103-119

Iding, Hermann (2000): Hinter den Kulissen der Organisationsberatung. Qualitative Fallstudien von Beratungsprozessen im Krankenhaus, Opladen

Habermas, Jürgen (1983/92): Moralbewußtsein und kommunikatives Handeln, in: Ders.: Moralbewußtsein und kommunikatives Handeln, 5. Aufl., Frankfurt/M.

Hruschka, Erna (1969): Versuch einer theoretischen Grundlegung des Beratungsprozesses, in: Bay, Eberhard et al. (Hrsg.) (o. J.), 16

Kailer, Norbert, Richard Merker (1999): Kompetenz in der Beratung kleiner und mittlerer Unternehmen – Defizite und Barrieren limitieren den Beratungserfolg, Berichte aus der Angewandten Innovationsforschung, Bochum

Lachnit, Laurenz, Stefan Müller (1993): Nutzung von Unternehmensberatung in mittelständischen Unternehmen, Der Betrieb, 46, 28, 1381-1389

Laszlo, Ervin (1999): Total Responsibility Management – Unternehmen in umfassender Verantwortung führen lernen, in: Papmehl, André, Rainer Siewers (eds.): Wissen im Wandel. Die lernende Organisation im 21. Jahrhundert, Wien, Frankfurt, 23-34

Luhmann, Niklas (1984): Soziale Systeme. Grundriß einer allgemeinen Theorie, Frankfurt/M.

Luhmann, Niklas (2000): Organisation und Entscheidung, Opladen, Wiesbaden

Manager Magazin (2001): Gewinner ohne Glanz, 7, 49-61

Micklethwait, John. Adrian Wooldridge (1998): Die Gesundbeter. Was die Rezepte der Unternehmensberater wirklich nützen, Hamburg

Pongratz, Hans J. (2000): System- und Subjektperspektive in der Organisationsberatung, in: Arbeit 9, 1, 54-65

Schein, Edgar (1969): Process Consultation: Its Role in Organization Development. Reading, MA

Schein, Edgar (2000): Prozeßberatung für die Organisation der Zukunft. Der Aufbau einer helfenden Beziehung, Köln

Stöbe, Sybille (1998): Verwaltungsmodernisierung und Beratung: Ergebnisse einer Befragung, in: Pekruhl, Ulrich (ed.): Unternehmensberatung. Profil und Perspektiven einer Branche, Graue Reihe des IAT 1998-03, Gelsenkirchen, 47-57

Walger, Gerd (1995): Idealtypen der Unternehmensberatung, in: Walger, Gerd (Hrsg.) (1995): Formen der Unternehmensberatung. Systemische Unternehmensberatung, Organisationsentwicklung, Expertenberatung ud gutachterliche Beratungstätigkeit in Theorie und Praxis, Köln, 1-18

Weber, Max (1922/856): Wissenschaftslehre, 6. erneut durchgesehene Auflage, hg. v. Johannes Winckelmann, Tübingen

Weick, Karl E. (1985): Der Prozeß des Organisierens, Frankfurt/M.

Willke, Helmut (1994): Systemtheorie II: Interventionstheorie, Stuttgart, Jena

Beratung und Weiterbildung in der Industrie – Fallstudien aus der Praxis

I. Kommunikation und Vernetzung durch Wissenspromotion in Organisationen *(Sybille Peters und Sandra Dengler)*

1. Wissenskommunikation und Wissensvernetzung als interdisziplinäres Thema

Allgemein bekannt und unstrittig ist, dass Wissen eine immer wertvollere Ressource darstellt und in Managementtheorien wird neuerdings von immateriellen Vermögenswerten in Betrieben gesprochen, da Innovationen nicht mehr hinreichend über materielle Güter herzustellen sind. So spricht man neuerdings von immateriellen Werten (Intangible Assets), die zur Erfassung und Darstellung des Humankapitals herangezogen werden. Diese momentan im Mittelpunkt stehenden Aspekte der Entwicklung der Humanressource sind Markierungen der sich weiter entfaltenden Wissensgesellschaft, die ihre Dynamik vielfältig zeigt (vgl. Zawacki-Richter 2004). Das betrifft allgemein die Veränderung durch Digitalisierung, globale Vernetzung, das Hervorheben der Expertise als Kernkompetenz sowie eine allgemeine Institutonendynamik (vgl. Willke 2001). Durch die Hervorhebung der Expertise als Kernkompetenz wird dem Wissensaustausch und Wissenstransfer eine besondere Beachtung entgegen gebracht, denn Wissen und Kompetenzen werden als Wert und Produktionsfaktor gesehen. Allgemein gewinnen Theorieansätze zum Thema ‚Wissen' in der Managementlehre zunehmend an Bedeutung. Der Anteil von Wissensarbeit in Organisationen steigt generell, wodurch der Bedarf an qualifizierter Expertise wiederum zunimmt. Das weitet das Theoriespektrum von Management- und Entscheidungstheorien ständig aus, da die Wissensarbeit, die ja nicht durch das Management selbst erbracht wird, aber von ihr gemanagt wird, nunmehr als neue eigenständige Größe einer theoretischen konsistenten Bearbeitung bedarf. Das bedeutet, dass die Berufsgruppen der Wissensarbeiter zunehmend in den Fokus solcher Theorieansätze gelangen, denn wie sie ihr spezielles Wissen erzeugen und dieses im Rahmen ihrer wissensbasierten Tätigkeit in Organisationseinheiten und (Forschungs- und Entwicklungs-) Projekten anwenden, wird zunehmend Gegenstand eigenständiger Konzepte und Modelle (vgl. u.a. Hilse 2000; Pawlowsky 1998; Peters/Dengler 2004a).

Dabei entsteht ein neuer Reflexionskontext neben Managementtheorien: Der Ansatz der Wissenskommunikation und -vernetzung sowohl für die intraorganisationale Vernetzung von Personen, Gruppen, Organisationseinheiten und Projekten als auch die Kommunikation und Vernetzung mit außerorganisatorischen Kooperationspartnern. Von ihr hängen Wissensaufbau und Wissenstransfer in Organisationen maßgeblich ab. Der Kommunikationsprozess entscheidet darüber, ob die Wissensvernetzung erfolgreich verläuft.

Insofern richtet sich ein Teil von Ansätzen und Modellentwicklungen innerhalb des interdisziplinär bearbeiteten Themas ‚Wissensmanagement' auf theoretische Modelle von Wissenskommunikation, die jeweils spezifische Aspekte aufgreifen. Zur Zeit werden vier Ansätze der Wissenskommunikation diskutiert. Da sie für die Wissensvernetzung zentral sind, sollen sie hier kurz genannt werden:

- Der erste betrifft die Kommunikation impliziten Wissens. Im Kontext dieses Ansatzes wird versucht, implizites Wissen, das eigentlich nicht kommunizierbar ist (vgl. Schreyögg/Geiger 2002: 14) in explizites Wissen zu transformieren und für Organisationen fruchtbar zu machen. Das kann beispielsweise durch den Austausch von individuellem Erfahrungswissen im Rahmen einer arrangierten Kommunikation zwischen Experten und Novizen ansatzweise ermöglicht werden (vgl. u.a. Nonaka/Takeuchi 1997; Mertins/Finke 2004).

- Der zweite Ansatz thematisiert den „Wissensdialog". Er rekurriert auf die Ausführungen von Bohm (2002) zum „Dialog". Der Dialog zielt auf ein Verstehen des Bewusstseins per se und gleichzeitig auf die Erkundung der problematischen Natur von Beziehungen und Kommunikation ab. Voraussetzung für den Wissensaustausch ist die Beachtung der Schlüsselkomponenten des Dialoges: die miteinander geteilte Bedeutung, das Wesen des kollektiven Denkens, die Allgegenwart der Fragmentierung, die Funktion der Aufmerksamkeit etc. (vgl. Bohm 2002).

- ‚Communities of Practice' sind Gegenstand eines bereits differenzierten Modells im Kontext von Wissensmanagement. Communities organisieren innerhalb ihrer Gruppenstrukturen den Wissensaustausch selbst, so dass der Aufbau von Wissen zum bearbeiteten Thema durch spezielle Problemlagen vertieft werden kann und damit ein Transfer von Wissen innerhalb der Gruppe hergestellt wird. Die Kernkompetenzen der jeweiligen Expertengruppe sollen so gebündelt werden, dass sie auf der Basis von Interessen-Netzwerken ein Support-Center für das Unternehmen darstellen (vgl. Heiss 2004).

- Der vierte Ansatz wurde im Rahmen des Verbundforschungsprojektes „Inno-how" entwickelt. Es handelt sich um das Methodenset des „Kommunizierenden Lernens für den Wissensfluss"[1]. Die Methoden des ‚Action Learning für den Wissensfluss', ‚Learning Histories für den Wissensfluss' und das ‚Experten-Novizen-Lernen' werden so eingesetzt und miteinander kombiniert, dass der Austausch von Erfahrungen und die Explizierung impliziten Wissens direkt im Arbeitsprozess gefördert und personell unterstützt wird. Durch den Einsatz dieser Methoden kann Metawissen aufgebaut und Wissensträger aus unterschiedlichen Kontexten können miteinander vernetzt werden (vgl. Stieler-Lorenz u.a. 2004).

Alle diese Ansätze stammen aus dem Spektrum von Arbeitspsychologie, Organisationsentwicklung, Weiterbildung und Personalentwicklung und spiegeln die interdisziplinäre Forschung zum Thema ‚Wissensmanagement' wider.

---

[1] Das Methodenset des „Kommunizierenden Lernens" wurde im Rahmen des Verbundprojektes Inno-how von der Core Business Development GmbH Berlin entwickelt. Das Forschungs- und Entwicklungsprojekt „Inno-how. Wissensmanagement in der Produktentwicklung" wurde mit Mitteln des Bundesministeriums für Bildung und Forschung (BMBF) innerhalb des Rahmenkonzeptes „Forschung für die Produktion von morgen" gefördert und vom Forschungszentrum Karlsruhe (PFT) betreut.

2. Wissensvernetzung im Kontext von Wissensmanagement

Die Spezialisierung auf Wissen und insbesondere auf die Wissensarbeit von spezifischen Berufsgruppen macht es erforderlich, sich mit Fragen von Wissensnetzwerken zu befassen. Wissensnetzwerke tragen durch ihre Differenzierung zur Diffusion vorhandenen Wissens bei. Dabei ist zu unterscheiden, dass z.B. erkenntnisleitende Grundlagenforschung und damit wissenschaftliches Wissen in Wissensnetzwerken von Forschung und Entwicklung generiert wird, fern von Marktentwicklungen. Hier jedoch geht es um produktionsorientiertes Verfügungswissen fern von wissenschaftlichen Grundlagen, das – so die Annahme – bei den Gruppen von Wissensarbeitern gegeben, jedoch nicht in Kommunikation und Interaktion entwickelt und ausgetauscht wird. Dieser Austausch wird nur durch den Aufbau von Strukturen spezifischer Wissensnetzwerke in Organisationen, nah am Marktgeschehen, möglich. Dabei ist ein Ausgangspunkt, dass sich Organisationseinheiten aufgrund ihrer dezentralen Anordnung autark verhalten und mit den jeweiligen Anforderungen der Organisation kompatibel sind. Denn diese orientieren sich zunächst einmal immer an Stabilität, Funktionalität und streben die Aufrechterhaltung von Routinen an. Dieses gilt selbstredend nicht mehr für moderne Managementtheorien, die die Vernetzung von Wissen für unabweislich halten. Wissensvernetzung wird nunmehr in den Fokus von Wissensmanagement gerückt, entfaltet sich als Gegenstand informeller Strukturen oder auch als Ausdruck nicht-formaler Strukturen z.B. in Communities. Innerhalb von Communities wird Wissen auf besondere Weise entwickelt, gemeinsam gemachte Erfahrungen geteilt und ausgetauscht. Ihre Mitglieder entwickeln dabei eine eigene (Berufs-) und Wissensidentität, die innerhalb industriesoziologischer Untersuchungen bereits in den 1990er Jahren konstatiert wurde, die nicht zuletzt mit dem Namen von (berufsbezogenen) Wissensinseln umschrieben wurde. Innerhalb dieser Gruppenkonstruktionen tragen alle (Berufs-) Mitglieder zum Erfolg bei, wenn sie ihr Wissen einbringen. Unter dem Primat von Wissensmanagement gilt es, Instrumente und Modelle anzubieten, um das in Communities gegebene hochspezielle explizite und implizite Wissen als Wissensbasis von Organisationen am richtigen Ort zu nutzen und zwischen den richtigen Personen zu kommunizieren.

Diese Aspekte verweisen darauf, dass sich der Schwerpunkt der Wissensvernetzung zu einem eigenständigen Gegenstand, nicht innerhalb von Managementtheorien, entwickelt. Damit ist gemeint, dass die Dynamik der Entwicklung der Expertise als Kernkompetenz mit Blick auf die Erhöhung dieser Kompetenz so fortschreitet, dass den Aufgaben und der Vernetzung von Fachkräften und Fachexperten mehr Aufmerksamkeit entgegen zu bringen ist. Von den sich daraus entwickelnden Fragen sind die Managementtheorien nicht direkt tangiert. Die Ausdifferenzierung von Wissensmanagement nimmt in diese Richtung jedoch zu. Der Fokus von Wissensvernetzung greift in diese sich abzeichnende Differenzierung ein und erlaubt eine neue Zugehensweise auf die Gruppe der Wissensarbeiter als Fachkräfte und Fachexperten. Dadurch wird das, was bisher unter Vernetzung innerhalb von Wissensmanagement diskutiert wird, wesentlich erweitert. Wissensvernetzung bedeutet nunmehr nicht nur die Vernetzung von Informationen, Daten und Datenbanken als technologisches und logistisches Anliegen, sondern wird ein Aspekt von Kommunikation und Interaktion zwischen Mitgliedern verschiedener Organisationseinheiten oder Mitgliedern anderer angeschlossener oder kooperierender Organisationseinheiten (vgl. Peters/Dengler 2004a). Kommunikationsmodelle werden so gesehen „nur" als Basis von Wissensnetzwerken verstanden, Wissensvernetzung konzentriert sich hingegen auf Netz-Knoten-Modelle. Gegenwärtig befinden sich die folgenden Ansätze in der Diskussion:

1. Das Modell des „Virtual Teamwork Program" (vgl. Davenport 1996), womit die Generierung neuen Wissens durch lokale Vernetzung der Wissensarbeiter angestrebt wird.

2. Das Konzept des T-Managements im Unternehmen BP, in welchem T-Manager eingesetzt werden, um sowohl den horizontalen Wissensaustausch in ihrer Organisationseinheit als auch den vertikalen Austausch im gesamten Unternehmen zu fördern. Dazu initiieren T-Manager sog. „peer groups", Communities, in denen jeweils aktuelle Problemlagen über die Grenzen der international verteilten von Organisationseinheiten hinweg gemeinsam gelöst werden (vgl. Hansen/Oetinger 2001).

3. Das Modell des „Knowlegde at your fingertips", ein bottum-up-Modell (vgl. Heiss 2004), das sich aus Erfahrungen von Communities of Practice weiter entwickelt hat und aufnimmt, dass sich diese Gruppen selbstverantwortlich um die Lösung von Problemstellungen zur Entwicklung von Wissensvernetzung bemühen und selbstorganisiert einen Innovationsbeitrag leisten.

4. Der Ansatz der promotorenbasierten Hypertext-Organisation und der Wissenspromotion, in dem Wissenspromotoren als Vernetzungsakteure in Organisationen eingesetzt werden, um Wissen zwischen der Primär-, Sekundär- und Tertiärorganisation[2] auszutauschen (vgl. Schnauffer u.a. 2004; Peters/Dengler 2004a; Nonaka/Takeuchi 1997).

Es wird deutlich, dass die Modelle zur Wissensvernetzung einen „Mentalitätswandel" erfahren haben. Ausgehend von der Annahme, die Humanressource nutzen zu wollen, haben sie sich zu Aspekten der „Pflege und Selbstentwicklung" von Kernkompetenzen von Expertengruppen entwickelt. Dadurch soll die unternehmensspezifische Expertise für Innovationsprozesse gesteigert werden. Folglich werden innerhalb der Entwicklung von Wissensvernetzung Fragen zu den Bereichen *Können*, *Wollen* und *Dürfen* wichtiger. Denn

- *Können* umfasst den Bereich von Kompetenzen, Wissen und Erfahrungen;
- *Wollen* umfasst den Bereich der Begeisterung, Motivation, Zielfindung;
- *Sollen/Dürfen* umfasst den Bereich von organisationalen Normenvorgaben mit individuellen Freiräumen.

Dieser Mentalitätswandel und die zunehmende Aufmerksamkeit für das Ressourcenwissen der Mitarbeiter, verlagert die Sichtweise auch auf die Strukturen und Prozesse der Organisation an ihrer Peripherie, um diese für innovationsfördernde Entwicklungsprozesse einzubinden. Es geht folglich um die Fachkräfte und Fachexperten als Wissensarbeiter. Die Wissensvernetzung wird nicht unwesentlich davon abhängen, ob es gelingt, die an der Peripherie geleistete Wissensarbeit durch entsprechende Vernetzungsstrukturen in die Innovationsprozesse im Kern des Unternehmens einzubinden. Dieses kann nach Willke (2001: 161f) nur

---

[2] Die promotorenbasierte Hypertext-Organisation wurde im Rahmen des Verbundprojektes „Inno-how. Wissensmanagement in der Produktentwicklung" gestaltet. Im Rahmen dieses Projektes wird mit Rekurs auf Nonaka und Takeuchi (1997) unter dem Begriff der Primärorganisation die aufbauorganisatorische, hierarchische Grundstruktur einer Unternehmung zur Abwicklung von Routineaufgaben (Linienorganisation) verstanden. Die Sekundärorganisation ist die dynamische, zeitlich befristete Parallelorganisation zur Lösung von einmalig anfallenden Aufgaben in Form von Projekten. Die Tertiärorganisation beschreibt das unternehmensweite kompetenz- und fähigkeitsbasierte Netzwerk zur Bewahrung, Bereitstellung und Verbreitung von organisationalem Wissen.

dann gelingen, wenn Wissensarbeit selbst als ein ständiger Innovationsprozess betrachtet wird und die Organisation bestrebt ist, diesen

- kontinuierlich zu revidieren,
- als verbesserungsfähig anzusehen,
- prinzipiell nicht als Wahrheit, sondern als Ressource zu betrachten und
- zu erkennen, dass Wissen immer auch untrennbar mit Nichtwissen gekoppelt ist.

Im Folgenden möchten wir mit dem Ansatz der Wissenspromotion zeigen, wie im Rahmen des Verbundprojektes „Inno-how" versucht wurde, diese Prinzipien in der Unternehmenspraxis zu gestalten. Dabei haben wir uns davon leiten lassen, dass die Wissensarbeit an der Peripherie über Hypertextstrukturen stärker mit den Kernkompetenzen des Unternehmens vernetzt wird (vgl. Schnauffer/Stieler-Lorenz/Peters 2004).

3. Wissenspromotion für die Vernetzung

Der Prozess der Wissenspromotion bezieht sich auf das wissensbasierte Handeln von Fachkräften und Fachexperten. Dabei beschreibt Wissenspromotion die Summe aller systemspezifischen und funktionsgebundenen Prozesse wissensbasierter Arbeit, die verteiltes und dezentrales Wissen und Expertise koordiniert und vernetzt (Peters/Dengler 2004b). Wissenspromotion kann folglich

- Wissensdienstleistung,
- Wissensvermittlung,
- Wissensaustausch und
- Prozessbegleitung umfassen.

Wissenspromotion läuft dabei in verschiedenen Phasen ab, die im einzelnen jeweils die

- *Identifikation* und Erzeugung von Wissen,
- *Selektion* und Strukturierung von Wissen und
- daraus abgeleitete *Intervention* sowie
- den *Wissenstransfer* beinhalten (ebd.).

Wissenspromotion bedeutet, den Wissensaufbau nicht nur dort sicherzustellen, wo die Prozesse kontinuierlich ablaufen, sondern auch dort die Wissenserzeugung und -vernetzung zu fördern, wo diskontinuierliche Ereignisse ablaufen, insbesondere in Forschungs- und Entwicklungsprojekten. Werden diese beiden Prozesse aufeinander bezogen, kann sich die Organisation an zurückliegende Projekte erinnern und laufende Projekte können dann voneinander profitieren. Auf diese Weise kann vorhandenes und jeweils aktuell erzeugtes Wissen auch für übergreifende und zukünftige Aufgaben aufgebaut werden. Die Zugänge zu neuem Wissen und Vernetzungsstrukturen können so transparenter werden. Diese Aufgaben sollen nicht, wie gewöhnlich in Managementtheorien, Führungskräfte noch zusätzlich übernehmen, sondern der Fokus liegt auf den Fachexperten. Es gilt, diese Wissensarbeiter im Unternehmen zu identifizieren und ihre Aufgaben, Rollen und Kompetenzen in ihren alltäglichen wissensintensiven Prozessen zu stärken, indem sie in sich wandelnde Organisationsstrukturen aktiv einzubinden sind. Diese Gruppe von Fachkräften bezeichnen wir als *Wissenspromotoren*.

Wissenspromotoren übernehmen neben ihren alltäglichen wissensintensiven Aufgaben, wissensintensive übergreifende Aufgaben aus Forschungs- und Entwicklungsprozessen. Sie unterstützen damit den Wissensaustausch zwischen den beteiligten Akteuren innerhalb von Projektstrukturen und die Vernetzung der Akteure paralleler und nachfolgender Projekte, sofern ein thematischer Zusammenhang besteht. Sie wirken damit in peripheren Organisationsstrukturen und außerhalb von Steuerungen des Managements als Vernetzungsakteure.

Wissenspromotoren verfügen über ein Ressourcenwissen, das in den jeweiligen organisatorischen Kontext und in die jeweiligen dezentralen Prozesse eingebunden ist. Durch ihre Vernetzungsaktivitäten sind sie mit den „Wissensquellen" der Projekte im Unternehmen vertraut und kennen die Fachkräfte und Fachexperten verschiedener Projekte. Dadurch sind sie in der Lage, Mitarbeitern in heterogenen Projektgruppen einen raschen Zugriff auf relevante „Wissensquellen" zu ermöglichen, Wissen aus den Projekten zu sammeln und auf neue Weise zu transferieren. Ihr spezielles fachliches Know-how ermöglicht ihnen darüber hinaus, den Kontakt zu weiteren, bisher nicht in Projekte eingebundenen Experten herzustellen und neue Formen von Kooperation zu initiieren. Somit haben *Wissenspromotoren* je nach Schwerpunkt und Fokus ihrer Tätigkeit verschiedene Profile, Einsatzfelder und Aufgaben, die für den Prozess der Wissenspromotion ausgewählt und definiert werden müssen.

Im Verlauf des Verbundprojektes „Inno-how" konnten wir vier unterschiedliche Typen von *Wissenspromotoren* in Unternehmen[3] identifizieren und jeweils spezifische Rollen- und Aufgabenprofile abbilden.

- So liegt der Fokus der Tätigkeit des *Wissensmerchants* auf der Vermittlung zwischen Angebot und Nachfrage von Wissen unterschiedlicher Fachdisziplinen für einzelne FuE-Projekte.

- Der *Wissensnavigator* bündelt als Spezialist Wissen eines bestimmtes Fachgebietes zu Standards, welche in parallel laufenden oder nachfolgenden Projekten im Unternehmen genutzt werden können.

- Der *Methoden-Multiplikator* identifiziert effiziente und innovative Methoden sowie Methodenexperten im Unternehmen und sorgt für den Austausch innovativen Methodenwissens zwischen Projekten.

- Aktuelles Technologiewissen für FuE-Projekte spürt der *Expertise-Agent* auf. Dieser Typ *Wissenspromotor* berät Projekte und versorgt diese zum richtigen Zeitpunkt mit Erfahrungen und Wissen (vgl. Peters/Dengler 2004b: 41f).

Am Beispiel des *Methoden-Multiplikators* möchten wir im Folgenden Wissenspromotion als Prozess darstellen.

---

[3] Am Verbundprojekt „Inno-how" waren neben drei Forschungsinstituten fünf Unternehmen unterschiedlicher Branchen beteiligt.

4. Fallbeispiel: Die Migration einer neuen Methode im Unternehmen durch Wissenspromotion

Die Notwendigkeit permanenter Vernetzung wird insbesondere am Beispiel des Einsatzes eines *Methoden-Multiplikators* deutlich, da die Nutzung und Weiterentwicklung von Methoden die Basis für Innovationen in FuE-Projekten bildet.

Zur Beschleunigung der Produktentwicklung eines Unternehmens der Verbundpartner von „Inno-how" wurde eine neue Methode identifiziert, welche bis zu diesem Zeitpunkt zwar im Unternehmen bekannt war, jedoch nicht gezielt eingesetzt wurde. Da es sich um eine sehr komplexe Methode handelt, zu deren effizienter Nutzung Know-how in größerem Umfang generiert werden musste, wurde ein *Wissenspromotor* speziell für den Know-how-Aufbau und die Migration dieser Methode im Unternehmen eingesetzt. Mit der neuen Methode soll die Produktentwicklung beschleunigt werden. Möglichst viele *Anwender* sollen in möglichst kurzer Zeit diese Methode als Standardwerkzeug nutzen. Zum Wissensaufbau, zur Koordinierung der Einführung der neuen Methode im Unternehmen und zur Vernetzung der involvierten Mitarbeiter(-gruppen) wurde der *Wissenspromotor* fachlich zu der neuen Methode qualifiziert und funktional im Unternehmen verankert.

Im ersten Schritt sollte die neue Methode theoretisch an alle *Anwender* sowie potenziellen *Anwender* vermittelt werden. Anschließend erfolgte die praktische Erprobung und Optimierung der Methode vor Ort in den entsprechenden dezentralen Geschäftsbereichen anhand konkreter Problemlagen und Fragestellungen der Anwender. Die Vernetzung der dezentralen Geschäftsbereiche wird zusätzlich durch Fachkräfte aus der Produktentwicklung flankiert, die als *Multiplikatoren* für die Methode fungieren.

Auswahl der Fachexperten und Rollendefinition der involvierten Wissensarbeiter
In den Prozess der Einführung der neuen Methode im Unternehmen sind drei Personengruppen eingebunden: der *Wissenspromotor*, die *Multiplikatoren* und die *Anwender*.

Im Rahmen mehrerer Workshops wurden mittels des Einsatzes der Methoden des „Kommunizierenden Lernens für den Wissensfluss"[4] die Rollen schrittweise und interaktiv präzisiert und definiert. Die Rolle des *Wissenspromotors* in diesem Prozess lässt sich beschreiben als:

- Spezialanwender der Methode mit Expertenwissen,
- Vermittler des Know-hows zu den Methoden,
- Wissens-Dienstleister für die Anwendung in dezentralen Geschäftsbereichen,
- Berater und Prozessbegleiter für die *Anwender*,
- Ansprechpartner für die *Multiplikatoren*.

Der *Wissenspromotor* ist folglich die Person, die die Verbreitung der Methoden im Unternehmen vorantreibt, das Methodenwissen vermittelt und die Anwendung begleitet. Eine weitere wesentliche Aufgabe des *Wissenspromotors* ist es, für das entsprechende intensive Marketing für die neue Methode im gesamten Unternehmen zu sorgen. Der *Wissenspromotor*

---

[4] Im Rahmen des Projektes „Inno-how" entwickelte die Core Business Development GmbH Berlin das Methodenset des Kommunizierenden Lernens als Vernetzungsinstrument (vgl. auch 2.).

vernetzt in diesem Falle sowohl umfangreiches Fachwissen zu der neuen Methode in Form von technischen Details und Handhabung als auch Metawissen, z.B. über Mitarbeiter mit Anwendungserfahrungen, über Erfolgsstories zum Einsatz der neuen Methode oder über den Kontakt zu Experten der Methode außerhalb des Unternehmens.

Bei den *Multiplikatoren* handelt es sich um mehrere Fachkräfte eines zentralen Unternehmensbereiches der Produktentwicklung, welche ebenfalls über ein umfangreiches Know-how zu der neuen Methode verfügen und aufgrund ihrer Einbindung in verschiedene dezentrale Projekte, die Migration der neuen Methode in verschiedene Geschäftsbereiche vorantreiben können. Als *Multiplikatoren* sind in diesem Fallbeispiel ausschließlich Entwicklungsingenieure im Bereich ‚Produktentwicklung' mit sehr guter Methodenkenntnis identifiziert und für diese Rollen vorgesehen worden. Diese lässt sich wie folgt präzisieren:

- Experten für die Methode, die auch *Anwender* sind,
- Wissens-Dienstleister für die *Anwender* in ihrem jeweiligen Geschäftsbereich,
- Brücke zwischen *Anwendern* und dem *Wissenspromotor*.

Bei den *Anwendern* der neuen Methode handelt es sich ebenfalls um Fachkräfte, sowohl Ingenieure als auch Facharbeiter in den einzelnen Geschäftsbereichen, in denen jeweils unterschiedliche Produkte gefertigt werden. Die *Anwender* sind im Prozess der Wissenspromotion nicht nur Zielgruppe einseitiger Vermittlung von Know-how, sondern bedeutende Kooperationspartner für die *Multiplikatoren* und den *Wissenspromotor*, um den Einsatz der neuen Methode zu optimieren. Die Anwender sind die Personen, die vor Ort, in den dezentralen Geschäftsbereichen, mit der Methode arbeiten. Ihre Rolle lässt sich wie folgt beschreiben:

- Experten für die spezifischen Prozesse im jeweiligen Geschäftsbereich,
- Problemkenner und Problemgeber,
- Problembearbeiter,
- Erfahrungsgeber.

Neben der Rollendifferenzierung gilt es, die Ressourcen für die Wissenspromotion zu identifizieren und für den Prozess zu nutzen.

Ressourcen für die Wissenspromotion

Der Ressourcenpool für die Wissenspromotion beinhaltet mehrere Variablen. Vor der Einführung der neuen Methode im Unternehmen sind zunächst die Rollen und Aufgaben der involvierten Personengruppen definiert und formal verankert worden. Gleichzeitig sind die Ausgangsbedingungen für die Einführung der neuen Methode durch den *Wissenspromotor* untersucht und ein entsprechendes Trainingskonzept erarbeitet worden. Der *Wissenspromotor* hat sich zuerst das umfangreiche Wissen zu der neuen Methode beschafft, unter Einbeziehung bereits vorhandener Erfahrungen von internen und auch externen Experten. Gemeinsam mit *Anwendern* und *Multiplikatoren* wurde in einem Kick-off-Workshop reflektiert, welche Problemstellungen, Erfahrungen und Ideen in Bezug auf die neue Methode existieren und wie diese für die Wissenspromotion genutzt werden können. Der *Wissenspromotor* hat anschließend die neue Methode in Trainings an die verschiedenen Anwendergruppen im Unternehmen theoretisch vermittelt. Im Rahmen der Begleitung der Erprobung der neuen

Methode vor Ort im Betrieb konnten erste praktische Erfahrungen, Fehler und entsprechende Lösungen ausgetauscht werden, die bereits in einem Leitfaden komprimiert wurden.

Zum regelmäßigen Erfahrungsaustausch und zur Vernetzung der *Anwender* initiiert der *Wissenspromotor* bedarfsorientierte Anwenderforen. Hier können sich *Anwender* und *Multiplikatoren* über den Methodeneinsatz austauschen und gegenseitig bei Anwendungsproblemen unterstützen. Um diese Wege der Vernetzung zu nutzen, ist es von Bedeutung, entsprechende zeitliche Kapazität für die *Anwender* und *Multiplikatoren* einzuplanen, um den Wissenstransfer in Bezug auf die neue Methode nicht zu unterbrechen bzw. zu gewährleisten. Das stellt u.a. die Anforderung an den *Wissenspromotor*, Abstimmungsprozesse zwischen dem Management im Sinne von top-down-Entscheidungen und bottom-up-Interessen auszubalancieren.

Neben den Anwenderforen ermöglicht die Erarbeitung und Pflege eines Experten-Logbuches die Dokumentation und den Transfer von Erfahrungen, die bei der Anwendung der neuen Methode entstehen. Die *Anwender* können dieses Instrument zum Beispiel dazu nutzen, um ihre Erfahrungen – sowohl in Form von Erfolgsgeschichten[5] als auch Tipps für kritische Situationen – zu dokumentieren und für andere *Anwender* transparent und verfügbar zu machen. So wird verhindert, dass Fehler bei der Anwendung der Methode mehrmals gemacht werden.

Durch die regelmäßige Verteilung von Informationsbriefen sorgt der *Wissenspromotor* zudem für die Publikation und Vernetzung der Methode in der internen Öffentlichkeit des gesamten Unternehmens.

Interaktionsbeziehungen zwischen den Akteuren und Wege für ihre Vernetzung
Entscheidend für die Wissenspromotion, in diesem Falle für die rasche Verbreitung der neuen Methode im Unternehmen, ist die Vernetzung der Anwender, Multiplikatoren und des Wissenspromotors, denn die Erfahrungen und Erfolgsstories zu der neuen Methode von heute können die Lösungen für betriebliche Innovationsprozesse von morgen sein. Unter Vernetzung wird in diesem Prozess verstanden, nicht nur regelmäßig Ergebnisse auszutauschen, sondern auch die damit verbundenen Erfahrungen, den Kontext und die Ergebnisinterpretationen des jeweiligen Geschäftsbereiches weiterzugeben sowie Möglichkeiten zu offerieren, für jede Situation den richtigen Ansprechpartner finden zu können. Ein wesentliches Element der Vernetzung bilden sowohl die Ergebnisdiskussionen innerhalb eines Geschäftsbereiches als auch zwischen den Anwendern verschiedener Projekte und Geschäftsbereiche. Anwendungsprobleme können durch den Einsatz der Multiplikatoren als „Brücke" schneller gelöst werden, da auf diese Weise der lange Weg über den Wissenspromotor als Ansprechpartner nicht in jedem Fall erforderlich ist.

Für den weiteren Verlauf der Wissenspromotion in diesem Unternehmen besteht die Herausforderung, die Wege und Orte der Vernetzung weiter auszubauen und den erfolgreichen Prozess der Methoden-Einführung mit Hilfe des entwickelten Leitfadens so zu standardisieren, dass dieser auch für andere Prozesse der Wissensgenerierung im Unternehmen genutzt werden kann.

---

[5] Im Rahmen des Verbundprojektes „Inno-how" wurde dafür die Methode der „Learning Histories für den Wissensfluss" entwickelt und eingesetzt.

Abb. 1: Wissenspromotoren nutzen verschiedene Wege und Ressourcen, um den Wissensaufbau und die Vernetzung zwischen Experten und Projekten zu fördern

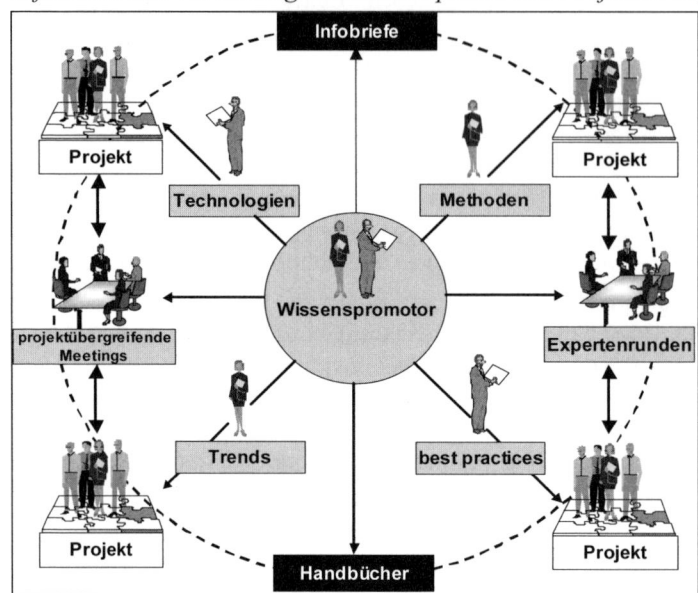

Quelle: Eigene Darstellung

5. Zukünftige Leitaspekte für die Wissensvernetzung

Um für Wissenskommunikation und -vernetzung einen organisatorischen Rahmen zu gestalten, sollten Fachkräfte neben Führungskräften in innovationsfördernde Beziehungsstrukturen eingebunden sein.

Herkömmliche Führungskräftetrainings konzentrieren sich gegenwärtig noch ausschließlich auf Führungs-, Steuerungs- und Entscheidungsstrategien. Die Einbindung und Beachtung von Wissensarbeitern als Träger von Innovationen findet in Nachwuchsförderprogrammen weitestgehend noch nicht statt. Es ist dringend geboten, die (Nachwuchs-)Entwicklung von Fach- und Führungskräften zu koordinieren und Kooperationsmodelle dafür zu entwickeln.

Die Weiterbildung von Fachkräften als Wissensarbeiter bedarf zukünftiger Modelle, die neben dem Fachwissen den Aufbau und den Nutzen von Metawissen ermöglichen und beschleunigen (vgl. Schnauffer u.a. 2004). Erst durch die Vernetzung von Fach- und Metawissen können zukünftig Innovationen nachhaltig gefördert werden, womit dem Bereich immaterieller Werte immer größere Bedeutung zukommt.

Literatur

Bohm, D. (2002): Der Dialog. Das offene Gespräch am Ende der Diskussion, Stuttgart

Davenport, T./Prusak, L. (1996): Wenn Ihr Unternehmen wüsste, was es alles weiß...Das Praxishandbuch zum Wissensmanagement, Landsberg/Lech

Hansen, M.T./Oetinger, B. v. (2001): Ein besonderer Typ von Wissensmanager, in: HAVARD BUSINESSmanager, Heft 5: 82-97

Heiss, S. F. (2004): Personale und interpersonale Faktoren für die Wissenskommunikation in Communities of Practice, in: Reinhardt, R./Eppler, M. (Hrsg.): Wissenskommunikation in Organisationen. Methoden, Instrumente, Theorien, Berlin: 157-176

Hilse, H. (2000): Kognitive Wende in Management und Beratung: Wissensmanagement aus sozialwissenschaftlicher Perspektive, Wiesbaden, 2000

Mertins, K./Finke, I. (2004): Kommunikation impliziten Wissens, in: Reinhardt, R./Eppler, M. (Hrsg.): Wissenskommunikation in Organisationen. Methoden, Instrumente, Theorien, Berlin: 32-49

Nonaka, I./Takeuchi, H. (1997): Die Organisation des Wissens. Wie japanische Unternehmen eine brachliegende Ressource nutzbar machen, Frankfurt, New York

Pawlowsky, P. (Hrsg.) (1998): Wissensmanagement: Erfahrungen und Perspektiven, Wiesbaden

Peters, S./Dengler, S. (2004a): Wissenspromotion in der Hypertext-Organisation, in: Schnauffer, H.-G./Stieler-Lorenz, B./Peters, S. (Hrsg.): Wissen vernetzen. Wissensmanagement in der Produktentwicklung, Berlin, Heidelberg, New York

Peters, S./Dengler, S. (2004b): Wissensträger erkennen und vernetzen, in: Personalführung, Heft 10: 38-43

Schnauffer, H.-G. u.a. (2004): Die Hypertext-Organisation. Ansatz und Gestaltungsmöglichkeiten, in: Schnauffer, H.-G./Stieler-Lorenz, B./Peters, S. (Hrsg.): Wissen vernetzen. Wissensmanagement in der Produktentwicklung, Berlin, Heidelberg, New York: 13-44

Schnauffer, H.-G./Stieler-Lorenz, B./Peters, S. (Hrsg.) (2004): Wissen vernetzen. Wissensmanagement in der Produktentwicklung, Berlin, Heidelberg, New York

Schreyögg, G./Geiger, D. (2002): Kann implizites Wissen Wissen sein? In: Bresser, R./Krell, G./Schreyögg, G. (Hrsg.): Diskussionsbeiträge des Instituts für Management, Heft 14, Freie Universität Berlin

Stieler-Lorenz, B. u.a. (2004): Kommunizierendes Lernen für den Wissensfluss – Eine Methode zur Wissensgenerierung und zum Wissenstransfer, in: Schnauffer, H.-G./Stieler-Lorenz, B./Peters, S. (Hrsg.): Wissen vernetzen. Wissensmanagement in der Produktentwicklung, Berlin, Hei-delberg: 47-72

Willke, H. (2001): Systemisches Wissensmanagement, Stuttgart

Zawacki-Richter, O. (2004): Kompetenzkapital: Ansätze des betrieblichen Kompetenzmanagements und E-Learning Szenarien, in: Erpenbeck, J./Hasebrook, J./Zawacki-Richter, O. (Hrsg.): Kompetenzkapital, Frankfurt a.M. (im Druck)

II. Einführung eines multimedialen Lernarrangements in einem kleinen Unternehmen – eine Fallstudie im Rahmen eines Modellprojektes *(Carola Iller und Elisabeth Kamrad)*

1. Ausgangssituation

Im Rahmen eines Modellprojektes[1] mit dem Namen „pro_media_kmu" (projekt: Beratung zu multimedialem Lernen in kleinen und mittelständischen Unternehmen) wurde untersucht, ob fehlende oder unzureichende Unterstützungsstrukturen der Grund für die geringe Verbreitung von mediengestütztem Lernen[2] in kleinen und mittleren Unternehmen (KMU)[3] sind oder welche Barrieren darüber hinaus bestehen. Mit diesem Projekt war beabsichtigt, ausgehend von einer Bestandsaufnahme zum Weiterbildungsbedarf in mehreren KMU, die vor allem Voraussetzungen für multimediales Lernen sowie den Bedarf an interner und externer Beratung zur Unterstützung dieser Lernform erfasste, die Integration von mediengestütztem Lernen in die betriebliche Weiterbildung durch die Initiierung einer Weiterbildungsberatung zu unterstützen. Die Annahme dabei war, dass durch eine Weiterbildungsberatung bedarfsgerecht Informationen über die Einsatzmöglichkeiten von mediengestütztem Lernen bereitgestellt und unter Berücksichtigung der jeweiligen Weiterbildungsstrukturen im Betrieb umge-

---

[1] Kooperationsprojekt: Berufsfortbildungswerk des DGB (bfw) Rhein-Neckar-Tauber und Universität Heidelberg Erziehungswissenschaftliches Seminar. Finanzierung: Mittel des Europäischen Sozialfonds und des Landes Baden-Württemberg.

[2] Wir verwenden die Begriffe „multimediales Lernen", „multimediale Lernarrangements" und „E-Learning" synonym und sowohl als Sammelbegriff für mediengestützte Lernformen, als auch für Strategien des Einsatzes elektronischer Medien zur Planung, Organisation und Evaluation von Lernprozessen.

[3] Die Bezeichnung „kleine und mittlere Unternehmen" wird in der Literatur sehr unterschiedlich bzw. auch gar nicht definiert. In der sozialwissenschaftlichen Literatur wird häufig das Kriterium der Beschäftigtenzahl herangezogen, in der betriebs- und volkswirtschaftlichen Literatur wird z.T. zusätzlich mit Kriterien wie Umsatz, Marktmacht o.ä. operiert. In der staatlichen Wirtschaftsförderung wird die Definition von „kleinen und mittleren Unternehmen" auf Grundlage der Förderbedingungen der Europäischen Union vorgenommen. Als kleine Unternehmen gelten demnach diejenigen Unternehmen, die weniger als 50 Personen beschäftigen und einen Jahresumsatz oder eine Jahresbilanzsumme von höchstens 10 Millionen Euro haben; mittlere Unternehmen werden definiert als Unternehmen, die weniger als 250 Personen beschäftigen und einen Jahresumsatz von höchstens 50 Millionen Euro oder eine Jahresbilanzsumme von höchsten 43 Millionen Euro haben. Des weiteren müssen die Unternehmen unabhängig sein, d.h. es dürfen nicht mehr als 25% des Kapitals oder der Stimmenanteile im Besitz von einem oder von mehreren Unternehmen gemeinsam stehen, die nicht auch kleine und mittlere Unternehmen sind (vgl. Vorentwurf der Empfehlung der Europäischen Kommission vom Juni 2002 zur Änderung der Empfehlung 96/280/EG). Wir orientierten uns in unserer Studie an dieser Einteilung, die sich auch in anderen Bereichen durchzusetzen scheint. In der sozialwissenschaftlichen Kleinbetriebsforschung wird jedoch zurecht darauf hingewiesen, dass neben Beschäftigtenzahl und Umsatz je nach Forschungsfrage weitere Merkmale relevant sein können, wie z.B. die Branchenzugehörigkeit, betriebsorganisatorische Voraussetzungen, Eigentumsformen und Führungsstrukturen, Arbeits- und Sozialbeziehungen und die Unternehmensgeschichte.

setzt werden können. Das Leitprinzip im Rahmen der Beratung der Unternehmen war, die Beteiligten darin zu unterstützen, die eigenen Ressourcen zu entdecken und zu entwickeln, damit ihr Lern- und Anpassungspotenzial zu erhöhen, Selbstorganisationsprozesse in den Unternehmen zu fördern und ihnen somit Hilfe zur Selbsthilfe anzubieten.

Mit den am Projekt beteiligten Unternehmen wurde ein Beratungsangebot entwickelt, das die Bereitstellung von Informationen über die Einsatzmöglichkeiten von mediengestütztem Lernen, die Analyse der jeweiligen Weiterbildungsstrukturen im Betrieb, die Einführung neuer Lernformen im Unternehmen und die Beratung hinsichtlich der Initiierung von Organisationsentwicklungsprozessen umfasst. Dies beinhaltete auch die Hilfestellung bei der Suche nach geeigneter Lernsoftware und bei der technischen Ausstattung, bei der Analyse des Weiterbildungsbedarfes sowie bei der Entscheidung über anzuwendende Methoden (Einzel-Gruppenlernformen, Kombination von mediengestütztem Lernen und Präsenzlernen wie bspw. Blended Learning[4]).

Trotz der angebotenen Unterstützung war – wie in vielen Forschungs- und Entwicklungsprojekten – auch in diesem Modellprojekt die Bereitschaft von Unternehmen zur Mitarbeit sowohl zu Beginn als auch während des Projektes nicht immer gegeben. Neben grundsätzlichen Vorbehalten gegenüber Modellprojekten waren es vor allem drängendere betriebliche Probleme, die als Hinderungsgrund genannt wurden. Dennoch hat ein Großteil der angesprochenen Unternehmen Interesse am Vorhaben geäußert und die Notwendigkeit von veränderten betrieblichen Weiterbildungsstrategien bestätigt.

Der praxisorientierte Teil des Projektes in Form einer aktiven Mitarbeit von 6 bis 15 Fallbetrieben ist nach 2 1/2 Jahren inzwischen abgeschlossen. Die Erfahrungen der betrieblichen Vertreter/innen (Geschäftsleitungen, Verwaltungsleitungen, Personalverantwortliche) sowohl aus ihren betriebseigenen multimedialen Lernarrangementprojekten als auch ihre persönlichen Erfahrungen mit der projekteigenen Lernplattform im Rahmen eines Blended Learning Qualifizierungsangebots zur „Einführung multimedialer Lernarrangements im Betrieb" sowie die aufbereiteten Ergebnisse aus den Fallstudien sind Bestandteil eines Weiterbildungsberatungskonzepts, das als Projektergebnis vorliegt. Aus diesem Konzept wird abschließend ein Qualifizierungskonzept für „Prozessberater/innen für die Einführung multimedialer Lernarrangements in KMU" entwickelt werden.

Die Datenerhebung in den Fallunternehmen erfolgte mit einem Methodenmix in Abhängigkeit von der Fragestellung und von ökonomischen Gesichtspunkten (bspw. räumliche Entfernung, zeitliche Ressourcen der Unternehmensvertreter/innen). Neben schriftlichen, standardisieren Befragungen mit Fragebogen im Rahmen der Weiterbildungsbedarfsanalysen und der Evaluation des Blended Learning Arrangements wurden telefonische Befragungen an-

---

[4] Mit „Blended Learning" [engl.: to blend = (ver)mischen, mixen] wird ein integriertes didaktisches Konzept beschrieben, bei dem die Nutzung neuer Informations- und Kommunikationsmedien in Lernprozessen durch traditionelle Präsenz-Workshops bzw. Seminare ergänzt wird. Seit einigen Jahren hat sich dieser konzeptionelle Ansatz in vielen Anwendungsszenarien bewährt und wurde detailliert in einer Reihe von Publikationen beschrieben (vgl. u.a. Kerres 2001; Rinn 2002). „Blended Learning ist ein integriertes Lernkonzept, das die heute verfügbaren Möglichkeiten der Vernetzung über Internet oder Intranet in Verbindung mit klassischen Lernmethoden in einem Lernarrangement optimal nutzt. Es ermöglicht Lernen, Kommunizieren, Informieren und Wissensaustausch losgelöst von Ort und Zeit in Kombination mit Erfahrungsaustausch, Rollenspiel und persönlichen Begegnungen in klassischen Präsenztrainings" (vgl. Sauter/Sauter 2004).

hand eines Leitfadens durchgeführt. Den Hauptschwerpunkt bildeten qualitative Interviews (Einzel- und moderierte Gruppeninterviews) mittels eines thematischen Leitfadens, um tiefere Kenntnisse bzw. konkretere Informationen zu erlangen und um offen, flexibel und explorativ, teilweise auch fokussiert, vorgehen zu können.

Im vorliegenden Beitrag wollen wir einige Ergebnisse aus einer Betriebsfallstudie vorstellen, die im Rahmen dieses Projektes durchgeführt wurde. Für dieses Fallunternehmen aus dem Bereich „Baustoffhandel" eröffnete sich aufgrund der Teilnahme am Projekt die Möglichkeit, Kundenschulungen, die bisher in Präsenzveranstaltungen durchgeführt wurden, in ein Blended Learning Konzept zu überführen und dadurch die bisher in Präsenzveranstaltungen durchgeführten Schulungen als zusätzliches Dienstleistungsangebot in größerem Maßstab auszubauen.

2. Darstellung des Fallunternehmens „Baustoffhandel"

Das hier beschriebene Unternehmen ist ein kleiner, innovativer Betrieb, der fünfzehn Mitarbeiter und Mitarbeiterinnen beschäftigt. Es wurde 1979 als GmbH gegründet, bis Mitte der 80er Jahre bot das Unternehmen Alternativprodukte im Bereich Hausbau an und bis 1999 bildete der Baufachhandel den Schwerpunkt. Seither ist die Firma ausschließlich auf Gebäudedichtung spezialisiert. Im Rahmen dieser Spezialisierung hat sich die Zahl der Beschäftigten nahezu halbiert. Das Unternehmen ist international ausgerichtet, ca. 50% der Aufträge werden im Ausland abgewickelt.

Die Firma ist gut auf dem Markt positioniert. Im Vordergrund des Leistungsangebots stehen technische Lösungen, Produktinformation und Wissensvermittlung zum Thema Gebäudedichtung. Dieses im Unternehmen vorhandene Wissen dient auch als Marketinginstrument. Die Wissensvermittlung erfolgt an unterschiedliche Zielgruppen.[5] In diesem Bereich sieht sich das Unternehmen anderen Lösungsanbietern der Branche als Vorreiter und weit voraus.

Nahezu alle anfallenden Arbeiten im Unternehmen sind projektförmig organisiert. Die ausformulierte Unternehmensphilosophie enthält als wichtigsten Grundsatz: „Der Mensch steht im Mittelpunkt"; die Mitarbeiter/innen sind das Wesentliche des Unternehmens und ihre vollständige Einbeziehung gestattet die Nutzung ihrer Fähigkeiten zum größtmöglichen Nutzen des Unternehmens.[6] Hinsichtlich der Unternehmenskultur gilt als oberstes Gebot Transparenz:

> *„In dem Moment, wo ich etwas nicht ganz transparent mache, entstehen Fragezeichen, entstehen „Stories", die mit der Realität vielleicht nichts zu tun haben, – da habe ich eigentlich schon verloren...Offenheit, klare Aussagen, auch wenn es weh tut."[7]*

---

[5] Alle Beteiligten am Bau, Planer/innen, Architekt/inn/en und Bauleitungen, Händler, Berufsschullehrer/innen, Meisterschüler/innen und Teilnehmende an Bauingenieurstudiengängen.

[6] Nach Ansicht der Geschäftsführung müssen die Mitarbeiter/innen die Wichtigkeit ihrer Beiträge und ihrer Rollen im Unternehmen verstehen; ihre Leistungsgrenzen werden jedoch anerkannt. Die Verantwortlichkeit der Mitarbeiter/innen und ihre Pflicht werden vom Unternehmen angenommen um Probleme zu lösen; ihre Leistung wird mit persönlichen Zielstellungen abgeglichen. Gelegenheiten werden aktiv gesucht, um Kompetenzen, Kenntnisse und Erfahrungen zu ergänzen. Wissen und Erfahrung werden frei ausgetauscht.

[7] Wörtliches Zitat des Geschäftsführers des Unternehmens aus einem leitfadenstrukturierten Interview.

Führung wird im Unternehmen als Prozess gesehen und bedeutet in erster Linie Personalentwicklung. Die Lernkultur spielt im Unternehmen eine große Rolle; Ziel ist alle Mitarbeiter/innen zum Lernen zu motivieren und ihnen die Möglichkeit zu geben, Eigeninitiative zu entwickeln.

Die Bedeutung von Weiterbildung ist – gerade auch für KMU – unbestritten. Wie in den meisten KMU verfügt aber auch dieses Fallunternehmen auf den ersten Blick nicht über die personellen Ressourcen, um umfangreiche Qualifizierungsmaßnahmen selbst entwickeln zu können.

Organisiert und planmäßig findet Weiterbildung demnach hier nicht statt, es wird in der Regel ad hoc bzw. reaktiv mit Weiterbildungsmaßnahmen reagiert. Dies ist umso leichter möglich, als es meist einen „direkten Weg" zwischen Geschäftsführung und Mitarbeiter/inne/n gibt. Es sind jedoch regelmäßig Mitarbeiter-Vorgesetzten-Gespräche zur persönlichen Reflexion vorgesehen, in denen Veränderungen, die im Betrieb anstehen (bspw. hinsichtlich der Arbeitsorganisation), angesprochen werden und die als Ergebnis in einer Weiterbildungsmaßnahme münden können. Darüber hinaus existieren verschiedene Finanzierungskonzepte für Weiterbildungsmaßnahmen, die mit den Mitarbeiter/inne/n ausgehandelt werden. Jedoch ist die im Unternehmen am meisten verbreitete Lernform – wie in KMU häufig anzutreffen (vgl. Weiß 2004) – das arbeitsplatznahe, informelle Lernen. Der Arbeitsort ist gleichzeitig Lernort, d.h. die alltägliche Arbeitssituation wird systematisch und gezielt für Lernprozesse genutzt.

Im Rahmen des Projektes pro_media_kmu entwickelte das Fallunternehmen ein Betriebsprojekt, das die Konzeption einer unternehmenseigenen Online-Plattform – und damit verbunden – eine Händlerschulung vorsieht. Ziel war es, den Händlern und Außendienstmitarbeitenden im Verkauf Wissen in automatisierter Form zur Verfügung zu stellen. Insgesamt wird im Unternehmen mit einem Schulungsbedarf für 8000 Personen/Kunden gerechnet, für realistisch wird jedoch die webbasierte Schulung von ca. 500 Kunden gehalten, vorwiegend KMU (in der Pilotphase beteiligten sich vorerst ca. 15 Teilnehmer/innen). Da Baustoff- und Holzfachhändler dem Unternehmen als Marktmittler dienen, stellten sie auch die Zielgruppe für ihr multimediales Lernarrangement dar. Die bisher vom Unternehmen durchgeführte Händlerschulung erfolgte über Broschüren, CD-ROM, Präsenzseminare, das Internet (FAQ-System) und über (Folien-) Vorträge, hauptsächlich intern (große eigene Schulungsräume, Modellhaus zum praktischen Üben). Diese Form erwies sich zum einen auf Dauer für den Betrieb als zu kostenintensiv (vor allem hinsichtlich des Personalaufwands), zum anderen vermutete die Geschäftsführung des Unternehmens, dass mit neuen, mediengestützten Lernformen eine größere und evtl. auch erweiterte Zielgruppe angesprochen werden könnte.

In einer Bestandsaufnahme bei sieben der aus Sicht des Fallunternehmens wichtigsten Händlern, die mittels leitfragengestützten Telefoninterviews durchgeführt wurde, zeigte sich, dass sich ca. ein Drittel der Befragten ein Lernen mit dem Computer und über das Internet vorstellen können, zwei der Befragten lehnten das völlig ab. Jedoch haben nicht alle befragten Unternehmen die technischen Voraussetzungen für ein Lernen mit dem Computer bzw. Zugang zu einem Internetanschluss, fühlen sich aber sicher bzw. sehr sicher im Umgang damit, wenn sie denn darüber verfügen. Wichtig war den befragten Unternehmensvertretern eine tutorielle Unterstützung während eines Online-Lernens sowie die Möglichkeit von kleinen

Übungs- oder Testaufgaben und sie formulierten die Notwendigkeit einer Abschlussveranstaltung in Präsenz, um auch praktische Übungen machen zu können.[8]

Insgesamt zeigte die Befragung nach Einschätzung des Fallunternehmens, dass man durchaus mit einem Blended Learning Konzept auf positive Resonanz bei den Händlern stoßen könne. Gestützt auf Befragungen bei der Zielgruppe sowie mediendidaktischem Wissen aus der Mitarbeit im Modellprojekt wurde deshalb die Entscheidung getroffen, eine unternehmenseigene Lernplattform zu entwickeln. Der Einbezug der Erkenntnisse aus der Projektmitarbeit bezog sich vor allem darauf, dass gerade in der beruflichen Aus- und Weiterbildung das Konzept des Blended Learning als didaktisches Design eine entscheidende Rolle für die Akzeptanz und den Erfolg bei der Einführung von E-Learning in Unternehmen spielt (vgl. Reglin/Severing 2003). Die didaktische Planung ermöglicht dabei einen schrittweisen Einstieg in das mediengestützte Lernen und hilft Probleme und Unsicherheiten auf Seiten der Lernenden abzubauen.

Die technischen Voraussetzungen für die vorgesehene Online-Schulung waren im Unternehmen vorhanden. In Abgleich mit vorab formulierten Anforderungen an eine zu suchende Lernplattform hinsichtlich Offenheit und Einfachheit des Systems, minimaler Investitionen, schneller Anpassbarkeit, leichtem Handling, geringem Administrationsaufwand und einfachem Autorentool entschied sich das Unternehmen für eine Open-Source Software.[9] Das Unternehmen betrachtet ein solches multimediales Lernarrangementprojekt als einen Prozess und das in einem Bereich, in dem Online-Schulungen aus ihrer Sicht etwas völlig Neues sind. Die Projektbeteiligten aus dem Fallunternehmen vermuten, dass durch diese Form der Weiterbildung eine 60-80%ige Zeitersparnis möglich sein wird. Geplant ist darüber hinaus diese Plattform auch für die eigene Mitarbeiterschulung nutzen zu können.

Der daraufhin vom Unternehmen konzipierte Kurs wurde hinsichtlich seiner pädagogisch-didaktischen Anforderungen durch die Projektmitarbeiter/innen begleitet und richtet sich an Fachverkäufer/innen im Baustoffhandel. Die Dauer des Kurses beträgt fünf Wochen mit je einer Lerneinheit pro Woche. Zu jeder Einheit sind Übungs- und Testaufgaben vorgesehen, die vom System automatisch ausgewertet werden und mit einer Rückmail (nur wer die Übung erfolgreich bestanden hat, kann die nächste Lerneinheit öffnen) enden. Zum Abschluss des Kurses findet ein Präsenztagesseminar am Unternehmensstandort mit praktischen Übungen statt.[10] Inhaltlich geht es um Grundlagenwissen im Bereich Gebäudedichtung, das Er-

---

[8] Die weiteren Fragen im Rahmen des Telefoninterviews bezogen sich auf die bisherige Teilnahme an Fachweiterbildungen beim Fallunternehmen, auf den Nutzen solcher Weiterbildungen im Sinne einer Steigerung der eigenen Fachkompetenz, der damit verbundenen Umsatzsteigerung sowie auf das derzeitige Schulungsverhalten (Häufigkeit und Ort) von Mitarbeiter/inne/n der Unternehmen (extern durch die Industrie, intern durch die Industrie, Schulungen mit Fachverbänden, Schulungen mit eigenen Referenten, weitere Schulungen).

[9] Die inzwischen aufgestellte Plattform enthält ein (permanentes) Forum sowie eine wöchentlich angebotene Chat-Funktion. Der wesentliche Vorteil des Systems liegt nach Ansicht des Unternehmens in der flachen Hierarchie der Navigationsebenen, dadurch erweist sie sich als sehr übersichtlich und wird den Anforderungen von KMU gerecht.

[10] Zusätzlich gibt es eine Seminarmappe in Printversion. Die Schulung ist hinsichtlich der Betreuung folgendermaßen organisiert: Montag: Statusdokumentation (mail Anfragen: wer hat gearbeitet, bzw. nicht gearbeitet); Dienstag: Nachfassen und Ermahnung; Donnerstag: Einladung zum Chat; Freitag: Chat. Die Tests und das sich Beteiligen ist verbindlich („wer nicht mitmacht oder sich nicht meldet wird abgeschaltet"). Die „Überwachung" läuft

kennen von Systemzusammenhängen, die Identifizierung von Details und der Ableitung von Lösungen, die schließlich in der „richtigen" Produktauswahl münden sollen. Zentral ist die permanente Kommunikation während des Kurses: „die Teilnehmer sollen nie das Gefühl haben, alleine zu sein". Denn E-Learning bietet zwar hohe Freiheitsgrade für die Lernenden bezogen auf die räumliche und inhaltliche Gestaltung des Lernprozesses, es stellt jedoch auch insofern hohe Anforderungen an die Lernenden, als sie notwendige Kompetenzen zur Selbststeuerung des Lernprozesses besitzen müssen bzw. „Das netzbasierte Lernen vermittelt nicht nur Kompetenzen, sondern setzt auch welche voraus" (vgl. Hagedorn et al 2001). Viele Lernenden stoßen dabei an die Grenzen ihrer Lernkompetenzen, wenn sie mit der Notwendigkeit zur Selbstorganisation des Lernprozesses, der eigenverantwortlichen Suche nach Informationen und dem Transfer des Wissens auf konkrete Situationen im Berufsleben konfrontiert werden und diese Fähigkeiten in Kombination mit dem Umgang und der Nutzung eines neuen Lernmediums, wie z.B. beim Einsatz einer Lernplattform erwerben sollen. Hierunter leidet letztlich die Lernmotivation der/s Einzelnen und schließlich die Effizienz des gesamten Lernprozesses (vgl. Reinmann-Rothmeier/Mandl 1999).

3. Erfahrungen im Betriebsprojekt

Da im Unternehmen IT-Know-how zur Verfügung stand, gestaltete sich „lediglich" die Übertragung der Inhalte der bisherigen Printmedien und CD-ROM auf die Lernplattform schwierig.[11] Es zeigte sich, dass für die Aufstellung einer Lernplattform zum einen technische Kompetenzen im Unternehmen erforderlich sind bzw. vorhanden sein müssen, zum anderen aber auch, dass die Ressource Zeit nicht zu unterschätzen ist. Darüber hinaus wurde sichtbar, dass für dieses Lernangebot pädagogisch-didaktische Kompetenzen vorhanden sein müssen, die nicht ohne weiteres in Unternehmen zur Verfügung stehen, somit hier ein Beratungsbedarf besteht. Im Laufe des Projektprozesses wurde relativ schnell klar, dass das entwickelte Lernarrangement in die Gesamtstrategie des Unternehmens eingebunden sein muss, wenn es erfolgreich sein soll.

Aus der Auswertung aller Fallstudien, die im Rahmen des Projektes durchgeführt wurden, lässt sich als Fazit ziehen, dass die Potenziale für die Einführung von Lernen mit Neuen Medien in KMU häufig vorhanden sind, dass aber eine Unterstützung bei der Projektplanung und -steuerung erforderlich ist, sowie Prozessberatungsangebote zu einem größeren, schnelleren und vermutlich auch kostengünstigeren Erfolg führen. Hilfreich sind deshalb ressourcenorientierte Beratungs- und Unterstützungsangebote, die an den vorhandenen Potenzialen und Ressourcen in KMU ansetzen und lediglich dort externe Ressourcen anbieten, wo dies erforderlich ist. Dies setzt voraus, dass einerseits eine differenzierte Bestandsaufnahme in den jeweiligen KMU vorgenommen wird, andererseits sollten aber auch Beurteilungskriterien für eine „erforderliche Ausstattung" bzw. ein „erforderliches Vorgehen" kritisch hinterfragt werden. So stellt sich für uns beispielsweise die Frage, ob die in der Weiterbildungsfor-

---

über mail oder auch über Telefon die ganze Woche. Im Vordergrund steht für die Firma nicht: „Hauptsache ihr verkauft, sondern Hauptsache ihr versteht um was es geht".

[11] Es wurde bspw. unterschätzt, wie schwierig es sich gestalten kann, eine/n kompetente/n Mitarbeiter/in zu finden, die/der sowohl diesen Transfer leisten kann, als auch Kenntnisse über die bisherigen Schulungsinhalte (Bauphysik) hat sowie in der Lage ist, diese in geeigneter Weise didaktisch für die Plattform aufzubereiten.

schung wie auch in der Weiterbildungs- und Beratungspraxis vorherrschende Vorstellung von betrieblichem Weiterbildungsmanagement nicht zu stark großbetrieblich geprägt ist (z.B. das Vorhandensein von Weiterbildungspersonal, Budget, Programm etc.) und deshalb systematisch Ressourcen in den KMU übersehen werden. Bevor KMU ein in Großunternehmen üblicher Planungs- und Steuerungsaufwand aufgenötigt wird, der u.U. weder leistbar noch funktional ist, sollte eher nach einer „kleinformatigen" Lösung gesucht werden.

In allen Betrieben zeigte sich darüber hinaus, dass isolierte Lösungen nicht erfolgversprechend sind, denn Veränderungen in Technik, Organisation und Weiterbildung hängen eng zusammen. Im oben geschilderten Fall kommt noch hinzu, dass das Unternehmen die Weiterbildungsangebote als Know-how-Transfer an Partnerbetriebe (Handel) ansieht, das geplante Blended Learning Konzept sich insofern auch auf das Service- und Leistungsangebot des Unternehmens auswirkt. Diese Funktionalisierung von Weiterbildung ist nicht ungewöhnlich. Lernen im Betrieb wird meistens mit der Erwartung verbunden, einen Beitrag zur Lösung betrieblicher Aufgaben zu leisten und betrieblich-organisatorische Veränderungen zu unterstützen. Bei Innovationen kommt dabei aber ein Prozess in Gang, der Bewegung in das Dreiecksverhältnis zwischen Technik, Organisation und Mensch bringt. Egal an welcher „Ecke" des Dreiecks die Veränderung ansetzt, sie bleibt nicht ohne Auswirkung auf die anderen „Ecken".[12] Technologische Veränderungen werden zum Auslöser für organisatorische Veränderung und für Lernen; gleichzeitig werden aber erst durch Weiterbildungs- und im oben geschilderten Fall E-Learning-Projekte die Voraussetzungen für die adäquate Nutzung der Technologie geschaffen. Und dies ist wiederum auch erst möglich, wenn organisatorische Abläufe geklärt und auf veränderte Bedingungen abgestimmt sind. Dieser Prozess des wechselseitigen Anpassens und Auslösens von Veränderungen zwischen Technik, Organisation und Mensch macht es schwierig zu bestimmen, was Ursache und was Folge ist. Letztendlich lassen sich Ursache und Folge in solchen Veränderungsprozessen nur durch einen definierten Anfangs- und Endpunkt festlegen.

Die Einführung von E-Learning bietet deshalb neben der Etablierung neuer Weiterbildungsangebote auch die Chance, Veränderungen in der Arbeitsorganisation vorzunehmen. Im oben geschilderten Fall betrifft dies nicht nur das Fallunternehmen selbst, sondern auch die Unternehmen, die als sog. „Händler" Partner und Kunden zugleich sind. Mögliche Veränderungen sollten deshalb nicht nur für das Fallunternehmen, sondern auch für die Unternehmen der Zielgruppe eingeplant werden. Dies betrifft u.U. Arbeitsinhalte, Arbeitsabläufe, aber auch Veränderungen hinsichtlich der Zusammenarbeit zwischen den einzelnen Abteilungen und betriebliche Informations- und Entscheidungsstrukturen sowie den Informationsfluss im und zwischen Unternehmen insgesamt. Das heißt, bei der Implementierung von mediengestützten Lernarrangements ist damit zu rechnen, dass Planungen und Entscheidungen auf einer Ebene immer auch Auswirkungen und Veränderungen auf anderen Ebenen mit sich bringen. Gerade in KMU sind Arbeitsstrukturen häufig so gestaltet, dass das betriebliche Zusammenwirken der Mitarbeiter und Mitarbeiterinnen so eng miteinander verknüpft ist, dass das Ganze vom

---

[12] Dabei ist allerdings zu bedenken, dass nicht alle Veränderungen gleichermaßen Auswirkungen nach sich ziehen. Mit Lorenzi/Riley (1995) können folgende Arten von Veränderung unterschieden werden: First-order change, welche nur geringe Auswirkungen auf die Personen und Abläufe haben; Middle-order change, welche Effektivität und Effizienz verbessern sollen und größere Änderungen in den Prozessen verursachen und Second-order change, welche die Prozesse der Gesamtorganisation deutlich ändern.

Funktionieren aller seiner Teile abhängt (vgl. Iller 2000). Vor diesem Hintergrund empfiehlt es sich, die Organisation als Ganzes im Planungsprozess zu berücksichtigen und die ursprünglichen Planungen aufgrund der ermittelten personellen und betriebsspezifischen Erfordernisse ggf. zu modifizieren. E-Learning Angebote sind keine „Selbstläufer", d.h. der Erfolg der Weiterbildung hängt von einer durchdachten Implementierung im Arbeitsalltag und in der Organisation ab (Vorbereitung der Lehrenden und Lernenden, technische, organisatorische Gestaltung der Ablaufprozesse, Methoden zur Motivation und Unterstützung der Lernenden, etc.).

Demnach führt der Einsatz mediengestützten Lernens nicht nur zu Veränderungen der betrieblichen Weiterbildungsformen, sondern er ist als Bestandteil der Weiterbildung und Personalentwicklung zugleich auch von der betrieblichen Organisation und deren Veränderung abhängig. Bisher wurde dieser Zusammenhang meist nur in eine Richtung aufgezeigt, dahingehend, dass betrieblich-organisatorische Veränderungen zur Einführung mediengestützten Lernens führen oder dass sich betrieblich-organisatorische Bedingungen als Hindernis für diese Lernform erweisen. Letzteres wird auch häufig als Grund für die geringe Verbreitung von E-Learning in kleinen und mittleren Unternehmen angesehen.

Die Einführung von E-Learning verändert nicht lediglich betriebliche Lernprozesse, sondern die Implementierung von mediengestützten Lernarrangements kann (z.T. weitreichende) organisationale Veränderungen nach sich ziehen. Das heißt, E-Learning kann Auslöser für Organisationsentwicklung sein bzw. Organisationsentwicklungsprozesse beeinflussen oder fördern, ebenso kann es aber auch eine Folge sein (vgl. Iller/Kamrad 2003). Wie weitreichend der Einfluss von E-Learning ist, hängt wohl maßgeblich davon ab, welche Bedingungen in den Unternehmen bestehen und welche Ressourcen für Veränderungsprozesse und Interventionen zur Verfügung gestellt werden können.

Literatur

Hagedorn, Friedrich; Michel, Lutz/Behrendt, Erich (2001): Web Based Training in Kleinen und Mittleren Unternehmen. Rahmenbedingungen für eine erfolgreiche Anwendung, Studie im Auftrag der Staatskanzlei des Landes Nordrhein-Westfalen. Abschlussbericht. Verfügbar im Internet: www.grimme-institut.de/scripts/download/wbt_bericht.pdf (10/2004)

Iller, Carola (2000): Gestaltung der Weiterbildung und Weiterbildungsinteressen der Beschäftigten. Eine empirische Untersuchung in kleinen und mittleren Unternehmen, München und Mering: Rainer Hampp Verlag

Iller, Carola/Kamrad Elisabeth (2003): Einführung von mediengestütztem Lernen in kleinen und mittleren Unternehmen – ein Auslöser für Organisationsentwicklung, in: Report: Literatur- und Forschungsreport Weiterbildung. Erfahrungen mit neuen Medien, 26 (2003) 2: 97-110, Bertelsmann: Bielefeld

Kerres, Michael (2001): Multimediale und telemediale Lernumgebungen. Konzeption und Entwicklung, 2.Aufl. München, Wien: Oldenbourg

Lorenzi, Nancy M./Riley, Robert T. (ed.) (1995): Organizational Aspects of Health Informatics – Managing Technological Change. Computers in Health Care, New York: Springer

Reinmann- Rothmeier, Gabi/Mandl, Heinz (1999): Lernen mit dem Internet: Nur ein neuer Slogan? in: Medien und Erziehung 43 (1999) 4: 210-215

Reglin, Thomas/Severing, Eckart (2003): Konzepte und Bedingungen des Einsatzes von E-learning in der betrieblichen Bildung. Erste Ergebnisse der Begleitforschung des Projektes bbwonline, in: Report: Literatur- und Forschungsreport Weiterbildung 26 (2003) 2: 9-20, Bertelsmann: Bielefeld

Rinn, Ulrike (Hrsg.) (2002): Referenzmodelle netzbasierten Lehrens und Lernens. Virtuelle Komponenten der Präsenzlehre, Münster: Waxmann

Sauter, Werner/Sauter, Annette M. (2004): Blended Learning. Effiziente Integration von E-Learning und Präsenztraining, Neuwied: Luchterhand

Weiß, Reinhold (2004): Weiterbildungsabstinente Kleinbetriebe – empirische Realität oder gepflegtes Vorurteil? in: Brödel, Rainer/Kreimeyer, Julia (Hrsg.): Lebensbegleitendes Lernen als Kompetenzentwicklung. Analysen – Konzeptionen – Handlungsfelder, Bielefeld: Bertelsmann

III. Dialogorientierte Teamentwicklung und Supervision – OE im Bankenbereich *(Bernd Schmid und Thorsten Veith)*

In diesem Artikel soll ein am *Institut für systemische Beratung*[1] durchgeführter Teamentwicklungsworkshop als Beispiel für die Einführung dialogorientierter Lernkultur beschrieben werden. Am Beispiel eines konzernweiten Schulungs- und Qualifizierungsprojektes der Geschäftsbereichsentwicklung wird vorgestellt, wie im Rahmen des dialog- und supervisionsorientierten Arbeitsansatzes vorgegangen wurde und welche Wirkung diese Arbeit auf die Gesprächs- und Teamkultur der Teilnehmer hatte. Dabei soll veranschaulicht werden, wie durch die Beratung anhand verschiedener Konzepte (Theatermetapher, Modell Randschärfe und Kernprägnanz) dialog- und teamorientiertes Lernen mit nachhaltiger Wirkung initiiert werden konnte.

- Im Beispiel geht es um Mitarbeiter zweier fusionierter Banken, die gemeinsam als Team von Geschäftsbereichsentwicklern arbeiten sollen. Hierzu müssten sie sich zu einem Team zusammenfinden. Selbstverständnisse und Auftreten nach außen müssten entwickelt werden.

- Der Blick auf die Konzepte und Steuerungsideen, die vom Teamberater[2] angewandt wurden, erlaubt eine Auseinandersetzung mit dem "wie und warum" des Vorgehens.

- Konzeptionell ist die Teamentwicklung in ein dialog- und beratungsorientiertes Verständnis von Lernen in Organisationen eingebettet. Daher werden hier einige Perspektiven einer systemischen Lernkultur mit Betonung der beratungs- und dialogorientierten Lernprozesse dargestellt.

Teamkultur in Fusionsprozessen

Wo in Fusionsprozessen die Kulturen und Machtpositionen von Unternehmen aufeinander treffen, findet auf verschiedenen Vorder- und Hinterbühnen Kulturbegegnung statt. Von vielen wird die Rollenvergabe als Live-Assessment erlebt. Gleichzeitig ist dieser Übergang von "Alt" in "Neu" der Gestaltungsparameter des Integrationsprozesses. In der Würdigung des Bisherigen und in der Identifikation mit dem Zukünftigen liegt die Herausforderung solcher Umstrukturierungen und deren Inszenierung. Die Erfahrung zeigt, dass sich diese Prozesse neben formalen Abstimmungs- und Integrationsfragen auf der Sachebene zu einem großen Teil auf der Beziehungs- und Kulturebene abspielen. Wird diese Ebene ausgeblendet und rein auf der Sachebene agiert, werden notwendige Konfrontationen vermieden und damit spätere Konflikte vorprogrammiert. Gerade eine mutige, von gegenseitigem Interesse und

---

[1] Das Institut für systemische Beratung, Wiesloch (Gründung 1984), ist ein Fachinstitut im Bereich Humanressourcen. Es hat sich spezialisiert auf Fragen der Professionalisierung und der Qualifizierung von Personen und Systemen in den Bereichen Bildung, Beratung, Coaching sowie Personal- und Organisationsentwicklung.

[2] Der Workshop wurde durchgeführt von Dr. Bernd Schmid, Leiter des Instituts für systemische Beratung, Wiesloch.

Respekt getragene Konfrontation kann für den Integrationsprozess und die Weiterentwicklung der Organisation, für den konstruktiven Umgang mit Unterschiedlichkeiten sowie für die Entwicklung der Identifikation mit der Gemeinschaft und dem Unternehmen von großem Nutzen sein (vgl. Schmid 2003: 20). Die eigene strategische Positionierung und seines Teams zu klären und auf die Unternehmensziele auszurichten, führt im besten Fall zu einer Stimmigkeit und Kohärenz von Innen und Außenwahrnehmung. Dafür geeignete Drehbücher und Rollenverteilungen zu entwickeln und mit verfügbaren Ressourcen kompatibel zu machen, sind wesentliche Perspektiven für Organisations- und Teamberatung. Das Management kann dadurch unterstützen, dass durch die Gestaltung von Rahmenbedingungen eine Prozessmoderation ermöglicht und nicht von einer Prozessbeherrschung mit erzwingbaren Ergebnissen ausgegangen wird, beispielsweise durch lösungsorientierte Motivationsstrukturen und Rückmeldeschleifen im Unternehmen (vgl. Kruse 1996: 222).

Zunächst wird die Konzeption supervisionsorientierter Teamentwicklung und damit verbundener Lernprozesse vorgestellt.

1. Dialog- und supervisionsorientierte Teamentwicklung

Bei Team- und Qualitätsentwicklung durch Beratung und Supervision handelt es sich um Prozesse zur Herstellung eines gemeinsamen Selbstverständnisses sowie der Verbesserung der Abstimmung im Team, der internen Kommunikation und der Darstellung nach außen. Supervisionsorientierte Teamentwicklung wird als Beitrag zur lernenden Organisation verstanden und findet, wie in der Regel auch angeleitete Supervision, „near-the-job" (Butzko 2000: 251) statt. Sie kann daher als arbeitsplatznahes Lern- und Qualifizierungssystem (vgl. Schmid/Fauser 1994) bezeichnet werden.

Stellt man die Frage, welchen Beitrag zur Team- und Qualitätsentwicklung das (kollegiale) Lernen und Beraten in dialog- und supervisionsorientierten Kontexten liefern kann, ergibt sich in erster Linie ein hoher pragmatischer Wert für die Teilnehmer. Durch die Arbeit am „Fall" soll ein konkreter Nutzen für die Projekte und Vorhaben in den Organisationen und der eigenen professionellen Tätigkeit entstehen. Die Lernenden/Teilnehmenden kommen mit konkreten Anliegen aus ihrem beruflichen Umfeld in die Beratung und vertreten somit Anforderungen der Organisation. Sie bringen die in der Beratung erworbenen Handlungs- und Lösungsalternativen und emotionale Entlastung dorthin zurück.

Es findet somit eher ein indirektes Lernen auf der Organisationsebene statt. Das Lernen auf individuell-professioneller Ebene soll jedoch positive „systemqualifizierende Effekte" (Schmid/Fauser 1994: 4) für die mit der Person vernetzten Bereiche der Organisation hervorbringen. Schmid und Fauser (1994: 2ff.) bringen „Systemintelligente Personenqualifikation" und „Personensensible Systemqualifikation" in einer „Systemlösung" in ein wechselseitiges Ergänzungsverhältnis.

In beratungsorientierten Bildungsmaßnahmen geht es zwangsläufig um die Verbesserung der Qualität von Beziehungen und Beziehungsgestaltung, denn Dialog als Form von Supervision lebt, wie auch Formen der kollegialen Supervision und Beratung, von der realisierten Beziehungsqualität. Ein Beitrag zur Qualitätsentwicklung in der Organisation ist dann wahrscheinlich, wenn die organisationsrelevanten Beziehungen betrachtet werden bzw. wenn die reflektierten Beziehungen auf Organisationen und deren Dynamiken übertragen werden können.

Supervision wird von Berker als Ort und Form für Qualität (vgl. Berker 1999: 72) gesehen. Das Lernen bezieht sich in supervisionsorientiertem Vorgehen durch Dialog im Team auf das professionelle Handeln der Teilnehmer und beleuchtet daher den Kontext der beruflichen Tätigkeit mit. Es ist somit im Sinne einer Ressourcen- und Problemlöseorientierung immer bezogen auf eine Verbesserung der Arbeit und ein Lösen der dort auftretenden Probleme durch das Beschreiten von Wegen der (Selbst-) Reflexion und Kooperation. In reflexivem, problem- und erfahrungsorientiertem sowie sozialem Lernen wird versucht, das Ziel erweiterter Handlungskompetenz zu erreichen. Um nun professionelle Kompetenz erwerben zu können, muss Rollenkompetenz, Kontextkompetenz und Sinn zusammenfinden (vgl. Schmid 2002a: 9).

Fasst man den Supervisonsbegriff weiter, so kann er, wie in unserem Beispiel zutreffend, im Sinne beratungsorientierter Gesprächskultur am Beispiel und an der persönlichen Steuerung sowie dem persönlichen Selbstverständnis beschrieben werden. Im Team mit füreinander wichtigen Partnern angewandt, entsteht über persönliche Steuerung hinausgehend eine Synergie auf der Ebene von Selbstverständnis und Ausstrahlung der Gruppe. Das Ganze wird mehr als die Summe seiner Einzelteile, ein gemeinsames "Takten" (ein gemeinsamer "Beat") wird erlebbar.

Teilnehmer aller Formen von Supervision können in vielfältiger Weise einen Zuwachs an Wissen und Kompetenzen erleben. Diese Formen stellen einen Wissens- und Lern-Transferort zwischen Theorie und Praxis dar[3].

Die erworbenen Fähigkeiten und das generierte Wissen sowie die erfahrene und erlebte Kultur in den Beratungen können von den Mitgliedern in ihr berufliches Umfeld hineingetragen werden, die damit praxisrelevante Kompetenzen weiter entwickeln. Sie sind gewissermaßen Kulturträger und Kulturmultiplikatoren einer selbst erlebten Kultur des Arbeitens und Lernens. Dieses Lernen und diese Erfahrungen können – müssen jedoch nicht zwangsläufig – sich positiv auf die eigene berufliche Tätigkeit im Umgang mit anderen im beruflichen Kontext auswirken, und somit sehr allgemein positiv auf die Entwicklung von Qualität in der Arbeit in Teams in Organisationen und im eigenen Tun ausstrahlen. Je „kulturfremder" allerdings Workshop- und Organisationskultur zueinander sind, desto schwieriger ist die Übertragung.

Wesentlich ist einerseits die fachlichen und persönlichen Kompetenzen zu verbessern und andererseits Impulse zu setzen, um die Organisation auf den Weg einer lernenden Organisation zu führen.

2. Dialog- und supervisionsorientiertes Lernen als Leitelement der Lernkultur

Didaktisches Leitelement der Lernkultur des Instituts für systemische Beratung ist der Gedanke dialog- und beratungsorientierten Lernens. Angeleitete und kollegiale Supervision gehören in diesem Sinne zu den Kerntechniken der Weiterbildungen. Es handelt sich dabei um einen vielschichtigen Lernprozess, in dem an inhaltlichen Schwerpunkten repräsentiert

---

[3] vgl. Thiel 2000: 198 mit dem Verweis der Verknüpfung von professioneller und kollegialer Supervision.

durch einen exemplarischen Fall und mit bestimmten Steuerungs- und Kommunikationsmodellen gearbeitet wird.

Hauptmerkmale der damit verbundenen Lernkultur sind: exemplarisches, fragmentarisches Lernen und Lehren (vgl. Schmid 2002a: 15; Gudjons 2001: 22ff.), das „personale Professionalität" (Schmid et al. 2000: 8) fördert, wobei gerade die Qualität der Beispiele und Inszenierungen und die Art und Weise, wie im Rahmen der entwickelten Lernkultur damit gearbeitet und umgegangen wird, ausschlaggebend für den Lernerfolg und den Lerneffekt sind. Ein Fragment ist ein Teil, das exemplarisch für das Ganze steht. Lernen bezüglich des „Wie" ist wichtiger als bezüglich des „Was", da Inhalte heute schneller an Bedeutung verlieren. Relativ stabil sind Arbeitsstile, deren Qualität über den Umgang mit Inhalten entscheidet. „Qualitativer Transfer" (Schmid 2002b: 4) kann dann entstehen, wenn die bearbeitete Situation qualitativ hochwertig ist und dem Einzelnen wie der Gemeinschaft der Lernenden neue Kompetenzen und Maßstäbe vermittelt. Gemeinsames Verständnis, Vertrauen und eine komplementäre Arbeitskultur entfalten eine Wirkung bei den Beteiligten, die dann als Kultur mit gleicher Dynamik auf andere Kontexte übertragen werden kann.

Lernen im Lehren und Lehren im Lernen als wesentlicher Austauschprozess im Beratungsvorgang in einer besonderen Atmosphäre kennzeichnen diesen Lernansatz. Außerdem findet Lernen am Modell und „Apprenticeship learning" im „Meister-Lehrling-Verhältnis" (Holzkamp 1996: 26) statt. Diesem Lernkonzept ist ein Zusammenspiel von unbewusst-intuitivem und bewusst-methodischem Lernen zu Grunde gelegt, welches sich am Dialog-Modell der Kommunikation orientiert. Es findet danach ein implizites (oder unbewusstes) Lernen (in Anlehnung an implizites Wissen, engl. tacit knowledge) von Inszenierungsstilen, Inszenierungswahrnehmungen sowie von Haltungen statt. Das Modell verdeutlicht die Vielschichtigkeit von Lernen und Lernkultur.

Abb. 1: Dialog-Modell: methodisch-bewusst und intuitiv-unbewusst

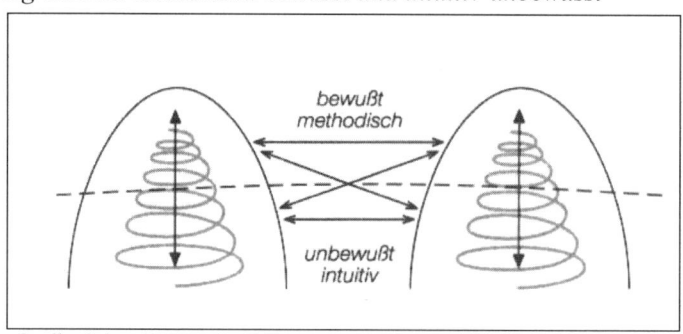

Quelle: Schmid 2002a, S. 13)

Das bewusst-methodische und unbewusst-intuitive Lernverständnis lässt sich an den „heimlichen Lehrplan und implizites Lernen" ankoppeln, auf das von Arnold und Schüßler (1998: 8f.) als eine wichtige Anforderung an eine neue Lernkultur hingewiesen wird. Aus diesem Verständnis werden neben den inhaltlich-methodischen Aspekten auch Haltungen, Kompetenzen und Wahrnehmungs- und Wirklichkeitsstile unterschwellig und unbewusst-intuitiv im Lernprozess wahrgenommen und entwickelt.

3. Strategie- und Teamentwicklung im Fusionsprozess zweier deutscher Großbanken

Hintergrund

Hintergrund der Strategie- und Teamentwicklungswerkstatt ist der angelaufene Fusionsprozess zweier deutscher Großbanken, in deren Privat- und Geschäftskundenbereich nunmehr über 11000 Mitarbeiter tätig sind. Fünf Zentralbereiche werden betreut von der Zentraleinheit Personal, entstanden aus den Bereichen Personalentwicklung und Beratung der einen sowie Personalentwicklung und Managementberatung der anderen Bank. Die Bank ist in einen Zentralbereich und sechs regionale Geschäftsbereiche unterteilt. Jeder Geschäftsbereich untersteht einem Geschäftsbereichsleiter. Die unter neuem Etikett in der Fusion geschaffene Geschäftsbereichsentwicklung in jedem der sechs Geschäftsbereiche soll Organisationsentwicklungsaufgaben in den Geschäftsbereichen wahrnehmen. Der Schwerpunkt der Geschäftsbereichsleiter liegt mehr im Bereich Vertrieb, die Geschäftsbereichentwickler berichten dem Leiter des Geschäftsbereichs. Fachlich sollen sie jedoch eine vom Zentralbereich geführte Einheit sein, die ein gemeinsames Selbstverständnis, vergleichbare Betreuungsprodukte und entsprechendes Auftreten entwickeln.

Besetzung des Teamentwicklungsworkshops

Für die fachliche Führung ist ein Fachleiter aus der Zentrale zuständig. Dieser hat den Workshop initiiert und nimmt daran teil. An der dreitägigen Team- und Strategieberatung nehmen sieben Geschäftsbereichsentwickler aus beiden fusionierenden Banken teil. Diese haben, auch innerhalb der einzelnen Banken, einen unterschiedlichen Erfahrungs- und Berufshintergrund.

Als Ziele formulieren die Teilnehmer einerseits die strategische Positionierung der Geschäftsbereichsentwickler im Unternehmen. Andererseits sollen das Selbstverständnis der Geschäftsbereichsentwickler und die gemeinsame konzeptionelle Ausrichtung geklärt werden. Zentrale Fragen sind also, wie ein eigenes Rollenverständnis nach innen entwickelt und ein Marketing nach außen konzipiert werden kann. Dadurch soll die Funktion der Geschäftsbereichsentwicklung im Unternehmen besser verständlich werden.

Eingangsrunde

In der Eingangsrunde werden die genannten Ziele formuliert, und die einzelnen Personen stellen sich vor dem Hintergrund ihrer beruflichen Erfahrungen und bezüglich der gewünschten Entwicklung einander und den Beratern vor. Es entsteht das Bild einer heterogenen Gruppe, eine Mischung aus unterschiedlichen (Erfahrungs-)Niveaus, Alter, unterschiedlich langer Zugehörigkeit zu den Unternehmen, verschiedenen Arbeitsansätzen und persönlichen Stilen (z.B. Durchführer vs. Entwickler). Vor dem Hintergrund der verschiedenen Bankenkulturen zeigen sich divergierende Verständnisse der Geschäftsbereichentwicklung als Team wie auch der Positionierung in der neuen Bank.

4. Ein Beispielprojekt: ein Schulungs- und Qualifizierungskonzept

Was bedeutet das Beratungskonzept für die Arbeit im konkreten Prozess der Teamberatung mit den Geschäftsbereichsentwicklern? Eingangs werden zunächst Themen für dialog- und beratungsorientiertes Arbeiten im Team gesucht. Es zeigt sich konkret am Beispiel eines laufenden konzernweiten Schulungs- und Qualifizierungsprojektes, mit welchem die Geschäftsbereichsentwickler beauftragt sind, ein unterschiedliches Rollenverständnis der Einzelnen. Dabei differieren sowohl die Prozessansätze (d.h. Vorstellungen von Arbeits- und Vorgehensweise im Projekt) zwischen neueren Organisationsmitgliedern mit hoher Motivation ("alles neu machen zu wollen") und langjährigen Mitarbeitern mit erheblicher Organisationserfahrung, als auch das Verständnis der Rollen im Projekt (wer entwickelt, wer führt durch). Bei näherem Nachfragen zeigt sich, dass es dabei auch um die Akzeptanz der eigenen Arbeit im Unternehmen geht. Der Wunsch wird deutlich, die Akzeptanz und den positiv wahrgenommenen Anteil der eigenen Tätigkeit zu erhöhen und somit auch offensiver mit der eigenen Performance im Unternehmen umgehen zu können. Im Bild des "Partisanen", dessen "Kampf im Untergrund" als Vordringen mit großen Konzepten empfunden wird, zeigt sich metaphorisch ein Selbstbild, hinter dem der Wunsch steckt, von einer subversiven Tätigkeit zu einer anerkannten Leistung im Unternehmen zu kommen.

Das Ziel ist die Akzeptanz der Arbeit und Leistung vor Ort in den Geschäftsbereichen, aber auch bei den Vorgesetzten und in der Zentrale. Als Problem wird dabei empfunden, dass diese Arbeit und die gewünschte Funktion eben gegenwärtig (noch) nicht näher beschrieben werden kann. Die Stellen der Geschäftsbereichsentwickler sind aus der Außenperspektive nach Stellenbeschreibungen besetzt worden. Aus der Innenperspektive des Teams von Geschäftsbereichsentwicklern stellt sich die Frage, wie einerseits die Stellen auszufüllen sind und andererseits, wie stabil und dauerhaft diese Stellen zukünftig sein werden. Beschrieben wird dies in der Metapher eines Gartens, der noch viel Platz und Umland bietet, auf dem man "neue Früchte" anbauen kann, die noch nicht angeboten werden. Oder sind das nicht Illusionen und die Geschäftsbereichsentwickler müssen als "Handlanger" und "verlängerter Arm", vorgegebene „Nachbesserungen" in eher zentralistischen Strukturen ausführen? Diese Ansicht bzw. Befürchtung existiert zumindest innerhalb des Teams.

An dieser Stelle im Prozess des Workshops wird klar, dass es die unklare strategische Positionierung der Geschäftsbereichsentwickler erschwert, einen sinnvollen Beitrag zum beispielhaften Qualifizierungsprojekt zu definieren. Sie sind in wichtige Entscheidungen bezüglich der Projektkonzeption (mit allen Folgefragen: Veränderung der Lernkultur, Veränderung der Menschen und deren Zusammenarbeit) wenig eingebunden, obwohl sie das Konzept mitrealisieren sollen. Auch werden unterschiedliche Hauskulturen der Banken sichtbar. Die einen sehen sich eher als weisungsempfangende ausführende Organe, während die anderen durch Beratung und Workshops das Projekt und die zuständigen Führungskräfte unterstützen wollen.

Nachdem hier zwei Ansätze kontrovers aufeinander zu stoßen drohen, werden diese Perspektiven als mögliche Optionen zunächst so stehen gelassen. Man verabredet, zunächst am Beispiel und fragmentarisch die Implikationen und Konsequenzen herauszuarbeiten, um eine bessere Beurteilungsgrundlage zu haben. Vertreten durch Befürworter der verschiedenen

Varianten werden Vorgehensweisen exemplarisch und konkret herausgegriffen, um an diesen mögliche Entwicklungen und eventuelle Rollenverteilungen durchzuspielen, ohne eine Normierung unter den Geschäftsbereichsentwicklern vorzunehmen. Unabhängig von einer späteren Entscheidung sollen diese Beratungen eine hochwertige Fachdiskussion auslösen und so mögliche teamkulturelle sowie personen- und systemqualifizierende Effekte erzeugt werden.

Am Beispiel des Schulungs- und Qualifizierungskonzeptes sollen im Team in „Werkstattcharakter" Entwürfe und Varianten der Zusammenarbeit exemplarisch erprobt werden. Es wird dabei auch deutlich, was exemplarisches und fragmentarisches Vorgehen (im Unterschied zu einem programmatisch-normierenden) in einer auf Kooperation und Dialog ausgerichteten Gesprächskultur konkret bedeuten kann. Damit zusammenhängende Steuerungsfragen auf unterschiedlichen Ebenen werden im Weiteren noch vertieft.

Ein Beispiel für strategische Klärungen
Innerhalb des von den Geschäftsbereichsentwicklern mit entworfenen Qualifizierungsprogramms gibt es zwei relevante Teil-Projekte: zum einen die Entwicklung eines interaktiven Lern- und Qualifizierungsprogramms zum Erlernen einer neuen Software auf Laptops. Zum anderen die Designentwicklung eines Workshops, in welchem Mitarbeiter als Multiplikatoren mit dem Lernprogramm vertraut gemacht werden sollen. Dieses soll von zwei Geschäftsbereichentwicklern entwickelt und von allen Geschäftsbereichentwicklern durchgeführt werden. Anhand der Theatermetapher (vgl. Schmid/Wengel 2001, Schmid 2004b) werden am Beispiel dieses zu entwickelnden Workshops, der sich an die 3. und 4. Führungsebene der Banken richtet, Perspektiven der Inszenierung bzw. des Stücks (Workshop) durchgespielt:

- Was sind das Thema und die Story, die unter dieser Überschrift erzählt werden? Was ist der Fokus (Sensibilisierung und Umgang mit der Lernsoftware in der Arbeit mit Laptops)?

- Was ist die Bühne, auf der das Stück aufgeführt wird?

- Was ist der Inszenierungsstil in der neuen Organisation (Einbezug und Nachdenken über vorhandene Erfahrungen mit Laptop und Software, Unterschiede im Arbeiten der Mitarbeiter, Etablierung von Lerngruppen zur Sicherung des Lernerfolgs in den Niederlassungen und dessen Monitoring, somit Fragen der Didaktik)?

- Was sind die jeweiligen Rollen, die in diesem Stück gespielt werden bzw. die zu diesem Stück gehören?

Vor allem bezogen auf die Frage von Rollen und Rollenverteilung entwickelt sich im Folgenden ein intensiver Prozess des Dialogs und Austauschs, in dessen Verlauf ein Drehbuch mit verschiedenen Rollen entwickelt wird:

- Wer hat die Expertise zum Schreiben des Drehbuchs?

- Wer übernimmt die Intendanz , wer steuert und definiert die Policy?

- Wer führt Regie?

- Wer sind die Spieler auf den Bühnen?

Der Gruppe wird dabei klar, wie dieses konkrete Beispiel als Inszenierung einen Beitrag und ein Beispiel für die Organisationsentwicklung darstellt, in deren Richtung sich die Funktion der Geschäftsbereichentwickler entwickeln sollte. Indem im Team dieser Auftrag ganz pragmatisch besprochen wird, entwickelt sich ein Verständnis der gemeinsamen Arbeit, aber auch der einzelnen Rollen und Funktionen im Team. Fragen der Prozessabsprache und -passung werden relevant (Wann wird wo was wie für wen eingeführt? Wann werden die Workshops durchgeführt, wann die Laptops mit der Software ausgeliefert?). Geschäftsbereichsentwickler und Projektleitung müssen notwendige Abstimmungen in ihren Rollen vornehmen.

Es entwickelt sich eine Art "Marktplatz der Möglichkeiten" im Team, auf welchem Formen der Zusammenarbeit nach Angebot und Nachfrage stattfinden. Für jede Variante werden notwendige Koordinationen unter den Geschäftsbereichsentwicklern, die große und kleine Geschäftsbereiche betreuen, durchgespielt. Ressourcen werden verteilt (z.B. kleine Geschäftsbereiche unterstützen die großen), Dienstleistungen (z.B. Konzeptentwicklungen) und Austausch (z.B. über Umgang mit Stress und Auswirkungen der Fusion) werden angeboten, Rollen angenommen und Kooperationen werden vermittelt (z.B. die Mitwirkung von neueren Mitarbeitern bei langjährigen in Trainings in Form eines "Training on the Job").

Bewegung wird spürbar und das Team entwickelt Beweglichkeit in der Marktsituation. Kommunikation und Kooperation wird als identitätsstiftendes Mittel nach innen ins Team erlebt. Im Prozess lernen die Teilnehmer die Inszenierungsstile der anderen kennen und können sich so besser an diese ankoppeln. Dieses implizite Lernen läuft in der Situation zunächst unbewusst ab und wird erst richtig durch die Reflexion der Fallsituation durch die Aussagen und Wahrnehmungen der Teilnehmer im Anschluss deutlich.

Orientierungshilfe und Entspannung durch ein Modell

An dieser Stelle wird dafür ein Modell dargestellt[4], das zeigt, wie sich eher sachorientierte Menschen im Unterschied zu eher beziehungsorientierten Menschen organisieren.

Dieses Modell stellt die verschiedenen Logiken gleichwertig nebeneinander und verdeutlicht, wie gegenseitige Würdigung und Zusammenspiel aussehen können. Es zeigt auch, wie Polarisierungen und gegenseitige Abwertungen entstehen können, hilft Abstand zu gewinnen und sich aus Kränkungen zu lösen.

In der Auswertung der Fortschritte im konstruktiven Umgang miteinander wird auch deutlich, dass solche Klärungsprozesse immer wieder durchlaufen werden müssen, um gegenseitiges Verständnis, Interesse aneinander, Spielarten der Kooperation und gemeinsame Identität zu entwickeln. Oder anders formuliert: entstehende Stereotypen, wie (unterschiedlich oder gleich) der andere ist, müssen immer wieder durch Kommunikation aufgelöst werden; in einem Prozess, der die Ankoppelungsfähigkeit fördert.

Der Marktplatz und die Marktsituation dienen als Wirklichkeitsstilvorlage für andere Themen und Bereiche. Anhand eines qualitativ hochwertigen Beispiels lässt sich qualitativer Transfer herstellen. Andere Themen können lockerer und beweglicher angegangen werden. Der kommunikative Prozess der Zusammenarbeit fördert die Selbstorganisation(sfähigkeit) des Teams in auffälliger Weise. In diesem pragmatischen Ansatz, der nicht programmatisch und normierungsorientiert vorgeht, entstehen Lösungsvarianten, die für alle akzeptabel sind

---

[4]   Ausführlich dargestellt wird das Modell bei Schmid (2004a, Kap. 2).

und auch für andere Situationen eine Kultur der Kooperation im Team entwickeln. Die Unterschiede zwischen neu und alt, Vertretern der einen und der anderen Bank, nehmen ab.

5. Außenmarketing – eine Frage der Identität

Wie Identität im Team durch kooperative Kommunikation erreicht werden kann, ist am Beispiel der Marktplatzsituation vom Team erlebt worden. Dies war ein erster Schritt in Richtung Entwicklung einer Teamkultur unter den Geschäftsbereichsentwicklern, die noch weiter vertieft werden soll. Das andere Ziel der Teamentwicklung, das erreicht werden soll, ist das Thema Außenmarketing.

Nachdem am konkreten Projekt ein Verständnis von Kooperation und Rollenabsprache im Team sichtbar wurde, gibt die Gruppe das Feedback, dass gerade die Auseinandersetzung mit der Unterschiedlichkeit, die bisher im Team wahrgenommen wurde, die Eigenart jedes Einzelnen nicht gleichschaltet, sondern würdigt und dynamisiert. Der Versuch, sich nach Außen eine Identität zu geben, führt zu Diskussionen, von wem sie sich unterscheiden und was sie an Zuständigkeit beanspruchen bzw. als Zumutung ablehnen wollen. Da die Teammitglieder sich in unproduktiven Abgrenzungsdiskussionen zu verfangen drohen, wird ein Meta-Modell für die Klärung von Identität eingeführt. Dieses soll im Folgenden ausführlicher dargestellt werden, um nachvollziehbar zu machen, wie durch Vermittlung situationsgerechter pragmatischer Modelle Haltungsänderungen ausgelöst werden können.

Modell Randschärfe und Kernprägnanz
Dieses Modell basiert auf einer Unterscheidung des Linguisten und Kulturwissenschaftlers George Steiner (vgl. Steiner 1981) In diesem werden randscharfe Definitionen von kernprägnanten unterschieden. Für eine wissenschaftliche Eindeutigkeit werden gewöhnlich randscharfe Definitionen bevorzugt. Bei diesen steht die Grenzziehung zwischen den Bedeutungsräumen der voneinander zu unterscheidenden Begriffe im Vordergrund. Für den kulturellen Gebrauch eignen sich kernprägnante „Definitionen" besser, weil hier ein Verstehen der wesentlichen Bedeutungen wichtiger ist als Abgrenzungen. Die Überlappungen der Bedeutungsräume von Begriffen ist kulturelle Normalität und muss nicht beseitigt werden.

Auf Identität übertragen heißt dies, dass Selbstverständnisse nicht abgrenzend und schon gar nicht ausschließend gewonnen werden, sondern um einige Wesensmerkmale dieser Identität herum gruppiert und positiv formuliert werden.

Abb. 2: graphische Darstellung randscharfer Definitionen (Beispiel)

Training	OE
Therapie	Beratung

Abb. 3: graphische Darstellung sich überlappender kernprägnanter Definitionen (Beispiel)

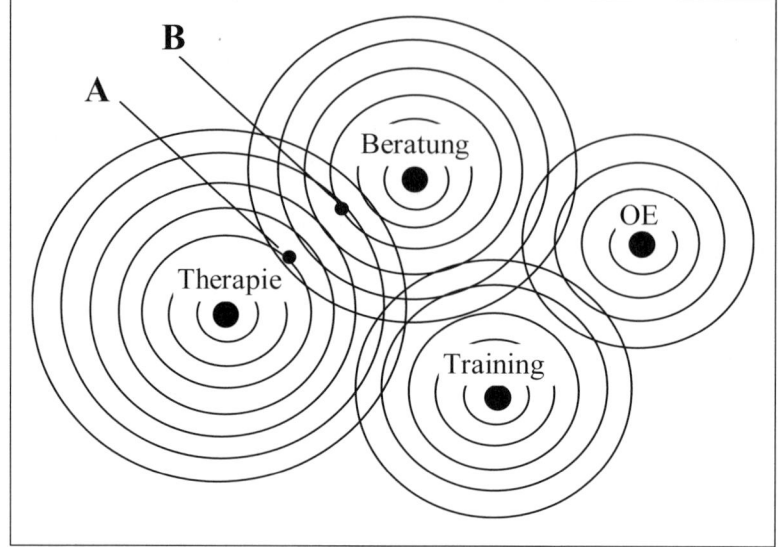

Quelle: Eigene Darstellung; A = Übertragung in Therapie; B = Arbeit mit Gesunden in Beratung

Dabei stört es nicht, dass andere Identitäten teilweise dieselben Wesensmerkmale für sich in Anspruch nehmen. Beobachtet man z.B. den Versuch, Psychotherapie randscharf von Beratung (und beide zusammen von Training und OE) abzugrenzen, begegnet man seltsam anmutenden Ausschließlichkeitskriterien, wie z.B. „in der Beratung keine Übertragung" oder „Beratung hat mit gesunden Menschen zu tun". Tatsächlich können Beratungsklienten mehr oder weniger psychisch erkrankt sein oder sich im Beratungsprozess Beziehungsphänomene ereignen, die als Übertragung beschrieben werden können.

Der Unterschied liegt nicht in der Sache, sondern im Umgang damit aus unterschiedlichen Wesensverständnissen von Therapie und Beratung. Für die Therapie ist die Arbeit mit Gesunden peripher. Wenn dennoch mit Gesunden gearbeitet wird, müssen diese als krank erklärt werden. Dies erst recht, wenn Krankenkassen bezahlen sollen.

Wenn Therapeuten und Berater sich nicht über Grenzfälle, sondern über Typisches ihre Tätigkeit und ihres professionellen Wirkungsverständnisses unterhalten, entsteht leicht ein Verständnis der jeweiligen Identitäten. Überlappungen irritieren die eigene Identität und Zuständigkeit nicht, sondern zeigen Möglichkeiten des Zusammenwirkens und der Mitbeachtung von Anliegen des „Nachbarberufes".

Die randscharfe Denktradition ist für übermäßige Orientierung auf Grenz- und Zuständigkeitssicherung auch in Organisationen mitverantwortlich. Von manchen Zuständigkeiten erfährt man erst dadurch, dass man in die Grenzen verwiesen wird, wenn man sich um „verwaiste" Zuständigkeiten kümmert. Metaphorisch gesprochen werden zu viele Ressourcen darauf verwendet „Claims abzustecken und zu sichern", anstatt das Land zu kultivieren und den Raum produktiv zu füllen.

Eine andere Kulturgewohnheit erschwert es gelegentlich, Identität individuell und positiv zu vertreten. Es wird angenommen, sich an einer vollständigen, einheitlichen und widerspruchs- freien Identitätsbeschreibung messen zu müssen. Weil dieser „Einheitsanzug" selten richtig passt und jede Abweichung gerechtfertigt werden muss, kommt es zu Doppelbödigkeiten und Identitätsunsicherheiten. Abgrenzende und gelegentlich polarisierende Vergleiche mit anderen Identitäten können hier als Ablenkung willkommen sein. Die Person ist sich seiner Identität unsicher, sucht aber durch Stoßen gegen andere die eigene Position zu spüren.

Geht man von einheitlich zu definierenden Berufs- und Tätigkeitsverständnissen ab und versteht Identität als Mosaikidentität, die zwar im Wesentlichen einen erkenn- und zuorden- baren Charakter hat, aber in vielen Variationen auftreten kann, lassen sich kernprägnante Berufsidentitäten mit individuellen Varianten finden, ohne dass kolonialistisch Alleinstel- lungsmerkmale beansprucht werden müssen. Versuche, Identitäten durch Extravaganzen zu erlangen, wirken oft aufgesetzt, flach und skurril.

Es gibt eben kaum etwas, das nur man selbst für sich in Anspruch nehmen kann. Hält man das für notwendig, um eine unverwechselbare Identität zu haben, muss anderen die bean- spruchte Qualität abgesprochen werden.

Hier hilft die Alternativkonstruktion, die Eigenart mehr durch die besondere Zusammenstel- lung von auch sonst verbreiteten Merkmalen erkennen lässt als durch die Einmaligkeit der Komponenten[5]. Die Zusammenstellung macht den Blumenstrauß einzigartig, nicht der An- spruch, Blumen zu enthalten, die in anderen Bouquets nicht zu finden sind.

Vorgehensweisen bei der Erarbeitung einer Außenmarketing-Strategie der Geschäfts- bereichsentwickler

Um die Außenwirkung des Teams zu diskutieren, soll nun ausgehend von den konkreten Erfahrungen über das Marketing des Teams gesprochen werden. Damit die Persönlichkeiten und Erfahrungen der Einzelnen genügend Raum bekommen, wechselt der Berater (BS)[6] in ein kleineres Arbeitssetting. Drei Personen (A, B, C) aus der Gruppe sollen in einem Innen- kreis ihre persönlichen Erfahrungen zum Thema vertiefen. Die anderen verbleiben im Au- ßenkreis in der Beobachterrolle. In diesem Setting wird die Kommunikation übersichtlicher und es kann exemplarisch an Figuren der Außendarstellung gearbeitet werden, die für die ganze Gruppe Relevanz haben. Im Innenkreis kommen zunächst auch die Profilierteren der beiden Banken zu Wort. Sie sollen allerdings nicht einfach nur erzählen, sondern auf ein positiv exemplarisches Vorgehen fokussiert werden. Das Setting legt ein Gleichgewicht zwischen Engagement und Reflektion aus mehr Distanz nahe.

Um zu verdeutlichen, wie die Teilnehmer in dieser Phase der Teamberatung die vorgestellten Modelle mit ihrer Praxis verknüpfen können, wird hier eine Sequenz wiedergegeben[7]. Das

---

[5] Vgl. Transaktions-Analyse 4/66: 141-163, Acceptance Speech – Blackpool 1988. Programmatische Überlegun- gen anlässlich der Entgegennahme des ersten EATA-Wissenschaftspreises für Autoren.

[6] Dr. Bernd Schmid als Teamberater bittet drei Geschäftsbereichsentwickler, mit ihm im Innenkreis zu arbeiten (Fishbowl-Methode).

[7] Die wörtlichen Zitate der Teilnehmer und des Beraters sind durch die Autoren zur besseren Lesbarkeit der Schriftsprache angepasst worden.

Experimentieren mit stimmigen Sprachfiguren verdichtet den Ertrag und die Zielsetzung der Maßnahme beispielhaft.

BS: (anknüpfend an die vorher gegebenen Erläuterungen) Das Verständnis von Randschärfe ist also wichtig, wenn man mit einer Wirklichkeit zu tun hat, die eine Ordnung hat wie ein Puzzle. Alle Teile sind im Grunde klar abgezirkelt und man schaut an den Rändern, wie sie zusammenpassen. Das Verständnis von Kernprägnanz ist dagegen wichtig, wenn es mit Kultur zu tun hat. Kultur ist nicht wie ein Puzzle. Kultur bedeutet x-fach übereinandergelagerte Bedeutungsfelder. Man ist sich leichter einig, was zu den einzelnen Bedeutungsfeldern im Wesentlichen dazugehört, nicht aber darüber, wo diese Felder enden, bzw. was wohin gehört, wenn sie sich überschneiden. Z.B.: Was ist Liebe?

A: Und wie lässt sich das nun auf Organisationen übertragen?

BS: Vorherrschend ist das "Kästchendenken" in Organisationen. Früher gab es einigermaßen übersichtliche und zueinander abgegrenzte Verständnisse der Dinge, jetzt sind alle Organisationen in Bewegung gekommen, die Berufsverständnisse und Funktionen in den Organisationen sind in Bewegung gekommen. Aber sie sind ja nicht ordentlich in Bewegung gekommen. Es schiebt sich wild ineinander wie Schuppen. Es gibt also jede Menge Funktionen, die als Tätigkeit aus der einen wie aus der anderen Funktion, komplementär oder konkurrierend, versorgt werden können.

B: Das wäre ja spannend, sich das mal für uns anzuschauen.

BS: Die Kulturgewohnheit in uns will in Zeiten von Unsicherheit Identität an den Grenzen festmachen, noch ungünstiger durch Abgrenzung. Es hilft dagegen, sich positiv und aus den Kernkompetenzen heraus zu definieren.

C: Es wäre jetzt ja mal ganz interessant, sich darüber auszutauschen, was wäre, wenn ich in die Situation komme, mich erklären zu sollen. Was mache ich den konkret? Was sag ich denn dann?

BS: Wenn man für Kultur Marketing macht, sollte man weniger in Überschriften und mehr in Beispielen erzählen. Man könnte es beispielhaft so machen: Das und das, das sind für mich typische Tätigkeiten, die ich verstehe unter Geschäftsbereichentwicklung.

C: Das finde ich jetzt interessant. Ich habe das immer als defizitär empfunden, dass ich nicht ein ganz klares Feld abgrenzen kann. Das hat ja auch eine Systematik im Unternehmen. Was machst Du, wenn Du Marketing oder Vertrieb machst. Ich konnte es immer nur an Beispielen erzählen.

A: Das klingt dann so wenig, es klingt eigentlich wie: Ich weiß es selbst nicht so genau. Das finde ich jetzt auch noch mal eine schöne Stärkung, mit einem anderen Bewusstsein und einem anderen Selbstverständnis da reinzugehen.

B: Ja, das muss man einfach so machen, dass die Leute verstehen, was wir eigentlich sollen.

A: Das ist mir klar, nur hat es bei mir ein Gefühl von Unsicherheit hinterlassen, von: Ich kann nicht mal sagen, das ist es hier.

C: Ich habe eine interessante Erfahrung auf dem Jourfix gemacht. Ich habe mich dort vorgestellt zum ersten Mal und habe mich präsentiert. Danach haben dann die Leute gesagt: Aber so genau wissen sie noch nicht, was sie machen.

B: Das hat ja auch etwas damit zu tun, dass wir systemimmanent denken.

C: Fangen wir doch mal so an. Also wenn ich mich zur Zeit vorstelle, dann sage ich: Ich bin generell für alles, was mit Verhalten, Kommunikation und Integration zu tun hat, zuständig.

Sie kennen ja die Integrationsworkshops im Rahmen der Fusion.

Dann Teamentwicklungen: Da würde ich gerne unterstützen! Oder ein Strategietag: Da würde ich gerne beraten, unterstützen und auch durchführen.

Ja, und dann wird's schon eng! ..... – Ja und die Moderatorenschulungen und Konfliktseminare. Das sind für mich die Kerndinge.

BS: Wenn Sie zu diesen Tätigkeitsbereichen schon Erfahrungen haben, von denen sie erzählen können, möchte ich ihnen gerne eine andere Erzählfigur vorschlagen: Da ist vor kurzen jemand zu mir gekommen, der hat folgendes Problem gehabt, wir haben die und die Maßnahme aufgesetzt und ich habe dabei die und die Rolle gespielt. Und der Kunde hat dann gemerkt, dass durch meine Maßnahmen eine neue Dimension reingekommen ist, die er vorher nicht hatte.

Der Gegenüber muss dann nicht bei sich nach einem geeigneten Bild suchen. Durch das Beispiel hat er dann eine andere Figur, mit der er sich identifizieren und dessen Weg er innerlich mitgehen kann.

C: Ja, das ist eine gute Anregung.

BS: Und er muss vor allem zunächst nicht überlegen, ob er es braucht oder nicht, weil Sie ja von einem Menschen erzählen, der geglaubt hat, er brauchst es.

C: Das kann ich bestimmt auch vermehrt machen, weil ich ja schon ein paar Sachen durchgeführt habe.

B: Bei mir war es so, dass ich in meinem Bereich eine relativ gute Ausgangsposition hatte, da mein Chef sich für mich ausgesprochen hatte. Ich habe zunächst nicht über meine Kernkompetenzen gesprochen, sondern habe sie versucht zu tun.

Der erste Schritt war, ein Design für ein erstes Treffen der Führungsmannschaft von zwei oder drei Tagen zu entwickeln, das zu moderieren und auch schon Elemente einzubauen, was für mich unter dem Ansatz Organisationsentwicklung läuft, zum Beispiel Verschmelzung von Kulturen. Damit haben sie mich kennen gelernt, nicht über viel Blabla, sondern schlicht und ergreifend über's Doing. Und der weitere strategische Weg, den ich dabei im Kopf hatte und noch habe, geht wirklich über Beispiele, die sich rumsprechen und deutlich machen, was meine Kernkompetenzen sind. Ich habe auch tatsächlich die Erfahrung gemacht, dass da ein starker "Rumsprech-Effekt" wirkt. Und ich lass' mir einen Teil planerisch offen. Ich bin also auch dann da, wenn Bedürfnisse entstehen, weil das ganze stets am Wandeln und Verändern ist.

A: Ein Teil der Führungskräfte bei uns ist bezüglich Organisationsentwicklung natürlich auch schon vorgeprägt und die andere Hälfte ist da völlig unbeleckt. Da habe ich auch schon mehrere Versuche gestartet, habe mich einfach vorgestellt, wer ich bin, was ich gemacht habe. Wenn ich dann sage: Ich mache Begleitung der Führungskräfte zu den und den Führungsthemen! Dann war das sehr abstrakt und bin dann auf ziemliches Unverständnis gestoßen.

BS: Das ist es ja auch, wenn einer keine Bilder dazu hat, versteht er unter „Begleitung" nichts.

A: Es hängt im Grunde wirklich an den Beispielen und nicht daran, dass ich sage, was ich alles kann: Moderation, Teamentwicklung und wie die Dinge alle heißen. Wenn ich erzähle, was es sein könnte, und was ich schon gemacht habe, dann fällt es meinen Kunden leichter, Ideen zu haben, was sie denn damit machen, für was sie mich ganz konkret nutzen könnten. Das kommt so langsam. Konkretes Beispiel ist jetzt in der Fusion bei Filialzusammenlegungen die Zusammenarbeit, die den Mitarbeitern schwer fällt. Und da kann es sinnvoll sein, aus Beispielen, die ich schon gemacht habe, mit den Mitarbeitern und Führungskräften daran zu arbeiten.

Jetzt haben sich in der Innengruppe Gemeinsamkeiten in den Erfahrungen und Herangehensweisen stabilisiert. An dieser Stelle werden die Außensitzenden (X, Y, Z) gebeten, ihre Beobachtungen zum bisherigen Diskussionsverlauf mitzuteilen und ihre eigenen Erfahrungen hinzuzufügen.

X: Ich will hier nochmals kurz reflektieren, auf welcher Diskussionsebene wir sind. Für mich hat sich der Fokus ja gewandelt. Wir waren ausgezogen, neue Produkte, ein neues Selbstverständnis der Geschäftsbereichsentwickler zu entwerfen und dafür Marketing zu machen. Vielleicht ist viel wichtiger, dass wir bewusst und intensiv erzählen und überlegen, wem können wir erzählen und wie können wir Beispiele so erzählen, dass es von selbst Kreise zieht, ohne dass wir eine Marketingmaßnahme in einem mehr formalen Sinne machen. Wo stehen wir da?

Y: Mein Gefühl ist, dass wir jetzt an der richtigen Stelle sind, mal auszutauschen, was eigentlich jeder macht und unsere Kernkompetenzen und Kerntätigkeiten noch mal austauschen. Das ist hilfreich, denke ich. Bestimmte Dinge, die gut laufen, kommen einfach weiter. Wenn wir schauen, was wir wirklich können und das bewusster auch in unserem Kreis vermarkten, dann hilft das auch, dass das in andere Gänge weitergetragen wird.

Z: Für mich ist die Frage, wodurch eine Art Stereotyp entsteht über das, was wir hier machen. Und aus der Zentrale höre ich immer wieder, dass die sagen: Na die sind ja schon ziemlich unterschiedlich unterwegs. Die Frage ist: Wie geben wir diesen Teil zurück, wie kommunizieren wir positiv diese Unterschiedlichkeit?

X: Ja, wir müssen sagen, die Unterschiedlichkeit ist bewusst. Wir sind unterschiedliche Geschäftsbereiche mit unterschiedlichen Fokussierungen und es gibt einen gewissen Bereich, in dem wir ähnliches tun und in dem wir ähnlich unterwegs sind. Das haben wir, glaube ich, als Selbstverständnis noch nicht transportiert und auch noch nicht etabliert. Wir haben eher als Verteidigung gedacht, wir müssen uns alle normieren, damit wir da klar positioniert sind und unterschätzen eigentlich, dass wir auch sagen könnten, dass das genau richtig ist. Wir sind ja bundesweit verteilt, ist doch klar, dass da Unterschiede sind.

BS: Wichtig ist hier noch mal zu hören und durch Begegnung und Verstehen des Anderen sich vernetzen ohne zu definieren, was die Norm ist. Also zwei oder drei Dinge erzählen, die ich tue und zwar nicht auf der Soll-Ebene, sondern die mir was sagen, wo ich sage, das macht mir Freude, Geschäftsbereichsentwickler zu sein.

C: Worüber ich mir noch klar geworden bin: Es ist sogar wichtig, den Zusatzeffekt, der durch meine Besonderheiten in meine Arbeit kommt, reinzubringen. Also: Wenn ich dabei bin, ist einigermaßen wahrscheinlich, dass es in die und die Richtung geht.

BS: In unseren Ausbildungen würden wir jetzt eine Übung machen, welche Bilder entstehen, nicht nur durch das, was jemand sagt, sondern auch dadurch wie er es sagt. Die Art und Weise, wie Sie Ihre Dinge vorstellen, ist ausschlaggebend dafür, welche intuitiven Bilder in jemandem wach werden. Und natürlich werden Nachfrage und Angebot auf dem Markt über solche intuitiven Bilder entschieden. Deshalb machen wir in den Ausbildungen auch ganz oft Übungen mit kleinen Marketingsituationen, bevor sich die Teilnehmer gegenseitig beraten. *A* schildert ein Problem und *B*, *C* und *D* machen ein Angebot, was sie jeweils für und mit *A* bezüglich dessen Fall tun würden. Und danach analysieren wir die Bilder, die jemand erzeugt, während er versucht, seine Produkte anzubieten.

Diese metaphorische Anregung wird gegeben, um die Workshopteilnehmer als lernende Professionelle anzusprechen und sie in dem gefundenen Weg des interessierten, zunehmend vertrauensvollen und schöpferischen Austausches zu bestärken. Außerdem transportiert das Beispiel die Idee der intuitiven Spiegelung dessen, was unterschwellig Akzeptanz oder Ablehnung hervorruft. Dadurch wird, wie im Dialog-Modell beschrieben, auf den unbewusst-intuitiven Teil von Kommunikation mitfokussiert. Ohne dass eine entsprechende Übung durchgeführt wird, kann man damit rechnen, dass sie in jedem Suchprozesse und Interesse an solchen Spiegelungen hervorruft.

Es wird deutlich und spürbar, dass die Gruppe eine positive und thematisch relevante Erfahrung miteinander macht, die weniger durch inhaltliche Programmatik und Normierung als durch die Bildung einer Dialogkultur zusammenführt. Dadurch entsteht Gemeinschaft und Teamausstrahlung ohne inhaltliche Gleichschaltung. Möglich wurde dies dadurch, dass die normierende Diskussion, die Kontroversen und Rechtfertigungsargumentationen ausgelöst hat, ausgesetzt und stattdessen durch die Rahmung mithilfe zweier Konzeptionen (Sachorientierung vs. Beziehungsorientierung und randscharf vs. kernprägnant) Offenheit und Interesse gegenüber Erfahrungen und Unterschiedlichkeiten geweckt wurde.

6. Entwicklung von (Lern-)Kultur durch Dialog

Lernen im Sinne von Professionalisierung und der Entwicklung von Persönlichkeit geht in diesem Ansatz einher mit dem Aufsuchen von sinnreichen Inhalten, Methoden und Kontexten. Als Grundelement der Intention des Lernenden bezüglich des Lernens selbst sowie seiner eigenen Entwicklung ist Sinn (von was?) Voraussetzung für kontinuierliche Lernprozesse. Lernkultur ist in diesem Sinne ein wachsendes Ganzes, ein Ensemble von Kulturelementen und sie ist mehr als die Summe ihrer Einzelteile. Kultur kann nicht erschaffen werden in einem Akt der Innovation ("Kulturinnovation"). Kultur braucht einerseits bestimmte Umgebungs- und Entstehungsbedingungen ("Nährboden") im Sinne von Mindestvoraussetzungen für die Einführung kulturschaffender Arrangements und andererseits (vor-) gelebte Kultur in Form von Kulturträgern (vgl. Schmid et al. 2000: 5). Kulturträger leben vor und ziehen sich dann nach und nach zurück. Kultur setzt weiterhin voraus, dass ein Gefühl und Verständnis von Gemeinschaft, ein soziales Kulturverständnis, vorliegt. Die Bedeutung für eine bestimmte Community drückt sich insbesondere in den Begriffen der Professions- und Lernkultur aus.

Unter Nachhaltigkeit wird eine längere Zeit anhaltende Wirkung verstanden. Es scheint interessant, diesen Aspekt auf den Bereich von Bildung und Kulturentwicklung zu übertragen.

Im übertragenen Sinne geht es hier um die Ressourcenorientierung, also nicht mehr zu verändern, als tatsächlich vom System und den Menschen verkraftet werden kann. Die (Weiter-)Entwicklung einer Lernkultur mit Supervisions- und Dialogformen ist in hohem Maße ressourcenorientiert, erwachsenengerecht und dient der Weiterentwicklung anderer Kulturperspektiven wie Kommunikationskultur, Führungskultur und nicht zuletzt Verantwortungskultur.

Schmid geht davon aus, „dass Kultur nur durch Kultur entsteht, eher durch das „Wie" als durch das „Was" der Maßnahmen." Neue Kultur und Kulturwandel entsteht immer aus (vor-) gelebter Kultur und daraus, dass Maßnahmen einen Beispielcharakter haben (vgl. Schmid 2002b: 4).

Genauso verhält es sich mit der Verschränkung von Inhalt und Methode. Berker (1999: 72) betont für die Supervision: „Inhalte und Perspektiven sind die Variablen – Ort und Form die Konstanten, die allerdings feld- und aufgabenspezifisch differenziert gestaltet werden müssen." „the medium is the message" (ebd.). Diese Formulierung bildet auch unser Verständnis und unsere Erfahrungen ab.

Abb. 4: Lernen und Kultur

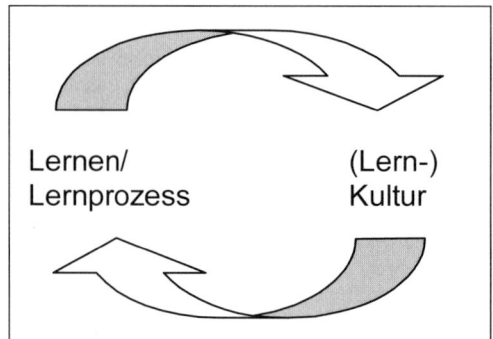

Quelle: Veith 2003, S. 97

An unserem Beispiel aus dem Bankenbereich haben wir verdeutlicht, wie Kulturentwicklung durch dialogische Kommunikation (vgl. Schmid/Messmer 2003) angeregt werden kann. Ein Bewusstsein für implizite Botschaften und mentale Modelle der Teammitglieder entsteht durch die Form des Hörens auf sich selbst, die anderen und das Team insgesamt. Dieses Bewusstsein und das damit verbundene Verstehen des anderen in seiner Art, Dinge zu tun, ist für echte Veränderungs- und Transformationsprozesse wesentlich. Findet es Eingang in eine Arbeits- und Verantwortungskultur des Teams, so entsteht damit weit mehr als ein reines Abstimmen auf der Sachebene, sondern es wird intensiveres kooperatives Handeln möglich, weil sich die Anschlussfähigkeit der Teampartner verändert und verbessert hat.

Im konkreten Prozess eines Dialoges werden hierfür Voraussetzungen geschaffen durch die Art und Weise, wie anhand bestimmter Arbeitsprinzipien vorgegangen wird. Dazu gehören beispielsweise die Gleichwertigkeit im geschlossenen Sitzkreis (mit Innen- und Außenkreis) und das Fehlen einer vorgegebenen Tagungsordnung. Diese dialogische Kultur wirkt auf verschiedenen Ebenen, auf der Teamebene wie auf der persönlichen. Kernkompetenzen von Teammitgliedern werden in ihrer Individualität erkennbar. Unterschiedliche Perspektiven können in ihrem komplementären Ergänzungspotential wahrgenommen werden, was die Kooperation erleichtert. "Außenseiter" und deren Perspektiven können leichter aktiviert und integriert werden (vgl. ebd.).

Im Rahmen von Organisationsentwicklung spielt aus unserer Sicht Kulturentwicklung mit dialog- und beratungsorientierten Elementen eine bedeutende Rolle. Der wichtige Faktor der Leistungs- und Innovationsfähigkeit von Organisationen wird dabei ebenso bedient wie die Menschen in der Organisation als dafür notwendige Ressourcen einbezogen werden.

Literatur

Arnold, R./Schüßler, I. (1998): Wandel der Lernkulturen: Ideen und Bausteine für ein lebendiges Lernen. Darmstadt (Wissenschaftliche Buchgesellschaft)

Berker, P. (1999): Ein Ort für Qualität: Supervision, in: Kühl, W. (Hrsg.): Qualitätsentwicklung durch Supervision. Münster: Votum (64-82)

Butzko, H. (2000): Supervision in Wirtschaftsunternehmen, in: Pühl, H. (Hrsg.): Handbuch der Supervision 2, Berlin: V. Spiess (245-261)

Gudjons, H. (2001): Handlungsorientiert lehren und lernen: Schüleraktivierung – Selbsttätigkeit – Projektarbeit, Bad Heilbrunn/Obb.: J. Klinkhardt

Holzkamp, K. (1996): Wider den Lehr-Lern-Kurzschluß: Interview zum Thema Lernen, in: Arnold, R. (Hrsg.): Lebendiges Lernen, Baltmannsweiler: Schneider-Verlag Hohengehren (21-30)

Kruse, P. (1996): Die Gestaltung von Veränderungsprozessen in Unternehmen und Institutionen: Kurzzeittherapeutische Interventionen und systemtheoretische Grundlagen, in: Eberling, W./Hargens, J. (Hrsg.): Einfach, kurz und gut, Dortmund: Borgmann (201-223)

Schmid, B. (1988): Acceptance Speech – Blackpool, in: Transaktions-Analyse 4/66 (141-163)

Schmid, B. (2002a): Persönlichkeitsentwicklung, professionelle Begegnung und Kulturentwicklung, in: Lernende Organisation, Nr. 6. Wien: ISCT – Institut für systemisches Coaching und Training (6-15)

Schmid, B. (2002b): Organisationskultur und Professionskultur – Überlegungen zu Zeichen am Horizont, in: profile 04-2002, Internationale Zeitschrift für Veränderung, Lernen, Dialog, Köln: Edition Humanistische Psychologie (1-11)

Schmid, B. (2003): Organisationsberatung als Begegnung von Wirklichkeiten und Kulturen, in: Wirtschaftspsychologie aktuell, 1/2003, Heidelberg: R. v. Decker (18-24)

Schmid, B. (2004a): Systemisches Coaching – Konzepte und Vorgehensweisen in der Persönlichkeitsberatung, Bergisch Gladbach: Edition Humanistische Psychologie

Schmid, B. (2004b): Die Theatermetapher in der Praxis, in: Lernende Organisation – Zeitschrift für Management und Organisation, Nr. 18, Wien: ISCT – Institut für systemisches Coaching und Training (56-63)

Schmid, B./Fauser, P. (1994): Systemlösungen im Bereich Humanressourcen, Wiesloch: Institut für systemische Beratung

Schmid, B./Hipp, J./Caspari, S. (2000): Didaktikreader: Handbuch der Lernkultur am Institut für systemische Beratung, Wiesloch: Institut für systemische Beratung

Schmid, B./Wengel, K. (2001): Die Theatermetapher: Perspektiven für Coaching, Personal- und Organisationsentwicklung, in: profile – Zeitschrift für Veränderung, Lernen, Dialog, 01-2001, Köln: Edition Humanistische Psychologie (81-90)

Schmid, B./Messmer A. (2003): Dialogische Kommunikation – die Ausbalancierung von Sach- und Beziehungsorientierung im Unternehmen, in: Lernende Organisation, Nr. 15, Wien: ISCT – Institut für systemisches Coaching und Training (44-49)

Steiner, G. (1981): Nach Babel, Frankfurt am Main: Suhrkamp

Thiel, H.-U. (2000): Zur Verknüpfung von kollegialer und professioneller Supervision, in: Pühl, H. (Hrsg.): Handbuch der Supervision 2, Berlin: V. Spiess (184-200)

Veith, Th. (2003): Kollegiale Beratung und Supervision in der Professionalisierung von Beratern: Die Frage nachhaltiger Lernprozesse und Lernkultur oder: the medium is the message, in: Franz, W./Kopp, R.: Kollegiale Fallberatung – State of the art und organisationale Praxis. Köln: Edition Humanistische Psychologie (93-110)

IV. Teamentwicklung auf den Kopf gestellt – Das GPRI-Modell zur aufgabenorientierten Teamentwicklung[1] *(Hans-Joachim Gergs und Michael Mosner)*

1. Einleitung

Das Unternehmen des 21. Jahrhunderts wird als vernetzt, klein, flexibel beschrieben. Unternehmerische Gesamtverantwortung auf überschaubarer Einheiten dezentralisiert, weshalb Teamstrukturen zu einer zentralen Arbeitsform avancieren (Schneider/Knebel 1995: 8). Teams werden als „Problemlösungsformation der (nahen) Zukunft" (ebd.), als „response to the complexity of modern organization (West 1996) oder als „Schlüssel zur Hochleistungsorganisation" (Katzenbach/Smith 1993) gerühmt.

Unumstritten ist, dass die Leistungen, die Unternehmen wie auch Non-Profit-Organisationen zu erbringen haben immer komplexer werden. Die daraus resultierenden Aufgaben- und Problemstellungen können zumeist nicht mehr von einzelnen Mitarbeiter in der klassischen Linienorganisation bearbeitet werden. Vielmehr müssen quer zur Linienorganisation Projektteams gebildet werden, in denen Experten aus unterschiedlichen Organisationseinheiten mit verschiedenen Vorerfahrungen, Wissens-, Fähigkeits- und Fertigkeitsanteilen zusammen an einer gemeinsamen Aufgabe arbeiten (vgl. Fisch u.a. 2001). Zudem erhoffen sich viele Unternehmen mit der Einführung von Team- bzw. Gruppenarbeit die Realisierung von Flexibilitätszuwächsen und Effizienzvorteilen und damit unmittelbarer Kosteneinsparungen (vgl. das Konzept der teilautonomen Arbeitsgruppen z.B. Antoni 2000). Vor dem Hintergrund dieser Trends ist davon auszugehen, dass Teams in Organisationen auch zukünftig weiter an Bedeutung gewinnen werden und damit auch die Bemühungen, diese Teams möglichst effektiv zu machen.

Die Forschung zu Teams hat jedoch gezeigt, dass eine gut funktionierende Teamarbeit kein Selbstläufer ist. Teams erbringen nicht aus ‚dem Stand heraus' exzellente Leistungen (vgl. Drucker 1995; Hackman 1998; Steiner 1972). Eine Einschätzung, die durch eine Studie von Towers Perrin und von IBM (1993) gestützt wird. Die dort befragten 3000 Führungskräfte bestätigten, dass Teams einen wesentlichen Wettbewerbsvorteil in den kommenden Jahren darstellen und für den Unternehmenserfolg von großer Bedeutung sein werden. Die Zufriedenheit mit der Qualität der Teamarbeit war hingegen eher gering.

Teams sind komplexe und empfindliche soziale Gebilde. Sie stellen ihre Leistungsüberlegenheit auch nicht gleich mit ihrer Gründung zur Verfügung, sondern bedürfen der kontinu-

---

[1] Wir möchten uns bei Rainer Kanschat und Werner Endres von der Abteilung Organisationsentwicklung der AUDI AG für die kritische Durchsicht des vorliegenden Beitrages bedanken. Sie lieferten die uns wertvolle Hinweise und konzeptionelle Ideen zur Weiterentwicklung des GPRI-Modells.

ierlichen Entwicklung und Pflege. Es ist eine der zentralen Aufgaben der Führungskräfte, Teams zu gestalten und kontinuierlich weiter zu entwickeln (Doppler/Lautenburg 2002: 433). Damit ist Teamentwicklung kein Veränderungsprojekt, das ‚dann und wann' erneut angestoßen werden muss, sondern eine Regelaufgabe der Führung. Wenn die komplexen und vernetzten Arbeitsprozesse in einem Team längere Zeit nicht überprüft werden, kommt es früher oder später zu Reibungsverlusten in der Teamarbeit und in der Folge zu emotionalen Spannungen. Jedes Team sollte sich aus diesem Grunde einem regelmäßigen Team-Check, d.h. einer kontinuierlichen Teamentwicklung unterziehen.

Mit dem Begriff Teamentwicklung sind systematische Interventionen gemeint, in deren Rahmen neu gebildete oder bereits bestehende Teams unter qualifizierter Anleitung von Organisationsentwicklern daran arbeiten, ihre Leistungsfähigkeit sowie die Qualität ihrer Arbeitsergebnisse und der Zusammenarbeit zu optimieren (Stumpf/Thomas: 2003: X). Teamentwicklung ist ein Prozess, in dessen Verlauf unterschiedliche Individuen gemeinsam lernen, ihre Kooperation und ihre Kommunikation zu optimieren. Dies bedeutet nicht zuletzt, Störfaktoren zu erkennen und zu eliminieren.

Betrachtet man die bislang vorliegende Literatur zum Thema Teamentwicklung, lässt sich die Vielfalt der Konzepte und Methoden nach drei Ansätzen unterscheiden (vgl. Buller/Bell 1986; Salas u.a. 1999; Stumpf/Thomas 2003):

- *Der Beziehungsansatz:* Hierbei handelt es sich um den etabliertesten Ansatz, da die Wurzeln dieses Teamentwicklungsansatzes in den gruppendynamischen Verfahren liegt, die in den 50er Jahren entstanden und eng mit dem Namen von Kurt Lewin verbunden sind. Dieser Ansatz hat in den 70er Jahren mit den gruppendynamischen Trainingsanätzen einen erheblichen Aufschwung erlebt und hat bis heute seine Bedeutung beibehalten. In diesem Ansatz stehen die ‚soft-facts' des Teamprozesses im Mittelpunkt des Interesses. Es geht darum, das Vertrauen zwischen den Teammitgliedern zu verbessern, Konflikte zu klären und eine offene Kommunikation zu ermöglichen. Die ‚hard-facts', d.h. z.B. die Arbeitsstrukturen und -prozesse werden vielfach ‚nur' als Hintergrundvariablen behandelt.

- *Der Rollenklärungsansatz:* Dieser Ansatz ist bereits weniger deutlich etabliert. Zu diesem Ansatz sind Teamentwicklungsmaßnahmen zu zählen, die darauf ausgerichtet sind, dass die Teammitglieder ihre wechselseitigen Rollen klären und ein besseres Verständnis für diese Rollen und die damit verbundenen Aufgaben, Rechte und Pflichten entwickeln (vgl. Harrison 1977; Belbin 1993; Beck/Fisch 2003).

- *Der Zielsetzungsansatz:* Hierunter fallen Teamentwicklungsmaßnahmen, die dazu dienen, das Gruppenziel und die individuellen Zielsetzungen der Gruppenmitglieder zu klären und zu vereinbaren, sowie Wege zur Erreichung dieser Ziele zu entwickeln. Dieser Ansatz war in den vergangenen beiden Dekaden von nur geringer Bedeutung, gewinnt jedoch in jüngster Zeit an Gewicht.

Das hier vorgestellte GPRI-Modell versucht diese drei Ebenen der Teamentwicklung, d.h. der Beziehungspflege, der Rollenklarheit und der Zielfindung zu verbinden. Diese Verbindung erfolgt jedoch in einer der ‚klassischen' gruppendynamisch orientierten Teamentwicklungen entgegengesetzten Art und Weise. Nicht die Ebene der interpersonellen Beziehungen ist der Startpunkt der Teamentwicklung. Ausgangspunkt einer Teamentwicklung nach dem GPRI-Modell ist vielmehr der Zielfindungsprozess, was der Titel des vorliegenden Beitrages *„Teamentwicklung auf den Kopf gestellt"* verdeutlichen soll.

Dieses Verständnis von Teamentwicklung hat weitreichende Konsequenzen. Die Teilnehmer der Teamentwicklungsmaßnahme reflektieren nicht nur ihr eigenes Umgehen miteinander, d.h. die ‚soft-facts' des Teamprozesses, sondern überprüfen auch die ‚hard-facts', wie z.B. die Ziele des Teams und die Strukturen bzw. Arbeitsprozesse. Hierin ist der entscheidende Unterschied zu den älteren gruppendynamisch orientierten Teamentwicklungsmaßnahmen zu sehen.

Mit dem GPRI-Modell knüpfen wir an das Konzept der „Aufgabenorientierten Teament-wicklung" von Beckard (1972) und Rubin, Plovnick und Fry (1978) an. Im dem folgenden Abschnitt 2 wird zunächst das GPRI-Modell mit seinen vier elementaren Gestaltungsebenen vorgestellt. In Abschnitt 3 werden wir dann an Hand eines Workshopdesigns darstellen, wie das GPRI-Modell in der Praxis der Teamentwicklung angewandt werden kann. Im abschlie-ßenden Resümee (Abschnitt 4) werden wir schließlich auf die Grenzen der Anwendung des GPRI-Modells eingehen.

2. Das GPRI-Modell zur aufgabenorientierten Teamentwicklung

Teamentwicklungsansätze aus der gruppendynamischen Schule konzentrieren sich in der Regel auf die subjektiven Faktoren des Teamgeschehen; die Weiterentwicklung von Struktu-ren und Prozessen wird von ihnen vernachlässigt. Die Stärken der klassischen Teamentwick-lungsansätze sind daher hauptsächlich in der Veränderung der subjektiven Faktoren zu se-hen: im Reflektieren und Aufweichen bestimmter Einstellungen, Erwartungen und Antizipa-tionen, im Beeinflussen der Internalisierung von Normen und Werten. Das GPRI-Modell versucht dieser ‚Subjekt-Falle' zu entgehen, indem es die ‚soft-facts' der Teamentwicklung mit den ‚hard-facts' systematisch verbindet.

Das GPRI-Modell setzt sich aus vier zentralen Gestaltungsebenen zusammen, die hierar-chisch geordnet sind (vgl. auch Beckhard 1972, Rubin/Beckhard 1984)[2]. Nach diesem Mo-dell müssen in einem ersten Schritt der Teamentwicklung die Ziele (Goals) der Zusammen-arbeit geklärt werden. In einem zweiten Schritt geht es dann um eine klare Definition der Arbeits-, Kommunikations- und Entscheidungsprozesse (Processes) im Team. Im dritten Schritt folgt die ‚eineindeutige' Definition von Rollen und Verantwortlichkeiten (Roles and Responsibilities). Und erst zuletzt gilt es, den Umgang miteinander und die dabei ablaufen-den Kommunikations- und sozialen Interaktionsprozesse zu thematisieren.

Wir gehen davon aus, dass die jeweiligen Interventionsebenen (Goal, Processes, Roles und Interpersonal Relationship) top-down und hierarchisch aufeinander aufbauen und im Prozess der Teamentwicklung sukzessive geklärt werden müssen. „In essence", so schreiben Fry, Rubin und Plovnick (1983: 210ff), „these (...) factors are thought to be cassually linked in the sense that interpersonal conflicts are more often than not symptons of real conflicts in (..) goal, role, or procedural areas. Similarly, disagreement over how to make decision, a proce-

---

[2] Gegenüber dem ursprünglichen Modell von Fry, Rubin und Plovnick (1983) haben wir eine zentrale konzeptio-nelle Veränderung vorgenommen. Folgt bei Fry, Rubin und Plovnick (ebd.) auf die Zielklärung die Klärung der Rollen und daraufhin erst die Definition von Arbeitsprozessen (GRPI), räumen wir in unserem modifizierten Mo-dell dem Prozessgedanken einen sehr viel wichtigern Stellenwert ein. Unserer Ansicht nach können Rollen erst dann geklärt werden, wenn die Arbeits- und Kommunikationsprozesse definiert sind (GPRI). Aus diesem Grunde muss der Zielklärung die Prozessklärung direkt folgen.

dural issue, is often the result of unclear and conflicted expectations over who does what, i.e., a role issue. (...) But one thing which becomes immediatly clear is the tendency all grpoups have to mix GRP and I issues".

Abb. 1: Vier Gestaltungsebenen

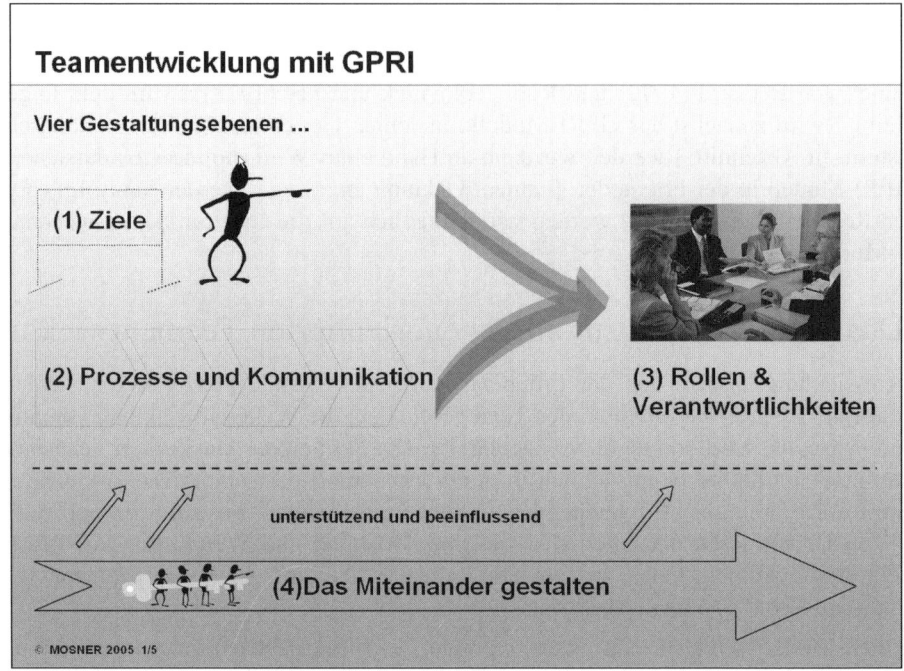

Die im GPRI-Modell vorgesehene hierarchische Anordnung der Gestaltungsebenen dient auch als Checkliste für Interventionen in Teamprozesse. Sind die Probleme tatsächlich auf der Beziehungsebene lokalisiert oder sind sie eher eine Folge unklar definierter Prozesse oder gar ungeklärter Ziele des Teams? Entsprechend müssen auch Maßnahmen der Teamentwicklung an unterschiedlichen Stellen ansetzen. So ist eine Behandlung von Beziehungsproblemen auf der Ebene der sozialen Interaktionsprozesse wenig erfolgreich, wenn diese Ausdruck mangelnder Zielklärung oder unklarer Rollenverteilung sind. Ein leistungsfähiges Team entwickelt sich, so die Grundannahme des GPRI-Modells erst nach-dem es seine Ziele geklärt, die Arbeitsprozesse definiert, die Rollen geklärt und die persönlichen Beziehungen vertieft hat.

Das GPRI-Modell bietet einen Orientierungsrahmen bzw. einen Kompass für die Konzeption der Architektur von Teamentwicklungsprozessen. Es kann sowohl als Diagnose- wie auch als Interventionsinstrument genutzt werden. Wir benennen in diesem Modell die Merkmale erfolgreicher Teamarbeit und setzen Orientierungspunkte, um dem Teamentwicklungsprozess eine gedankliche Linie zu geben. Dabei werden die vier Elementarkategorien Goal, Processes, Roles und Interpersonal Relationship in ihrer Ganzheitlichkeit und ihren systemischen Wechselwirkungen betrachtet und ausgehend von der Zieldefinition systematisch aufeinander abgestimmt.

Zielebene (WAS soll das Team erreichen?)

Teams sind in erster Linie dazu da, Leistung zu erbringen. Deshalb ist es auch sinnvoll Teams nach ihrer Leistungsfähigkeit zu beurteilen. Hohe Leistungsniveaus erfordern klare Ziele, die von allen Mitgliedern eines Teams verstanden und akzeptiert werden. Der Ausgangspunkt im GPRI-Modell ist aus diesem Grunde die Definition bzw. Überprüfung der Teamziele. Nur wenn Ziele klar definiert und Anforderungen an die Arbeitsergebnisse des Teams eindeutig formuliert sind, kann sich ein leistungsstarkes Team etablieren. Wenn die Teammitglieder die Ziele nicht kennen oder nicht akzeptieren, richten sie sich in ihrem Handeln divergent aus und verfolgen gewollt oder ungewollt unterschiedliche individuelle Interessen. Dies steht dem Gesamtinteresse des Teams entgegen, und schmälert dessen Leistungsfähigkeit.

Ziele sind ferner ein wichtiger Faktor für die Anpassungsfähigkeit eines Teams an die Anforderungen aus der Umwelt. Sie bewirken, dass ein Team seine zeitlichen, materiellen und mentalen Ressourcen klar fokussiert. Ein gemeinsames Ziel ist eine grundlegende Voraussetzung dafür, dass die Teammitglieder Engagement, Arbeitsenergie und Kreativität entwickeln können. Das gemeinsame Ziel gibt dem Team seine Identität und einen zentralen Bezugspunkt.

Die Definition von klaren Zielen erfordert jedoch weitaus mehr Sorgfalt, als gemeinhin darauf verwendet wird. „Goal issues are prehaps the most difficult problems faced by teams. (...) because of the subsequent impact of goal ambiguity and conflict on role, procedural, and interpersonal issues, goal problems are also the most critical for teams to solve" (Fry u.a. 1983: 213). Aus den übergeordneten Teamzielen müssen in intensiven Abstimmungsgesprächen mit den Teammitgliedern spezifische, konkrete und messbare Arbeitsziele abgeleitet werden. Solche spezifischen Ziele sind für die Entwicklung des Teams unerlässlich. Sie definieren die angestrebten Arbeitsergebnisse der einzelnen Teammitglieder und zeigen an, wenn diese erreicht worden sind. Spezifische Arbeitsziele fördern darüber hinaus die klare Kommunikation unter den Teammitgliedern und eine faire Haltung bei kontroversen Teamdiskussionen. Zur besseren Orientierung der Teammitglieder sollten schließlich Kriterien zur Bestimmung des Grades der Zielerreichung entwickelt werden. In diesem Zusammenhang kann auch die Einführung eines teamgerechten Kennzahlensystems erwogen werden (vgl. z.B. Pritchard u.a. 1993).

Bei der Zielklärung müssen folgende Fragen beachtet werden:

- Sind die vereinbarten Eckdaten (noch) realistisch? Gibt es absehbare Abweichungen?
- Sind die Ziele (noch) in sich stimmig oder müssen sie neu justiert werden? Stimmen die Prozessziele (noch) mit den Erwartungen der internen Kunden, des Managements überein?
- Passen die Ziele des Teams (noch) zu den Leistungsparametern des Unternehmens?
- Sind die Teamziele (noch) attraktiv? Bieten sie (noch) ausreichend ‚Passung' zu den persönlichen Zielen der Teammitglieder? Werden sie im Team (noch) engagiert geteilt?

Prozessebene (WIE arbeitet das Team?)

Ein Team muss, um seine Ziele verfolgen und erreichen zu können, interne Prozesse und Strukturen aufbauen. Mit der zweiten Gestaltungsebene „Processes" werden Fragen aufgeworfen, wie das Team seine Arbeitsabläufe strukturiert, wie man im Team zu Entscheidungen kommt, wie Treffen organisiert sind und wie das Team seine Schnittstellen zu anderen Teams gestaltet[3]. „Groups are also linked via procedures to the wider organizational arrangements for rewards and ressources allocation. Procedures always have an interfacing quality with the environment" (Bouwen/Fry 1996: 537). Jeder Teamentwicklungsprozess sollte mit dem Neudurchdenken dieser Arbeitsprozesse verbunden sein. Die Teammitglieder müssen kontinuierlich überprüfen, wer mit wem zusammenarbeiten muss, um optimale Arbeitsergebnisse zu erzielen, wer bestimmte Aufgaben übernimmt, wer für welches Teilergebnis verantwortlich ist, welche Zeitpläne aufgestellt werden und wie Entscheidungen innerhalb des Team getroffen werden.

Ähnlich wie bei der Zielklärung, verwenden Teams vielfach zu wenig Zeit und Sorgfalt darauf die Prozesse der Aufgabenerledigung klar zu definieren. Geschieht dies nicht, kann dies erhebliche Produktivitätsverluste bei der Teamarbeit zur Folge haben. Der amerikanische Sozialpsychologe Castell hat dies so formuliert: die tatsächliche Produktivität eines Teams ist gleich der potentiellen, also erwartete Produktivität minus seiner interne Prozessverluste.

Insgesamt muss das Team folgende für die Teamarbeit zentralen Prozessen definieren:

- *Arbeitsprozesse* (Sind die Aufgaben jedes einzelnen Teammitgliedes und dessen Verantwortungsbereich definiert und allen bekannt? Bestehen klare Spielregeln, Verantwortlichkeiten und Zeitleisten? Sind die Aufgaben genügend miteinander vernetzt?)

- *Planungs- und Steuerungsprozesse* (Ist für alle Beteiligten Transparenz in Planung und Steuerung gegeben?)

- *Problemlösungsprozesse* (Auf welche Art werden innovative Lösungen gefunden?)

- *Entscheidungsprozesse* (Wer entscheidet über welche Tatbestände? Wie werden Entscheidungen getroffen? Wer ist daran beteiligt?)

- *Konfliktlösungsprozesse* (Wie werden Konflikte innerhalb des Teams und mit angrenzenden Teams bewältigt?)

- *Kommunikationsprozesse* (Welche Strukturen und Verfahren zur Regelkommunikation sind etabliert?)

Die Rollenebene (WER übernimmt welche Rolle und Verantwortung?)
Ein Team muss, um sinnvoll zusammenhängendes Handeln zu ermöglichen, für die sachliche Konsistenz der Erwartungen der einzelnen Teammitglieder gegenüber den jeweils anderen Teammitgliedern sorgen, indem das Team klare Rollen[4] definiert. Sobald die Arbeitsprozesse

---

[3] Bei der Definition von Arbeitsprozessen im Team erweist sich die Differenzierung nach Kernprozessen und unterstützenden Prozessen als hilfreich. In den Kernprozessen findet die originäre Wertschöpfung statt, d.h. die unmittelbare Erstellung von Produkten und Dienstleistungen für interne oder externe Kunden. Der Aufbau von Kernprozessen (primäre Wertschöpfungsprozesse) benötigt Unterstützung. Zu den Unterstützungsprozessen zählen z.B. die Beschaffung finanzieller, personeller und technischer Ressourcen, die operative Planung und Kontrolle, Prozesse zur Lösung von Konflikten innerhalb eines Teams, Kommunikationsprozesse und der Prozess „Führung".

[4] "Rollen sind relativ konsistente, mitunter interpretationsbedürftige Bündel von Erwartungen, die an eine soziale Position gerichtet sind (...)" (Wiswede 1977: 18). Rollen definieren damit gleichmäßige und regelmäßige Verhaltensmuster. Während sich die Position auf einen ‚organisationalen Ort' in einer Prozesskette bezieht, der denjeni-

in einem Team geklärt sind, müssen Rollen und Verantwortlichkeiten der einzelnen Teammitglieder festgelegt werden. Nur durch eine solche Rollenklärung kann ein hohes Maß an Erwartungssicherheit hergestellt werden (Luhmann 1995: 60). Bildhaft gesprochen, geschieht das Spielen einer Rolle auf einer ‚organisationalen Bühne', d.h. unter den kritischen Augen der Zuschauer und Mitspieler, die den der Rolle zugrundeliegenden ‚organisationalen Text' kennen und hinsichtlich der Qualität der Darbietung der jeweiligen Rollenspieler konkrete Erwartungen hegen.

Rollen setzen damit die Einzelerwartungen der Teammitglieder in eine klare Beziehung zu den Erwartungen der anderen Teammitglieder. Die Verfestigung bestimmter Erwartungen in formalisierten Rollen ist also für das Handeln jedes einzelnen Teammitglieds in doppelter Hinsicht bedeutsam: Jeder weiß was er von den anderen erwarten kann. Er besitzt vorhersehbare Strukturen. Und er weiß was, von ihm selbst erwartet wird. Und: Jeder weiß zugleich, was *nicht* von ihm erwartet wird. Rollen haben, wie auch Prozesse, eine für das einzelne Teammitglied entlastende Funktion (Luhmann 1995: 61).

Die Klärung von wechselseitigen Rollenerwartungen der Teammitglieder ist in Veränderungsprozessen von zentraler Bedeutung. In diesen Situationen kommt es zu einem erhöhten Maß an Rollenambiguität: Die Teammitglieder wissen nicht mehr genau, welche Rolle sie in veränderten Prozessen und Strukturen übernehmen sollen und welche Erwartungen mit ihrer veränderten Rolle verbunden sind. Entsteht in einem Team ein hohes Maß an Rollenambiguität, kann dies erheblich Konflikte auslösen. Dann müssen Verfahren in Gang gesetzt werden, die zu einer Rollenklärung führen[5]. Allerdings leben Teams gewöhnlich in einer dynamischen Umwelt, weshalb sich die Rollen immer wieder ändern. Es zahlt sich daher aus, die Rollenklarheit innerhalb des Teams kontinuierlich zu überprüfen.

Bei der Rollenklärung müssen folgende Fragen beachtet werden:

- Sind die Rollen klar definiert? Wie hoch ist das Maß der Inter- und Intra-Rollen-Konsistenz?

- Wie hoch ist das Maß der Rollenambiguität?

---

gen, die ihn einnehmen, bestimmte Aufgaben, Rechte und Pflichten einräumt, bezieht sich die Rolle auf die Umsetzung dieser Rechte und Pflichten in konkretes Verhalten. Der Rollenbegriff vereinigt dabei die folgenden Aspekte: Steuerung des Verhaltens einer Person in einer Position durch die Rollenerwartungen; die Wahrnehmung und Interpretation solcher Erwartungen durch den Rollenträger; die Umsetzung der Rollenerwartung in konkretes Rollenverhalten durch den Rollenträger. Diese Aspekte beziehen ich auf die Anpassungsreaktionen des Rollenträgers auf gegebene soziale Verpflichtungen. Umgekehrt verfügt der Rollenträger aber auch über die Chance in konkreten Interaktions- und Kommunikationsbeziehungen seine Interpretation der eigenen Rolle gegenüber seinen Rollenpartners durchzusetzen, sich auf Grund persönlicher Fähigkeiten von den Rollenerwatungen zu emanzipieren, um schließlich selbst Maßstäbe und Erwartungen für angemessenes Verhalten in dieser Rolle zu setzen (vgl. Soziologisches Wörterbuch 1988: 651ff).

5   Rollenanalyse-Interventionen helfen die Rollenerwartungen und Rollenverpflichtungen der Teammitglieder zu klären. Als geeignete Methoden haben sich hierbei die Rollenanalyse (RAT) nach Dayal/Thomas (1976) und das Rollenverhandeln nach Harrison (1977) erwiesen. Beide Methoden eigenen sich besonders für neue Teams, können aber auch für bestehende Teams nützlich sein, in denen Rollenambiguität und Rollenkonfusion besteht. Die Methoden beruhen auf der Annahme, dass eine gemeinsame Bestimmung der Rollenerfordernisse für jedes Teammitglied zu einer produktiveren und für alle befriedigenderen Form der Zusammenarbeit führt. An der Ausarbeitung dieser Rollenerfordernisse sind in beiden Methoden alle betroffenen Mitglieder beteiligt (vgl. auch French/Bell 1990: 148ff).

- Gibt es Rollenkonflikte innerhalb des Teams (Inter-Rollenkonflikte, Intra-Rollenkonflikte, Personen-Rollen-Konflikte)

- Gibt es eine Überlastung einzelner Rollen, d.h. sind Teammitglieder überfordert, da sie mit zu vielen Rollen befrachtet sind, dass sie den daraus resultierenden Verpflichtungen nicht mehr gerecht werden können?

Interpersonal Relationship (WIE gehen die Teammitglieder miteinander um?)
Auf dieser Gestaltungsebene kommen wir nun auf das Terrain der Gruppendynamik. Hier geht es um die Beziehungsebene, d.h. um die Zusammenarbeit und den Zusammenhalt innerhalb des Teams, um die Art und Weise in der Konflikte ausgetragen werden und um offene Kommunikation.

Jedes Team setzt sich aus unterschiedlichen Teammitgliedern zusammen, die jeweils eine unterschiedliche persönliche aber auch gesellschaftliche Sozialisation haben, und sich durch unterschiedliche Qualifikationen wie auch Persönlichkeitsmerkmale auszeichnen. Gute Teams zeichnen sich dadurch aus, dass unterschiedliche Fähigkeiten, Kompetenzen und Persönlichkeitseigenschaften der einzelnen Teammitglieder sich in der Zusammenarbeit entfalten können. In einem reifen Team zeigen die Mitglieder Respekt und Rücksicht vor einander. Die Mitglieder solcher reifen Teams haben keine Angst, ehrliches und persönliches Feedback untereinander auszutauschen oder auch Kritik zu üben, denn sie vertrauen darauf, dass die dahinterstehende Absicht von einer konstruktiven Grundhaltung geprägt ist. Die Aufgabe der Führung ist es, diese Einsicht in die Fruchtbarkeit von Vielfalt und den Respekt vor der Andersartigkeit zu fördern.

Von besonderer Bedeutung ist dabei nach unserer Erfahrung die offene Kommunikation. Offenheit ist die Voraussetzung dafür, dass die Mitglieder ehrliche und stabile Beziehungen miteinander eingehen können. Offenheit prägt die Beziehungen zwischen den Menschen ist aber kein leicht zu erreichender und zu bewahrender Zustand. Viel zu viele Menschen haben gelernt, Gefühle und Gedanken, die sie für unannehmbar halten, zu verbergen.

Die Forderung nach ‚totaler Offenheit' allerdings – besonders oft gestellt in Non-Profit-Organisationen – ist unserer Ansicht nach eine Überforderung des berechtigten Bedürfnisses nach Schutz des einzelnen Teammitglieds. In einer Umwelt, in der es ein erhebliches Maß divergierender persönlicher und organisationaler Interessen gibt, ist die Forderung nach einer ohne Grenzen ausgelebten Offenheit problematisch. Hilfreich in diesem Zusammenhang ist das Postulat der ‚selektiven Authentizität', das von Ruth Cohn (1993: 49) geprägt wurde: „Was ich sage, soll echt sein. Jedoch ich wähle, was ich sage, situationsentsprechend ...“

Auf der Gestaltungsebene der „Interpersonal Relationship“ müssen folgende Fragen berücksichtigt werden:

- Äußern sich die Mitglieder des Teams offen und ehrlich?

- Wird Kritik offen und konstruktiv geäußert?

- Handelt das Team bei Meinungsverschiedenheiten eine allseits tragfähige Kompromisslösung aus?

- Fühlt sich jeder angemessen respektiert?

- Werden die Beiträge der einzelnen Teammitglieder vom Leiter des Teams und den anderen Teammitgliedern anerkannt und gewürdigt?
- Werden Unterschiede in Meinungen und Sichtweisen begrüßt?
- Herrscht gegenseitiges Vertrauen?
- Können sich die Mitglieder können aufeinander verlassen?

3. Teamentwicklung mit dem GPRI-Modell – die Anwendung

Grundsätzliches zu den Anwendungsmöglichkeiten des GPRI-Modells

Wie bereits mehrfach angesprochen müssen nach dem GPRI-Modell in einem Teamentwicklungsprozess vier Gestaltungsebenen systematisch und in hierarchischer Folge mit allen Beteiligten „geklärt, verhandelt und vereinbart" werden: Ziele, Arbeitsprozesse & Kommunikation, Rollen & Verantwortung, Spielregeln & Umgangsformen.

Zu jeder der genannten Ebenen haben wir ein spezifisches Set von Leitfragen entwickelt, die in der Moderation eines Teamentwicklungsprozesses variabel einsetzbar sind. Je nachdem, ob es sich z.B. um die Entwicklung eine Projektteams, die Arbeit mit einer Linienabteilung, die Durchführung einer Bereichsentwicklung oder die Klärung der Schnittstellenfunktionen zwischen Teams handelt, lassen sich die genannten Leitfragen situationsspezifisch ergänzen und abwandeln.

Abb. 2: Leitfragen zu den einzelnen Gestaltungsebenen

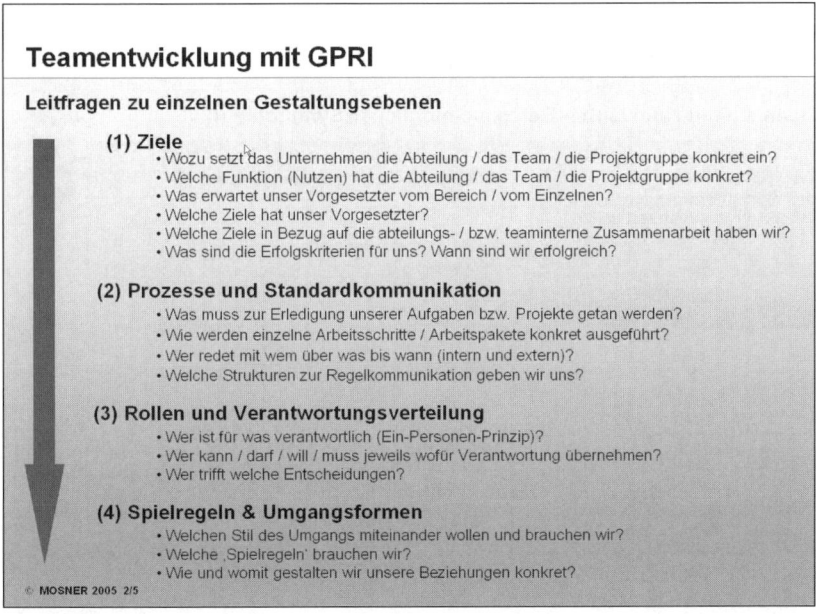

Dieses Konzept situativ veränderbarer Leitfragen ist als ein ‚pattern', ein Grundmuster zu verstehen. Wir haben es mittlerweile vielfach in den verschiedensten Anwendungsbereichen

‚getestet' – und es erweist sich immer wieder als ein hervorragendes Mittel, um schnell ein qualitativ hochwertiges und passgenaues Beratungs- und Workshopdesign zu entwickeln.

Eine Verwendungsmöglichkeit für das GPRI-Modells ist also, es als ‚leitfragen-gestütztes Planungsinstrument' zur Team- Abteilungs- und Bereichsentwicklung zu nutzen. Ferner kann das GPRI-Modell aber auch als Analyseinstrument genutzt werden. In Workshops oder in Einzelinterviews mit den Beteiligten können auftretende Symptome identifiziert und den vier Ebenen des GPRI-Modells zugeordnet werden (wohl wissend, dass es – bezogen auf die vier genannten Gestaltungsebenen – erhebliche ‚Symptomverschiebungen' geben kann), um anschließend nach Lösungsmöglichkeiten zu suchen.

Wir haben in unserer Beratungspraxis sehr häufig erlebt, wie emotional hochaufgeladene Teamsituationen durch diese Vorgehensweise versachlicht werden konnten. Grund dafür scheint zu sein, dass die Sorge, dass ‚Schuldige' für eine mangelhafte Teamperformance oder vorhandene Mängel und/oder Fehlerhäufungen gefunden werden sollten, bei den Beteiligten massiv zurückging und einer Haltung interessierter ‚Selbsterforschung' Platz machten. Die klar strukturierte Vorgehensweise von den ‚hard-facts' (Ziele und Prozesse) zu den ‚soft-facts' (Rollen und Zusammenarbeit) empfinden die Mitglieder eines Teams vielfach als eine ‚schützende' Vorgehensweise, die eine offene Form der Kommunikation erst ermöglicht.

In den Teams und Subteams des IT-Bereichs eines Pharmaunternehmens, das sich vorgenommen hatte, geeignete Selbststeuerungsmechanismen zu entwickeln, sah die Palette der aufgetretenen Symptome beispielsweise wie folgt aus:

Abb. 3: Teamentwicklung mit GPRI (I)

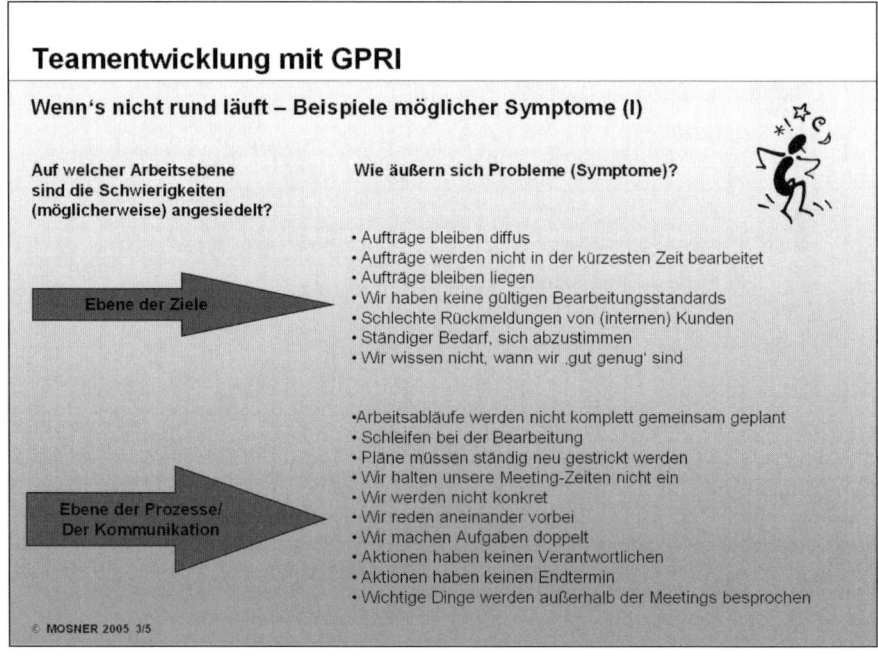

Abb. 4: Teamentwicklung mit GPRI (II)

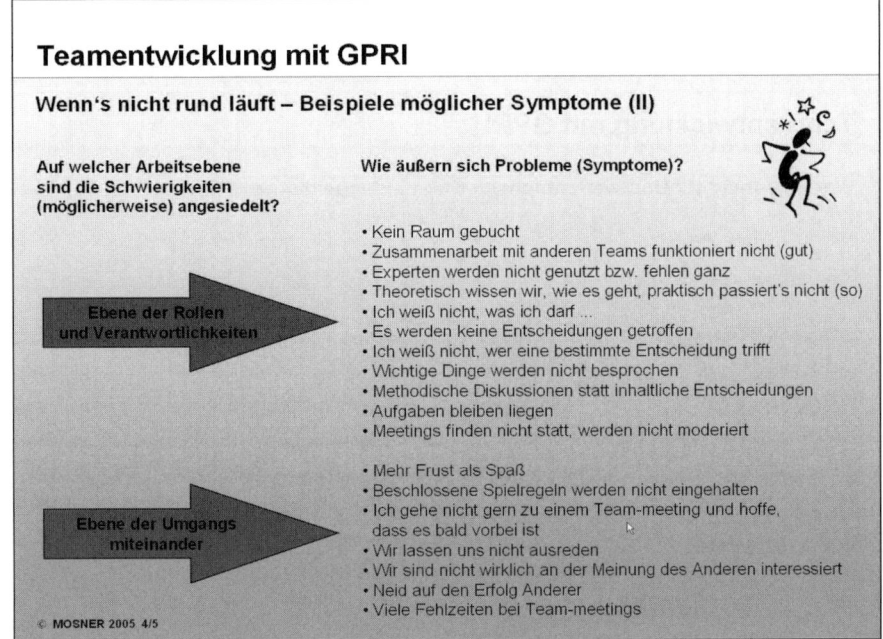

Die Abbildung von Symptomen, die das Team subjektiv erlebt, auf die verschiedenen Ebenen des GPRI-Modells, kann erste Lösungsansätze auf der jeweils zum Symptom passenden Gestaltungsebene anregen.

Eine zentrale Frage gut organisierter Teams betrifft das Thema der Entscheidungen: Wer entscheidet? Und wer entscheidet, wie entschieden wird? Hinsichtlich dieser Fragen herrscht oft Verwirrung, mit der Folge, dass der oftmals zeit- und ressourcenraubende Versuch gestartet wird, die Lösung dieses Themas dem freien Spiel der Kräfte zu überlassen.

Zur Klärung dieses zentralen Steuerungsaspektes haben wir das GPRI-Modell um eine Leitidee ergänzt, die wir in Teamentwicklungsworkshops allen Beteiligten vorab zur Verfügung stellen:

Auf dem Weg von der Entscheidungsnotwendigkeit (N) bezüglich eines Themas bis hin zur Entscheidung (E) machen oftmals verschiedenste Personen ihren Einfluss geltend – aus den unterschiedlichsten Interessen heraus, autorisiert oder auch nicht, verdeckt oder offen, mit den verschiedensten Mitteln von der sachlichen Weitergabe relevanter Informationen bis hin zu verdeckter, aktiver ‚Mikropolitik'. Dem Entscheidungsergebnis und dem Teamklima ist der unangemessene Teil dieser Aktivitäten natürlich nicht zuträglich.

Unsere Empfehlung zu einer effizienten Entscheidungsfindung ist es, zu jedem relevanten Thema vorab Transparenz herzustellen: Wer steuert zu einer anstehenden Entscheidung Informationen bei, wer bringt eine aktive Beratungsleistung ein und wie wird schlussendlich entschieden. Entscheidet der Team-/ oder Bereichsleiter bezüglich des anstehenden Themas? Entscheidet ein Fachexperte? Entscheidet das Team, und wenn ja, wie? Konsens oder Mehrheit? Und was ist, wenn sich jemand des Votums ‚enthält'? Das sind Fragen, die helfen (wenn sie frühzeitig und eindeutig geklärt sind), viel an Zeit, Energie und Ärger zu sparen.

Abb. 5: Teamentwicklung mit GPRI (II)

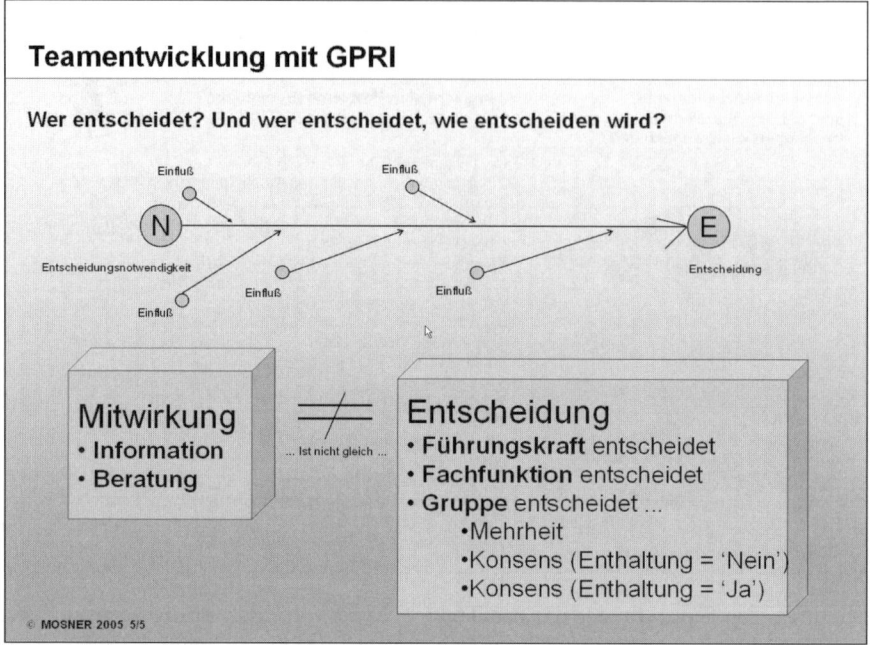

Ablaufplan für einen Teamentwicklungsworkshop mit GPRI

Im folgenden stellen wir ein konkretes Workshopdesign vor, das die Anwendung des GPRI-Modells in Prozessen der Teamentwicklung verdeutlichen soll. Dieses Workshopdesigns kann angepasst werden für ein Team, eine Abteilung oder eine Projektgruppe. Im nachfolgenden werden diese unterschiedlichen Konstrukte der Einfachheit halber immer ‚Team' genannt.

Der Zeitaufwand für die Entwicklung eines kleineren Teams (ca. 4-7 Personen) ist hier geschätzt auf 1 ½ Arbeitstage. Der Workshop gliedert sich in insgesamt fünf Phasen:

Erarbeitung von ...

...Zielen	170 Min.
...Prozessen & Kommunikation	230 Min.
...Rollen & Verantwortung	90 Min.
...Beziehungen im Team & Werte	70 Min.
...Bilanz ziehen	30 Min.

Phase 1: Ziele

Ziele erarbeiten, wie geschieht das im Teamentwicklungsworkshop konkret? In einem ersten Schritt werden durch die Beteiligten die Kernziele des Teams definiert (Helikopter-Ansatz).

Im zweiten Schritt werden dann die daraus ableitbaren konkreten (operativen) Teil- oder Unter-Ziele erarbeitet.

Phase 1.1: Kernziele
Kernziele beschreiben den Zweck, die Mission, den Auftrag des Teams. Die Begründung der Existenz des Teams leitet sich direkt aus den Kernzielen ab. Kernziele werden erarbeitet, um zu vermeiden, dass die Teammitglieder von unterschiedlichen Grundannahmen ausgehen. Die Kernziele werden wie folgt erarbeitet:

Schritt 1 (20 Min.):
Jedes Teammitglied formuliert in 1-2 Sätzen die Kernziele des Teams unter Berücksichtigung folgender Fragen:
1. Wer nimmt die Leistung des Teams ab, bzw. wer ist, sind die Kunden des Teams?
2. Wer sind die am Ergebnis des Teams Beteiligten und die davon Betroffenen?
3. Was möchte jeder der Beteiligten für sich persönlich erreichen?
4. Wann ist das Team erfolgreich? (hier ist die Definition messbarer und überprüfbarer Kriterien wichtig!)

Jedes Statement (Wir sind dann erfolgreich, wenn ...) wird an eine Pinwand geheftet (mit Namen). So entsteht ein Gesamtüberblick über die Ansichten aller Teammitglieder.

Schritt 2 (15 Min.)
Ein Moderator unterstützt das Team bei der Erarbeitung zweier Listen (auf Pinwand) zu folgenden Themen:
1. In diesen Punkten stimmen wir überein.
2. In diesen Punkten stimmen wir nicht überein.

Schritt 3 (30 Min.)
Das Team einigt sich in einer Diskussion mit Unterstützung des Moderators auf abgestimmte, gemeinsame Kernziele.

Schritt 4 (30) Min.
Ein Teammitglied formuliert die erarbeiteten Kernziele des Teams aus. Das ganze Team prüft im Anschluss die ausformulierten Kernziele auf ihre Stimmigkeit und Kohärenz.

Phase 1.2: Operative Ziele
Die operativen Ziele dienen der Umsetzung der übergeordneten Kernziele und werden als Messkriterien der erbrachten Leistung herangezogen. Es ist von großer Bedeutung, dass alle Teammitglieder mit den operativen Zielen einverstanden sind, damit ein gemeinsames Verständnis über die Leistungs- und Erfolgskriterien im Team entstehen kann. Operative Ziele werden wie folgt erarbeitet:

Schritt 1 (10 Min.)
Ausgehend von den Kernzielen, notiert jedes Teammitglied 3-4 operative Ziele, die der Umsetzung der Kernziele dienen.

Schritt 2 (15 Min.)
Der Moderator notiert je eine Idee je Teammitglied, bis alle Ideen auf dem Flipchart zu sehen sind (ohne Redundanzen).

Schritt 3 (20 Min.)
Die operativen Ziele werden anschließend innerhalb des Teams diskutiert und abgestimmt.

Schritt 4 (30 Min.)
Das Team diskutiert die vier wichtigsten operativen Ziele solange bis ein tragfähiger Konsens entwickelt ist.

Phase 2: Arbeits- und Kommunikationsprozesse

Phase 2.1: Arbeitsprozesse
Sind die Ziele des Teams ausreichend geklärt, lassen sich nun die wesentlichen Arbeitsprozesse (wertschöpfende Prozesse, Unterstützungs- und Steuerungsprozesse) erarbeiten. Wie geht das?

Schritt 1 (10 Min.)
Jedes operative Ziel wird auf eine Metaplan-Karte geschrieben und an die Pinwand geheftet. Die Kern-, Unterstützungs- und Führungsprozesse des Teams werden ebenfalls definiert und auf eine separate Pinwand gehängt.

Schritt 2 (15 Min.)
Das Team einigt sich auf die 5-7 wichtigsten Ziele.

Schritt 3 (45 Min.)
Jedes Teammitglied bearbeitet jeweils ein Ziel. Das Teammitglied schreibt die zur Umsetzung des jeweiligen Zieles notwendigen Aktivitäten und Aufgaben auf Kärtchen (z.B. eine Marktstudie oder Befragungen durchführen, Daten analysieren, ...). Die Teammitglieder werden dazu aufgefordert so viele Ideen wie möglich zu notieren (Brainwriting!). Die Kärtchen werden sofort an eine Pinwand geheftet, als Hilfe für die anderen Teammitglieder.

Schrift 4 (30 Min.)
In diesem Schritt werden zunächst die Mehrfachnennungen entfernt. Das Team einigt sich auf die wesentlichen Aktivitäten, d.h. auf solche, die für Kunden oder Auftraggeber einen wesentlichen Mehrwert stiften bzw. zur Unterstützung der Kernprozesse unabdingbar sind. Die restlichen Kärtchen werden entfernt.

Schritt 5 (30 Min.)
Die von den Teammitgliedern genannten Aktivitäten und Aufgaben werden nun zu sinnvollen Prozessketten (Arbeitsabläufen) zusammengestellt. So bekommt das Team eine Übersicht über die wesentlichen Kernprozesse. Daraufhin muss das Team die Prozess- und Ergebnisverantwortung für den jeweiligen Prozess klären.

Phase 2.2: Kommunikationsprozesse
Zur Unterstützung der Arbeitsprozesse braucht es eine vereinbarte Standard- oder Regelkommunikation. „Brauchen wir Montags um 9 Uhr eine kurze Stehkonferenz zum abklären der Wochenaktivitäten?" „Wie oft, wie lange und in welcher Besetzung treffen wir uns zum Abteilungsmeeting?" „In welcher Form nutzen wir unser Mailsystem, um uns auf dem laufenden zu halten, ohne dass wir uns zuviel oder zuwenig Information geben?" Das sind z.B. einige Fragen zur Entwicklung einer geeigneten Form der Regelkommunikation. Wie lässt sich eine passende Struktur der Standardkommunikation erarbeiten?

Schritt 1 (30 Min.)
Die Gruppe sammelt Ideen: „Wer muss wann mit wem auf welche Art und Weise eine systematische Kommunikation pflegen, damit die gerade definierten Arbeitsprozesse funktionieren können?" Jede Idee wird auf eine Metaplankarte geschrieben und sofort aufgehängt.

Schritt 2 (60 Min.)
In einem Diskussionsprozess werden die Karten gesichtet und passende Kommunikationsstrukturen erarbeitet (Regelkommunikation: WER, WANN, in welcher Struktur, mit WEM, mit welchen ZIELEN?).

Schritt 3 (10 Min.)
Es werden Verantwortliche gefunden für den Aufbau und den Erhalt der Strukturen zur Regelkommunikation (von ‚Raumbuchung' über ‚Moderation' bis hin zu ‚Erstellung eines Ergebnisprotokolls').

Phase 3: Rollen und Verantwortung
Eine wichtige Frage in der erfolgreichen Teamarbeit ist nach die nach den Rollen und der Verantwortung der jeweiligen Beteiligten. Die Frage nach den Rollen der Beteiligten und der Betroffenen sollte sich allein aus der Verantwortungsverteilung ergeben und aus der realistischen Einschätzung, ob diese Verantwortung tatsächlich übernommen werden kann. Die Gestaltungsebene „Rollen und Verantwortung" wird wie folgt bearbeitet:

Schritt 1 (20 Min.)
Die Teammitglieder s erneut die Kern- und/oder operativen Teamziele, sowie die in Phase zwei definierten Prozesse.

Schritt 2 (10 Min.)
Das Team bestimmt in einer Diskussion die für das jeweilige operative und/oder Kernziel verantwortliche Person. Damit eine eindeutige Zuordnung von Ziel und verantwortender Person erreicht werden kann, müssen hier u.U. Ziele so aufbereitet und ‚gesplittet' werden, dass eine Zuordnung zu persönlicher Verantwortung möglich ist.

Schritt 3 (30 Min.)
„Woran merken Sie konkret, dass die einzelnen Personen ihrer Verantwortung gerecht werden?" Die Personen, die Verantwortung für ‚ihre' Ziele übernommen haben, stellen eine Liste mit konkreten Erfolgsmerkmalen auf.

Schritt 4 (30 Min.)
Verabredung eines geeigneten Prozesses für die Kommunikation der getroffenen Entscheidungen zu Bereich Rollen und Verantwortung nach außen (jenseits der Teamgrenzen) an relevante Beteiligte.

Phase 4: Beziehungen im Team – Erarbeitung der gemeinsamen Werte
Ein kritischer Erfolgsfaktor für die Leistung und den Zusammenhalt eines Teams ist die Erarbeitung und vor allem die aktive Umsetzung gemeinsam geteilter Werte. Diese Werte werden wie folgt gemeinsam erarbeitet:

Schritt 1 (20 Min.)
Folgende Fragen werden auf Moderationskarten geschrieben (Jede Antwort auf eine Karte):

- „ Wie müssen wir im Team miteinander persönlich umgehen, wenn wir unsere vereinbarten Ziele erreichen wollen?"
- „Wie müssen die Teammitglieder miteinander umgehen, damit es mir persönlich Spaß macht, hier im Team zu arbeiten?"
- „Was darf unter uns auf keinen Fall passieren?"

Die Teammitglieder erarbeiten in Einzelarbeit ihre drei wichtigsten, persönlichen Werte, schreiben diese auf Metaplankarten und heften diese an eine Pinwand.

Schritt 2 (10 Min.)
Die Karten werden nun zu thematischen Clustern zusammengestellt (nach Interpretations-Check, bei Unterschieden Einigung durch Diskussion herstellen).

Schritt 3 (30 Min.)
Die Teammitglieder übersetzten die herausgearbeiteten Gemeinsame Werte gemeinsam in konkrete, kurze Verhaltensbeschreibungen

Schritt 4 (10 Min.)
Die Ergebnisse aus Schritt 3 werden auf max. 5 Verhaltensbeschreibungen reduziert, die dann in das Projektcontrolling übernommen werden.

Phase 5: Bilanz ziehen
Im letzten Workshopabschnitt geht es darum, Bilanz zu ziehen, die Ergebnisse ein letztes Mal in der Zusammenschau zu sichten, auf Konsistenz zu prüfen und letzte Verabredungen zu treffen.

4. Resümee und Ausblick

Karsten Trebesch hat recht, wenn er fordert, dass die Organisationsentwicklung – und Teamentwicklung ist unsrer Ansicht nach ein wichtiger Bestandteil von Organisationsentwicklung – zukünftig in ihrem Beratungsgeschäft ebenso wie in ihrem Selbstverständnis mehr „ökonomische und strukturelle Bezüge" herstellen müsse (Trebesch 1998: 37-39). Das hier vorgestellte GPRI-Modell versucht dieser Forderung gerecht zu werden, in dem es die Bedeutung der strukturellen Elemente der Teamarbeit, d.h. der Ziel- und Prozessklarheit hervorhebt. Schlechte interpersonale Beziehungen, so die Grundannahme des GPRI-Modells, stellen oft nur Symptome dar. Die Ursachen hierfür sind vielfach in den Gestaltungsebenen höherer Ordnung, d.h. der Zielen, Prozessen und Rollen zu suchen. Differieren die Vorstellungen der Teammitglieder hinsichtlich zentraler Fragestellungen, wie z.B. dem Vorgehen in einem Projekt, dem Einsatz bestimmter Methoden oder dem Anspruch an das Arbeitsergebnis, kann dies ebenfalls zu interpersonalen Konflikten führen. Eine nachhaltige Lösung dieser Konflikte kann, so die Grundannahme des GPRI-Modells nur erreicht werden, wenn sich die Teammitglieder zunächst mit den Gestaltungsebenen höherer Ordnung befassen.

Es gibt aber Ausnahmen von der strikt hierarchischen Bearbeitung der vier Gestaltungsebenen des GPRI-Modells. Ein Thema niedriger Ebene muss dann vorzugsweise behandelt werden, wenn es die Lösung eines Problems höherer Ordnung verhindert. Wenn es z.B. auf der Ebene der Ziele und Prozesse nicht weitergeht, lohnt allemal der Blick auf die unterste Ebene, die Ebene der „Interpersonal Relationships". Blockaden auf der Ziel- oder der Prozessebene müssen genau überprüft werden und dürfen nicht nur als Sachproblem verstanden werden. Es muss dann um die Erkundung hintergründiger Motive für die Blockade gehen und der Berater muss zusammen mit den Teammitgliedern erforschen, wie sich eventuell ungelöste Spannungen auf der Beziehungsebene als verdeckte Störungen auf die übergeordneten Gestaltungsebenen des GPRI-Modells auswirken. Ein Berater muss situativ flexibel reagieren können und während des gesamten GPRI-Prozesses die Beziehungsebene mit im Blick behalten. Er muss den Teammitglieder bei Bedarf immer auch Raum geben, das anzusprechen, was unterhalb der Sachebene schwelt. Nur so lassen sich Konflikte und Widerstände ohne größere Reibungsverluste managen.

Darüber hinaus muss im gesamten Teamentwicklungsprozess der Umweltbezug mitthematisiert werden. Ein Team existiert, wie jedes soziale System nur dadurch, dass es sich von seiner Umwelt unterscheidet. Teams sind, zumal in großen Organisationen, keine isoliert arbeitenden Einheiten. Erst ihre Verknüpfung durch Kommunikation mit Ihrer Organisationsumwelt, d.h. z.B. mit anderen Teams bestimmt und variiert die zu erfüllenden Anforderungen. Dabei geht es nicht um ein bloßes Zusammenfügen einzelner für sich bestehender Teams. Vielmehr erhalten die einzelnen Teams ihr eigenständiges Profil erst aus dem, was woanders geschieht. Nur wenn die Gruppe eine eigene Identität entwickelt, kann sie sich in konstruktiven Austauschbeziehungen mit ihrer äußeren Systemumwelt treffen. Ein Team als umweltbezogenes, adaptives System zu sehen heißt, die Kontingenzen und Restriktionen der relevanten Umwelten stringent in die Analyse von Teamprozessen und -aktivitäten einzubeziehen. Es darf in der Teamentwicklung also nicht mehr nur um ‚systemimmanente Arbeit' innerhalb des Teams gehen, die Stärkung der Beziehungsfähigkeit zur Umwelt des Teams muss ferner ein wichtiges Ziel der Interventionsmaßnahmen sein.

Schließlich gilt es noch, zwei wichtige Grenzen der Anwendbarkeit des GPRI-Modell zu benennen. Ein zentrales Anliegen des GPRI-Modells ist es, auf den strukturellen Ebene der Ziele, Prozesse und der Rollen und Verantwortlichkeiten ein hohes Maß an Transparenz herzustellen. Nun ist Transparenz ein zweischneidiges Schwert. Auf der einen Seite kann durch Transparenz die Effizienz und Effektivität des Teams erhöht werden, auf der anderen Seite sind, so unsere Erfahrungen in einigen Teamentwicklungsprozessen, Führungskräfte wie auch bestimmte Mitarbeitergruppen aus machtpolitischen Gründen an Transparenz nicht interessiert. Führungskräfte versuchen vielfach Ziele bewusst unklar zu halten, um zum einen nicht selbst messbar zu werden und zum anderen, um die Anforderungen an die Mitarbeiter nach Gutdünken ändern zu können. Es geht hier um die Kontrolle einer Unsicherheitszone, durch die Führungskräfte ihre Handlungsautonomie und ihre Macht gegenüber ihrem Team zu sichern versuchen. Transparenz und Eindeutigkeit sind im Rahmen dieses machtpolitischen Kalküls dann nur hinderlich. Die Anwendung des GPRI-Modells muss bei einer solchen inneren Ausrichtung von Führungskräften bezüglich ihres Handelns scheitern. Das GPRI-Modell ist so gesehen auch ein ‚Kristallisationspunkt' in der Auseinandersetzung mit dem eigenen Führungsverständnis.

Umgekehrt versuchen ‚das gleiche Spiel' oftmals auch Mitarbeiter, um die Beurteilbarkeit von Leistung und Verhalten durch die Erhaltung von ‚Grauzonen' in Bezug auf die vier Ebenen von GPRI zu erschweren. In beiden Situationen ist das Mittel der Wahl, unangemessene machtpolitische ‚Verschleierungsaktivitäten', die eine effiziente Teamentwicklung verhindern, deutlich zu thematisieren.

Literatur

Antoni, Conny H. (2000): Gruppenarbeit im Unternehmen, Weinheim: Psychologie Verlags Union

Beckhard, R. (1972): Optimizing team-building efforts; in: Journal of Contemporary Business 1: 23-32

Belbin, R.M. (1993): Team Roles at work: A strategy für human resource management; London: Butterworth Heinemann

Bouwen, R./R. Fry (1996): Facilitating group development: Interventions for a relational and contextual construction; in: West, M.A. (Ed.): Handbook of work group psychology- Chister: Wiley (531-552)

Buller, P.F./C.H. Bell (1986): Effects of team building and goal setting on productivity: A field experiment; in: Academy of Management Journal 2: 305-328

Cohn R. (1993): Es geht ums Anteilnehmen; Freiburg/Basel/Wien: Herder

Dayal, I./J.M. Thomas (1976): Operation KPE: Developing a new organization; in: The Journal of Applied behavioral Science 4: 473-506

Doppler, K./Ch. Lautenburg (2002): Change Management. Den Unternehmenswandel gestalten; Frankfurt/New York: Campus

Drucker, Peter (1995): Managing in time of great change; Oxford: Butterworth-Heinemann

Dyer, W.G. (1995): Teambuilding. Current issues and new alternatives; Reading Massachusetts: Addison Wesley

Fisch, R./D. Beck/B. Englisch (Hg.) (2001): Projektgruppen in Organisationen; Göttingen: Verlag für angewandte Psychologie

French, W.L./C.H. Bell (1990): Organisationsentwicklung, 4.Auflage; Bern/Stuttgart/Wien: Paul Haupt

Hackman, J.R. (1998): Why teams don't work; in: R.S. Tindale/L.Heath/J. Edwards/E.J. Posavac/F.B. Byrant/Y. Suarec-Balacazar/E.Henderson-King (eds.): Social psychological applications to social issues, Vol. 4, theory and research on small groups; New York: Plenum Press (245-267)

Harrison, R. (1977): Rollenverhandeln: Ein harter Ansatz zur Teamentwicklung; in: Sievers, B. (Hg.): Organisationsentwicklung als Problem; Stuttgart: Klett-Cotta (116-133)

Katzenbach, J.R./D.K. Smith (1993): The discipline of teams; in: Harvard Business Review, March-April: 111-120

Lexikon zur Soziologie (1988): herausgegeben von W. Fuchs/R. Klima/R. Lautmann/O. Rammstedt/H. Wienold; Opladen: Westdeutscher Verlag

Luhmann, N. (1995): Funktionen und Folgen formaler Organisationen, 4. Auflage; Berlin: Duncker & Humblot

Pritchard, R. D./U. Kleinbeck/K.-H. Schmidt (1993): Das Managementsystem PPM. Durch Mitarbeiterbeteiligung zu höherer Produktivität; München: Beck

Rubin, I./M. Plovnick/R. Fry (1978): Task-oriented team development; New York: Mc Grwa-Hill

Rubin, I./R. Beckhard (1984): Factors influencing the effectivness of health teams; in: Kol, D.A./I. Rubin/J.M. McIntire (eds.): Organizational psycholgy: readings in human behavior in organisations; London: Prentice Hall (199-209)

Salas, E./D. Rozell/B. Mullen/J.E. Driskell (1999): The effect of teambuilding von performance; in: Small Group Research 3: 309-329

Schneider, H./H. Knebel (1995): Team und Teambeurteilung: Neue Trends in der Arbeitsorganisation; Köln: Wirtschaftsverlag Bachem

Steiner, I.D. (1972): Group process and productivity; New York: Academic Press

Stumpf, S./A. Thomas (2003): Einleitung; in: dies. (Hg.): Teamarbeit und Teamentwicklung; Göttingen/Bern/Toronto: Hogrefe (3-34)

Towers Perrin/IBM (1993): Priorities for competitive advantage. New York: Towers Perrin

Trebesch, K. (1998): Die Entwicklung der Organisationsentwicklung; in: Organisationsentwicklung 3: 37-39

West, M.A. (1996): Introducing work group pschology; in: ders. (ed.): Handbook of work group psychology; Chichester: Wiley (XXV-XXXIII)

Wiswede, G. (1977): Rollentheorie; Stuttgart/Berlin/Köln/Mainz: Kohlhammer

V. Ermittlung des Weiterbildungsbedarfs in kleinen und mittleren Unternehmen *(Carola Iller und Annika Sixt)*

1. Die Ausgangssituation

Das Erziehungswissenschaftliche Seminar der Universität Heidelberg hat im Rahmen des Projekts „Erprobung von Instrumenten zur Bildungsbedarfsanalyse in kleinen und mittleren Unternehmen (KMU)"[1] gemeinsam mit neun Unternehmen aus zwei Branchen (Einzelhandel und Handwerk) Fallstudien durchgeführt, in denen Instrumente zur Weiterbildungsbedarfsermittlung im betrieblichen Kontext erprobt und (weiter-) entwickelt wurden. Dabei sollten folgende drei Aspekte im Mittelpunkt der Fallstudienuntersuchung stehen:

- Methodische Erprobung von Instrumenten zur Ermittlung des betrieblichen Bildungsbedarfs in kleinen und mittleren Unternehmen, um so ein langfristig einsetzbares Instrumententool für Unternehmer/innen zu erstellen.
- Die Erhebung der aktuellen Situation in den Betrieben, insbesondere unter dem Fokus von Qualifizierung und Tätigkeitsanforderungen.
- Die Gewinnung von Einschätzungen und Prognosen der Unternehmer/innen und Mitarbeiter/innen bezüglich ihrer Tätigkeit, ihres betrieblichen Umfelds und ihrer Branche.

Die Literaturauswertung zu Beginn des Projektes ergab, dass kein Mangel an Methoden und Instrumenten zur Bedarfsermittlung existiert, dennoch wurde deutlich, dass in der betrieblichen Praxis meist nur ein kleiner Teil davon verwendet wird. Dies ist u.a. auf die Komplexität und z.T. auf die Realitätsferne des bisher zur Verfügung stehenden Instrumentariums zurück zu führen. Zudem wird in der Literatur darauf hingewiesen, dass aufgrund allgemeiner Planungsdefizite und kürzerer Planungszyklen erfahrungsgemäß in KMU eine Bedarfsbestimmung entweder gar nicht oder nur ad hoc durchgeführt werden kann. Bisher wird Weiterbildungsbedarf zum einen aus den betrieblichen Funktionalbereichen und zum anderen aus den Arbeitsbereichen der einzelnen betrieblichen Akteure abgeleitet. Sich ändernde Technologien spielen dabei oft eine herausragende Rolle. Darüber hinaus zeigt sich ein Trend zur Selektivität für bestimmte Berufsgruppen (Facharbeiter, Führungskräfte).

Die vorhandenen Instrumente können zwischen Analyseverfahren und Erhebungsverfahren unterschieden werden (vgl. Gerhard 1991). Unter Analyseverfahren versteht man Instrumente, mit deren Hilfe man aus bereits bestehenden Daten Informationen über Bedarfe ermitteln kann. Dazu zählen neben der Auswertung von Fach- und Forschungsliteratur, die Sichtung von visuellen Medien, Weiterbildungsprogrammen, Seminardaten und Teilnehmerangaben aber auch die Analyse von Stellenausschreibungen, Tätigkeitsprofilen und Qualifikationsan-

---

[1] Entwicklungsprojekt im Rahmen des LEARN-Teilprojekts „Erhöhung der Weiterbildungsbeteiligung in kleinen und mittleren Unternehmen". „LEARN-Lernen und Arbeiten Rhein Neckar" ist eine Initiative der Stadt Mannheim und wurde durch das Förderprogramm „Lernende Regionen" des Bundesministeriums für Bildung und Forschung mit Unterstützung des ESF finanziert.

forderungen sowie Unternehmensunterlagen, bspw. Bilanzen oder Statistiken. Erhebungsinstrumente dienen der Generierung neuer Daten zur Ermittlung des Bildungsbedarfs in einem Unternehmen. Folgende Instrumente werden oft in der betrieblichen Realität eingesetzt: Sämtliche Formen der schriftlichen und mündlichen Befragung, moderierte Workshops, Beobachtungen und die Szenario-Technik, sowie die Erstellung von bspw. Tätigkeitsprofilen und Stellenbeschreibungen. Ergänzend zu diesen Instrumenten, die direkt im Unternehmen eingesetzt werden, können noch Experteninterviews oder branchenspezifische Erhebungen vorgenommen werden, um die Ergebnistiefe zu schärfen.

Für das Projekt war die besondere Herausforderung eine individuelle bzw. unternehmensspezifische Bedarfsanalyse durchzuführen und dabei auch Daten zu erhalten, die einen Transfer auf die anderen beteiligten Unternehmen ermöglichen, um einerseits eine übergreifende Auswertung und Aussagen zu allgemeinen Trends zu machen und andererseits um eine entsprechende Handlungsempfehlung in Form eines Unternehmerhandbuchs für die Praxis zu erstellen. Aus diesem Grund wurde ein dreistufiges Verfahren angewandt. Zum einen wurde eine Telefonbefragung (N=1171) bei Unternehmen der beiden Branchenbereiche aus der Rhein-Neckar-Region zur Ermittlung von Basisdaten durchgeführt. In einem zweiten Schritt wurden Experten/innen[2] mittels zweier Expert/innenworkshops befragt. In einem letzten Schritt wurden Fallstudien in neun KMU durchgeführt. Für die Arbeit mit und in den kleinen und mittleren Unternehmen wurden ausschließlich qualitative dialogische Methoden eingesetzt. Zudem wurde der Ansatz der kooperativen bzw. partizipativen Bildungsbedarfsanalyse (vgl. Neuberger 1991; Stölzl 1997) als theoretisches Konzept verfolgt. Aufgrund der geringen Beschäftigtenzahlen (1-6 Mitarbeiter/innen) in den Fallbetrieben konnten in fast allen Fällen alle Betriebsakteure in den Prozess der Bedarfsermittlung eingebunden und befragt werden. Neben intensiven Einzelgesprächen mit den Inhaber/inne/n wurden Mitarbeiter/innengespräche, Gruppengespräche, moderierte Gruppendiskussionen und zusätzliche Arbeitsbeobachtungen durchgeführt.[3]

Das entstandene Instrument wurde den Unternehmen in Form eines Unternehmerhandbuches zur Ermittlung des betrieblichen Weiterbildungsbedarfs im Sinne einer Selbstevaluation zur Verfügung gestellt.[4]

Um die vielfältige Betriebsrealität und die unterschiedlichen Bedingungen in KMU deutlich zu machen, möchten wir im folgenden die neun Fallunternehmen vorstellen.

---

[2] Als Expert/innen wurden Vertreter/innen aus Verbänden, Kammern, Innungen, Betrieben, Wirtschaftsinitiativen, sowie des Arbeitsamtes geladen. Ziel dieser Befragung war die Ermittlung unternehmensübergreifender Bedarfe und Entwicklungen.

[3] Die Ergebnisse der Erhebungen werden in den folgenden Fallbeschreibungen zusammengefasst. Wörtliche Zitate aus den Interviews werden dabei kursiv hervorgehoben.

[4] Das Handbuch kann über die Autorinnen bezogen werden.

2. Die Fallunternehmen – Kurzdarstellung der Voraussetzungen für die Bedarfsermittlung

Betrieb H1: „Das Unternehmen soll sich zur einer lernenden Organisation entwickeln."
Bei dem Unternehmen handelt es sich um einen eingetragenen Meisterbetrieb für Damen- und Herrenschneidermaßhandwerk, in dem neben der Meisterin zwei Altgesellinnen und zwei weibliche Auszubildende beschäftigt sind. Das Unternehmen wurde im Mai 2000 als GmbH gegründet und deckt ausschließlich den Bereich des Damenschneidermaßhandwerks ab. Der Betrieb hat sich auf hochwertige Einzelanfertigungen spezialisiert und umfasst neben dem Schneideratelier auch noch einen großzügigen Verkaufsbereich, in dem eine eigene Modelinie angeboten wird.

Die Haupttätigkeitsfelder des Unternehmens liegen in der Produktion und im Verkauf. Aufgrund des kurzen Bestehens des Betriebes werden die meisten Tätigkeiten in diesen Bereichen von der Gründerin selbst übernommen. Für die Zukunft ist jedoch geplant eine Arbeitsorganisation zu etablieren, in der jede Angestellte in allen Bereichen eingesetzt werden kann. Im Atelierbereich wird dieses Organisationsprinzip *(„Jeder macht alles")* schon erfolgreich umgesetzt, indem bspw. arbeitsplatznahes Lernen in Form von *„gegenseitigem Beibringen"* praktiziert wird. Parallel zu dieser Planung strebt die Gründerin die Etablierung einer Lernkultur im Sinne einer *„lernenden Organisation"* an, d.h. die kontinuierliche individuelle Förderung der Mitarbeiterinnen durch Weiterbildung. Dies soll insbesondere durch arbeitsplatznahe Weiterbildung und mittels externer Referent/innen umgesetzt werden. Diese geplanten strukturellen Veränderungen waren der Ausgangspunkt der Analysegespräche, die mit allen Beteiligten geführt wurden.

Betrieb H2: „Das Interesse meiner Mitarbeiter an Weiterbildung? Von Null bis Hundert, da ist alles bei."
Das Unternehmen besteht seit 1956 und wurde 1993 von dem Sohn des Gründers übernommen. Bei dem Betrieb handelt es sich um einen eingetragenen Handwerksbetrieb im Bereich der Elektroinstallation. Der Arbeitsschwerpunkt liegt ausschließlich in der Altbausanierung. Die Antennen- und Satellitentechnik bilden den zweiten Arbeitsschwerpunkt des Unternehmens. Im Betrieb sind neben dem Meister (Inhaber) und seiner Frau als mithelfende Familienangehörige noch fünf Elektrogesellen, ein Lehrling und eine geringfügig beschäftigte Bürokraft angestellt.

Der Bildungsbedarf wird in der Firma eher im reaktiven Sinne gedeckt, d. h. immer wenn ein neues Produkt oder eine neue Technik auf den Markt kommen, werden bspw. Herstellerschulungen angeboten. Den Mitarbeitern wird frei gestellt, ob sie an den Schulungen teilnehmen, das Unternehmen kommt für entsprechende Kosten und Arbeitsfreistellung auf. Die durch persönliche Ambitionen selektierte Teilnahme an Weiterbildung ist insbesondere für die bildungsnahen Mitarbeiter problematisch, da die Kluft zwischen Mitarbeitern mit aktuellem Wissen und den weiterbildungsabstinenten Mitarbeitern immer größer wird. Aus Sicht der weiterbildungsaktiven Mitarbeiter ist die unterschiedliche Weiterbildungsbeteiligung ein gravierendes Problem, da die weiterbildungsabstinenten Kollegen einen Großteil der anfallenden Arbeiten nicht mehr ausführen können, da ihnen das nötige Know-how fehlt.

Betrieb H3: „Ich schicke meine Mitarbeiter schon in der Lehre zu Weiterbildungsmaßnahmen, da in den Berufsschulen vieles zu weit ab von der Realität im Betrieb läuft."
Der Meisterbetrieb für Inneneinrichtung besteht seit 1968 und wurde 2001 von dem jetzigen Inhaber übernommen, der seit der Gründung vor 35 Jahren zuerst als Mitarbeiter, später als Teilhaber im Unternehmen beschäftigt war. Neben dem Meister sind zwei Bürokräfte (geringfügig) und zwei Verkäuferinnen im Betrieb beschäftigt. Eine der Verkäuferinnen ist gelernte Schneiderin und im Verkaufsbereich als angelernte Aushilfe tätig. Die zweite Verkäuferin hat im Unternehmen ihre Lehre zur Groß- und Außenhandelskauffrau abgeschlossen und ist auf eine Vollzeitstelle vom Betrieb übernommen worden. Während vor der Übernahme der Betrieb in Form eines Großhandels geführt wurde, hat der jetzige Inhaber dem Unternehmen *„eher den Charakter eines Einzelhandelsgeschäfts"* gegeben. Neben baulichen Maßnahmen wurde insbesondere das angebotene Sortiment in höhere Preissegmente verschoben, um mit hochwertiger Ware und fachlicher Beratung und Betreuung gegen bspw. Kaufhäuser auf dem Markt bestehen zu können. Dieser Reorganisationsprozess hat sich aus wirtschaftlicher Sicht für das Unternehmen gelohnt.

Der Inhaber und die Mitarbeiterinnen nehmen regelmäßig an externer Weiterbildung in Form von Seminaren, Informationsveranstaltungen und Messen teil. In der Regel entscheidet der Geschäftsleiter welche Mitarbeiterin an einer Weiterbildungsmaßnahme teilnimmt, der Betrieb stellt Arbeitszeit und entsprechende Sachmittel zur Verfügung. Trotz begleitender Weiterbildung hat dieser Reorganisationsprozess große Anforderungen an alle Beteiligten gestellt und Bedarfe im Bereich Kundenbetreuung entstehen lassen, die, wie die Analyse zeigte, noch nicht gedeckt werden konnten.

Betrieb H4: „Wer was [Weiterbildung] macht ist immer abhängig davon, ob es notwendig ist, wir sind ein User-Betrieb."
Das Unternehmen ist ein klassischer Familienbetrieb, das in der zweiten Generation geführt wird und in dem die dritte Generation bereits mitarbeitet. Entstanden ist das Unternehmen aus einem Landwirtschaftsbetrieb. Das Unternehmen ist eine OHG und zählt zu den 10 größten dieser Art in der BRD. Insgesamt werden ca. 160 Mitarbeiter/innen beschäftigt, der größte Teil sind Facharbeiter, Gärtner und Landschaftsbauer. Der Anteil ausländischer Beschäftigter ist vergleichsweise hoch, ca. 30% der Beschäftigten sind portugiesische Staatsbürger. Insgesamt werden fünf Lehrlinge ausgebildet. Im Unternehmen wird keine strategische Personalentwicklung im eigentlichen Sinne durchgeführt und es gibt auch kein festes Budget für Weiterbildung. In der Regel entscheidet der Personalleiter über die Notwendigkeit von Weiterbildungsmaßnahmen, bei kostenintensiven oder langfristigen Fortbildungen liegt die letzte Entscheidung beim Inhaber. Generell übernimmt das Unternehmen die Schulungskosten und stellt die Beschäftigen entsprechend frei, gleichzeitig gibt es jedoch für die jeweiligen Mitarbeiter/innen einen Bindungsvertrag an das Unternehmen über eine bestimmte Zeitspanne nach einer Weiterbildung. Im Fallbetrieb wurde eine Individualanalyse mit einem Mitarbeiter durchgeführt, dessen Arbeitsplatz durch den Einsatz von CAD neu strukturiert wurde. Die dadurch entstehenden Schulungsbedarfe wurden vom Arbeitgeber systematisch unterschätzt bzw. nicht erkannt.

**Betrieb H5: „Es ist wichtig am Ball zu bleiben, da sich ja Farben [...] jede Saison än-
dern, da ist es notwendig Weiterbildungen zu absolvieren."**
Bei dem Unternehmen handelt es sich um einen eingetragenen Meisterbetrieb für Raumaus-
stattung, das 1980 von dem jetzigen Inhaber gegründet wurde. Der Betrieb besteht aus einer
kleinen Werkstatt mit einem angeschlossenen Ladenlokal und kann als ein klassisches Familienunternehmen bezeichnet werden. Die Ehefrau des Meisters ist als mithelfende Familienangehörige hauptsächlich im Verkauf eingebunden. Die Tochter hatte zum Zeitpunkt der
Untersuchung gerade ihre Lehre zur Raumausstatterin im elterlichen Betrieb abgeschlossen.
Neben der Familie ist noch ein angelernter Mitarbeiter für den Polstereibereich angestellt.
Nach einer geeigneten und erfahrenen Fachkraft wird derzeit gesucht. Um sich eine Marktlü-
cke zu erschließen setzt das Unternehmen seit einiger Zeit verstärkt auf hochwertige Ware
aus dem mittleren und hohen Preissegment sowie auf die individuelle Lösung für jeden einzelnen Kunden – durch diese neuen Angebote konnte in den letzten Jahren ein neuer, sehr
individualistischer Kundenkreis erschlossen werden.

Das Inhaberehepaar nimmt regelmäßig an externer Weiterbildung teil. Insbesondere Schulungen und Messen werden zur Aktualisierung von Wissen genutzt, aber auch das Lesen von
einschlägiger Fachliteratur und Fachzeitschriften ist ein wichtiger Bestandteil der Lernkultur
im Unternehmen. Der Mitarbeiter hat zum großen Bedauern des Inhaber jede ihm gebotene
Weiterbildung ausgeschlagen, obwohl seine fachlichen Defizite als erheblich zu bezeichnen
sind.

**Betrieb E1: „Als Chef meint man, man kann alles – durch Erfahrungswerte und Kun-
denkontakt."**
Das Unternehmen wurde 1990 von zwei Schauwerbegestaltern und Raumausstattern als
Kunstgalerie eröffnet. Es zeichnete sich jedoch nach kurzer Zeit ab, dass zum einen die Preise aufgrund der örtlichen Lage zu hoch für die im Stadtteil lebende Klientel waren und zum
anderen das *Konzept Kunst* scheinbar nicht attraktiv genug war. So wurde die Galerie zu
einem Einzelhandelsgeschäft für hochwertig Geschenkartikel umgewandelt. Der Laden wird
von den beiden Inhabern, sowie deren Ehefrauen als mithelfenden Familienangehörigen
nebenberuflich geführt. Eine angelernte Aushilfskraft arbeitet ca. 18 Stunden in der Woche
als geringfügig Beschäftigte im Verkauf.

Aufgrund des Warenangebots kleiner Hersteller wird die Produktschulung ausschließlich in
Form von selbstgesteuertem Lernen über bspw. Informationsmaterial durchgeführt. Externe
Weiterbildung wurde bisher nur einmal von einem der Inhaber in Anspruch genommen.
Trotz tendenziell niedriger Weiterbildungsaffinität möchte das Unternehmen in Zukunft der
Mitarbeiterin externe Weiterbildungsmaßnahmen zur Steigerung der Verkaufskompetenz
ermöglichen, um mit gut qualifiziertem Personal höhere Umsätze erzielen zu können. Die
Bedarfsermittlung setzte insbesondere bei der Geschäftsleitung an: es wurde deutlich, dass
ein großer Bedarf im Bereich der Unternehmensorganisation und -führung besteht.

Betrieb E2: „Der bisher absolvierten Weiterbildung gebe ich ne klare 5"
Das Geschäft wurde 1999 von einem Handelsvertreter für asiatische Importware und einem
Kompagnon nebenberuflich gegründet. Die ursprüngliche Idee bestand darin, über die zu-
sätzliche Einzelhandelstätigkeit direkte Informationen über die Nachfrage der Kunden zu

bekommen. Im August 2002 wurde das Geschäft von einem neuen Inhaber übernommen. Der frühere Teilhaber ist rechtlich nicht mehr in das Unternehmen eingebunden, übernimmt aber weiterhin beratende Aufgaben, sowie einen Großteil des Verkaufs, der Kundenbetreuung und der Geschäftsführung. Das Warenangebot wird sowohl vor Ort im Ladenlokal als auch in einem Onlineshop auf der firmeneigenen Internetseite angeboten. Als ein großer Wettbewerbsvorteil wird die Verknüpfung von (Einzelhandels-) Verkauf und Handel (-svertretung) gesehen, da die Kundenwünsche schnell und direkt befriedigt werden können.

Der jetzige Inhaber und der frühere Teilhaber haben in der Vergangenheit regelmäßig an externen Weiterbildungsveranstaltungen teilgenommen, deren Nutzen und Bezug für das kleine Unternehmen jedoch als gering eingeschätzt wird.

Betrieb E3: „Ich habe das Zertifikat schon gemacht, obwohl es erst 2004 Pflicht wird, das sind wir der Gesundheit unserer Kunden schuldig."
Bei dem Unternehmen handelt es sich um ein Sonnenstudio, das im Januar 1998 eröffnet wurde. Seit Eröffnung des Unternehmens waren fünf verschiedene Aushilfen tätig. Zur Zeit besteht die Belegschaft aus dem Inhaberehepaar, einer geringfügig beschäftigten Aushilfe und einer angelernten festangestellten Ganztagskraft. Aufgrund starker örtlicher Konkurrenz versucht das Unternehmen durch einen hohen Qualitätsstandard zu überzeugen: der Betrieb hat sich freiwillig dazu verpflichtet, die Qualitätsstandards der „Akademie für Besonnung" einzuhalten, um so eine besonders gesundheitsbewusste Kundschaft anzusprechen. Ein weiterer Schritt dahin ist die Kooperation mit heilpraktischen und hautärztlichen Praxen im Stadtteil.

Die Bereitschaft des Unternehmens in Weiterbildung zu investieren ist groß und die Geschäftsleitung versucht den Mitarbeiterinnen Anreize für die Teilnahme an Weiterbildungsmaßnahmen zu schaffen. Die Motivation für Weiterbildungsveranstaltungen sollte durch die Beteiligung bei der Bedarfsermittlung erhöht werden.

Betrieb E4: „Ich mein, ich kann ein Verkaufsgespräch führen, aber ich bin mir sicher, dass mir einer, der geschult ist, doch einiges dazu sagen könnte."
Das Einzelhandelsgeschäft liegt im Innenstadtbereich eines Kernzentrums der Rhein-Neckar-Region. Der Betrieb besteht seit 1982 und bietet ein Schmucksortiment im niedrigen bis mittleren Preissegment an. Aufgrund der nahen Lage des Ladenlokals zu beliebten touristischen Attraktionen der Stadt bilden die Touristen ein wichtiges Kundensegment. Das Geschäft wird von einer Geschäftsführerin geleitet, deren Hauptaufgaben im Einkauf, der (Waren-) Verwaltung, dem Personalwesen und Verkauf liegen. Das Unternehmen beschäftigt vier (studentische) Aushilfskräfte, die vorwiegend im Verkauf tätig sind und durchschnittlich sieben Stunden in der Woche im Laden aushelfen.

Seit Bestehen des Unternehmens hat keine/r der Mitarbeiter/innen an einer Weiterbildungsmaßnahme teilgenommen. Benötigtes Fachwissen wird ausschließlich über Informationsmaterial oder Fachliteratur erworben. Dennoch schließt die Geschäftsführerin nicht aus, dass sie oder ihre Mitarbeiterinnen in Zukunft an geeigneten Weiterbildungsveranstaltungen teilnehmen würden.

3. Der Einsatz dialogischer Instrumente zur Ermittlung des betrieblichen Weiterbildungsbedarfs und Ergebnisse der exemplarischen Bedarfsermittlung

In jedem der oben darstellten neun Fallbetriebe wurde zu Beginn der Bedarfsermittlung ein ausführliches nicht standardisiertes Analysegespräch mit dem/r Inhaber/in geführt. Nach einer kurzen Vorstellung des Unternehmens wurden Fragen zu Beschäftigungszahlen, -verhältnisse, -qualifikation, zum Aufgabenspektrum, zu Produkten und Dienstleistungen sowie dem Ist-Stand der Weiterbildung des jeweiligen Betriebes gestellt. Der zweite Hauptfokus lag bei den Herausforderungen und Schwierigkeiten, die die Unternehmen zum Zeitpunkt der Bedarfsermittlung bewältigen mussten, sowie zu erwartende Veränderungen der Rahmenbedingungen. Dabei wurde insbesondere nach möglichen Konsequenzen für das weitere Vorgehen und die Planung im Unternehmen, sowie mögliche Auswirkungen dieser Veränderungen auf die Beschäftigten und ihre Qualifikationen erfragt. Im Anschluss an diese Gespräche wurde gemeinsam mit dem/r Inhaber/in überlegt, welche Mitarbeiter/innen in welcher Form an einer weiteren Analyse beteiligt werden könnten. Der inhaltliche Schwerpunkt bei der Bedarfsermittlung mit den Beschäftigen lag bei der Beschreibung der Arbeitsplatzsituation, des Tätigkeitsspektrums und der bestehenden Probleme und Schwierigkeiten. Aber auch Motivation, Weiterbildungswünsche und Bedürfnisse, sowie die Bestandsaufnahme bereits absolvierter Weiterbildungsmaßnahmen waren Gegenstand der Gespräche oder Diskussionen. Die inhaltliche Komponente der Ermittlungsinstrumente wurde speziell für das jeweilige Unternehmen nach der Auswertung des Inhaber/ingesprächs erarbeitet. Es wurde also konsequent ein individueller, nicht-standardisierter Gesprächsansatz verfolgt.

Dieser methodische Ansatz hat sich als gutes Instrument zur Bedarfsermittlung in kleinen und mittleren Betrieben erwiesen, da er einen umfassenden und tiefgehenden Einblick in die täglichen Arbeitsabläufe der Mitarbeiter/innen und der Unternehmensleitung ermöglicht und bei den beteiligten Gesprächspartner/innen weitergehende Reflexionsprozesse anstößt. Insbesondere die Gruppengespräche und Diskussionen auf Ebene der Beschäftigten haben den Beteiligten Raum zum intensiven Austausch gegeben. Die Anforderungen am Arbeitsplatz wurden aus verschiedenen Perspektiven kontrovers diskutiert, wodurch ein differenziertes Bild entstand, das eine zielgenauere Planung von Weiterbildungsmaßnahmen ermöglicht. Die Ergebnisse der Bedarfsanalysen wurden den Unternehmen schriftlich zur Verfügung gestellt und bei Bedarf in einem Abschlussgespräch erläutert.[5] Für die Planung und Durchführung geeigneter Weiterbildungsveranstaltungen wurden die Unternehmen auf Unterstützungsmöglichkeiten durch örtliche Weiterbildungsanbieter bzw. Beratungseinrichtungen aufmerksam gemacht.

Im Rahmen der Fallstudien wurde deutlich, dass das Interesse und die Bereitschaft zur Weiterbildung bei den Unternehmen auf allen Ebenen vorhanden ist. Leider gelingt die Umset-

---

[5] Auf diese inhaltlichen Ergebnisse soll hier nicht weiter eingegangen werden, da die Rückmeldungen sehr individuell auf Personen und Aufgabenbereiche im Unternehmen zugeschnitten waren. Zusammengefasst lassen sich die Ergebnisse der Bedarfsermittlung der beteiligten Fallunternehmen in zwei große Themenbereiche aufteilen: Zum einen der Bereich „Kunden und Verkauf" (insb. auch in den Handwerksbetrieben), zum anderen sind im Bereich „Personal" Qualifikationserfordernisse ermittelbar gewesen.

zung einer systematischen Bildungsarbeit in den einzelnen Betrieben jedoch nicht immer. Die Unternehmer/innen, die versuchen, Weiterbildung in einen größeren betrieblichen Kontext einzuordnen, scheinen dabei erfolgreicher zu sein. Auffällig war, dass die Unternehmer/innen große Schwierigkeiten bei einer objektiven Analyse ihrer betrieblichen Situation haben und der „blinde Fleck" als relativ groß beschrieben werden muss. Diese Erfahrungen sollten u.E. weitgehende Konsequenzen für die Gestaltung von Bedarfsermittlungsprozessen in Unternehmen haben.

Veränderungsprozesse, gleich ob geplant oder eher zufällig entstanden, stellen, so haben die Fallstudien deutlich gezeigt, neue Anforderungen an alle Betriebsakteure, da sich Aufgaben- und Arbeitsinhalte verändern und erweitern. Für die Weiterbildungsplanung in den Unternehmen wirft dies ein zentrales Problem auf: Da Veränderungen in den Unternehmen eher zufällig und ungeplant stattfinden, bleibt deren Bedeutung für Weiterbildungserfordernisse vermutlich zum größten Teil unbemerkt. Reorganisationsprozesse als Auslöser für Weiterbildung sichtbar zu machen, erfordert also zunächst, die Unternehmensleitung zu befähigen, sich Klarheit über die Situation des Unternehmens und eine eventuelle Neuausrichtung zu verschaffen.

Bei der Konzipierung eines, für KMU geeigneten, internen Bedarfsermittlungs-Instrumentariums reicht es deshalb nicht aus, den Unternehmer/inne/n einen Pool von Instrumenten zur Ermittlung bestehender oder zukünftiger Bedarfe zur Verfügung zu stellen. Vielmehr muss ein umfassendes Instrument eingesetzt werden, das den Inhaber/inne/n hilft ihr Unternehmen mit seinen Strukturen und Veränderungen wahrzunehmen, um so den „blinden Fleck" weitestgehend zu minimieren. Wichtig ist unseres Erachtens dabei die Bewusstmachung von vorhandenen Strukturen, von absehbaren, zu erwartenden oder geplanten Veränderungen, sowie der Unternehmensstrategien, die in nächster Zeit verfolgt werden sollen. Die Erarbeitung dieser Daten liefern eine unverzichtbare Grundlage, um Weiterbildungsbedarfe im Zusammenhang betrieblicher Kontexte und Veränderungen zu sehen.

Obwohl die Beratung von KMU bei der Durchführung geplanter Veränderungsprozesse nicht Gegenstand der Fallstudien war, wollen wir hier, im Sinne eines Ausblicks, noch einige Anmerkungen dazu machen. Dies erscheint uns erforderlich, da die Weiterbildungsplanung und -organisation in KMU eng mit der Unternehmensentwicklung verwoben ist, wie in den Fallbeispielen gezeigt werden konnte, und deshalb die systematische Weiterbildungsarbeit nicht zuletzt von der Elaboriertheit der Unternehmensplanung abhängt. Es zeigte sich jedoch in unseren Fallstudien, dass die meisten Abläufe und Entscheidungswege in der Unternehmensorganisation – wie häufig in KMU anzutreffen – informell geregelt sind. Inwieweit versucht wird, Abläufe formell zu strukturieren, liegt meist im Gusto des/r Unternehmer/in. Veränderungen in den Abläufen, der Produktpalette oder Absatzstrategie werden deshalb auch selten systematisch geplant, sie ergeben sich eher spontan. Lediglich zwei Unternehmen haben in den letzten Jahren bewusst umfassende Reorganisationsprozesse initiiert, anhand dieser beiden Beispiele konnte deutlich ermittelt werden, wie ressourcenintensiv diese Prozesse für alle Beteiligten im Betrieb sind. Angesichts dieser Voraussetzungen stellt sich die Frage, wie viel Systematik in der Planung von Veränderungsprozessen notwendig bzw. wie viel Informalität möglich ist, um einerseits der geringen Ressourcenausstattung und der vertrauensbasierten Arbeitskultur in KMU gerecht zu werden und andererseits die Vorteile moderner Managementmethoden nutzbar zu machen.

Darüber hinaus stellt sich die Frage, wie die Unternehmen bei der Planung und Durchführung von Reorganisationsmaßnahmen unterstützt und beraten werden können, um die hierbei auftretenden vielfältigen und vielschichtigen Aufgaben bewältigen zu können. Hier stellt sich das Problem, dass sich viele Beratungsanbieter auf Teilbereiche der Unternehmenspolitik (z.B. Technik, Finanzierung, Personal) spezialisiert haben und deshalb nicht die gewünschte Bandbreite für komplexe Problemlösungen mitbringen. Hinzukommt, dass sich KMU häufig eine kommerzielle Beratung nicht leisten können oder Vorbehalte gegenüber kommerziellen Beratungsanbietern haben (zumindest gab es entsprechende Hinweise darauf in den von uns befragten Unternehmen). Eine Perspektive könnten dagegen zwischenbetriebliche Kooperationen bieten, in denen sich Betriebe gegenseitig bei der Reflektion und Verbesserung der Unternehmensorganisation unterstützen. Dieser Prozess könnte durch weitere Kooperations-Partner (Kammern, Wirtschaftsförderung, Weiterbildungseinrichtungen etc.) unterstützt und zu einem Netzwerk ausgebaut werden. Unsere Erfahrung aus diesem und ähnlich gelagerten Projekten mit Unternehmen zeigt, dass gerade bei Kleinstunternehmen hierfür zum Teil schon gute Voraussetzungen bestehen. Die Unterstützung von „außen" könnte also vor allem darin bestehen, die Unternehmen auf diese Potenziale aufmerksam zu machen.

Literatur

Gerhard, Rolf (1991): Bedarfsermittlung in der Weiterbildung – eine Handreichung. Hannover

Neuberger, Oswald (1991): Personalentwicklung. Stuttgart: Enke

Stölzl, Michaela (1997): Modul 4: Wie lässt sich Bildungsbedarf im Unternehmen feststellen. In: Ufholz, Bernhard u.a. (Hrsg.): Handbuch für Bildungsträger und Bildungsberater zur Erschließung des Marktsegments der kleinen und mittleren Unternehmen. Download: http://bildungsforschung.bfz.de

VI. Unternehmensberatung in der Krise: Situation, Akteursrationalitäten und Beratungseffekte *(Holger Gerlach)*

Frage: Je ein Berater von Roland Berger, McKinsey und Boston Consulting sitzen zusammen in einem Flugzeug. Die Maschine stützt ab. Wer wird gerettet?
Antwort: Der Klient, zu dem sie unterwegs waren.

Beratungen finden häufig unter Bedingungen statt, die es für die Klienten erschweren, aus ihnen Nutzen zu ziehen. Unseren Untersuchungen der Industriekrise in Ostdeutschland zufolge dominierte ungeachtet der hohen Problemkomplexität eine Kurzform der Beratung – nur bei jedem vierten Betrieb umfasste die Beratungsdauer mehr als vier Wochen –, die zudem in fast 90% der Fälle erst „in letzter Minute" in Betracht gezogen wurde. Dabei waren die beratenen Unternehmen keineswegs immer in einer ökonomischen Notlage, aber hatten in einer Vielzahl der Fälle Ertragseinbrüche hinnehmen müssen. Sie bewegte sich daher üblicherweise im Teufelskreis von zu wenig Zeit, hohem Problemdruck und hoher Problemkomplexität. Hinzu kamen ein hohes Maß an Unerfahrenheit mit Beratungen und nicht selten wurde durch den Druck der Banken der Kontakt mit einer Unternehmensberatung erst initiiert. Dadurch wurde das wichtige Element der Freiheit in der Inanspruchnahme von Beratung und in der Annahme des Rates eliminiert und die Beratungsinteraktion dadurch unterminiert (vgl. dazu auch Pohlmann 2002).

Ein weiteres Scheiternsrisiko in der Gestaltung von Beratung lag in der Beteiligung von Banken. In jedem siebten Fall war eine Bank der Initiator für den Einbezug einer Unternehmensberatung in Ostdeutschland. Die Schwierigkeiten der ostdeutschen Klein- und Mittelunternehmen, Kredite zu bekommen, führten häufig zur bankinduzierten Einschaltung von Unternehmensberatungen. Diese prüften und reformulierten auf Verlangen der Banken die Unternehmenskonzepte, für die man Geld wollte.

Am Beispiel einer Beratung, die Mitte der 90er Jahre bei einem ostdeutschen Unternehmen durchgeführt wurde, sollen die Schwierigkeiten von Beratung in der Krise aufgezeigt werden Die Beratung dauerte in diesem Fall ein dreiviertel Jahr, wobei die Berater jedoch nicht permanent vor Ort im Einsatz waren. Das Beratungshonorar betrug insgesamt 170.000,- DM.

1. Die Logik der Situation: Ökonomische Entwicklung und Organisationsstruktur

Bei Betrieb H handelt es sich um ein mittelständisches, ostdeutsches Industrieunternehmen, das 1960 in der Rechtsform einer PGH gegründet worden war. Im Jahr 1972 wurde der Betrieb verstaatlicht. Es wurden elektrotechnische Produkte in den Bereichen Nachrichtentechnik, Netzteile und Prüfgeräte gefertigt, der größten Anteil am Betriebsergebnis wurde mit dem Prüfgerätebau für Vermittlungstechnik erwirtschaftet, 50 % der Produktion wurde in die damalige UdSSR exportiert. Im Jahr 1990 wurde das Unternehmen mit noch 81 Mitarbeitern reprivatisiert. Die Umsatzentwicklung verlief zu dieser Zeit negativ, hauptsächlich verursacht durch den zweimaligen Wegfall des wichtigsten Kunden: der Handel mit dem ehemaligen Kunden in der damaligen Sowjetunion kam zum Erliegen. Diese Entwicklung wurde von der Geschäftsführung nicht antizipiert, es gab auch keine zumindest hypothetischen Alternativen für den Ausgleich dieser Geschäftssituation. Zum Zeitpunkt der Reprivatisierung ging der ostdeutsche Geschäftsführer davon aus, dass das Geschäft mit dem damaligen Hauptkunden aus der Sowjetunion auf dem damaligen Niveau zu halten und perspektivisch sogar noch zu erweitern sei.

In völliger Fehleinschätzung der Lage hatte die Geschäftsleitung in erheblichem Maße kreditfinanzierte Investitionen getätigt. Die Einnahmen aus der Betriebstätigkeit gingen zu diesem Zeitpunkt schlagartig gegen Null, während die Ausgaben (Schuldendienst, Personalkosten, Fixkosten etc.) auf ihrem hohen Niveau verharrten. Zunächst wurden innerbetrieblich Wege aus der Krise gesucht und Arbeitsgruppen für die Bewältigung der Problemlage gebildet. Man entschied sich schließlich für eine neue Erzeugnislinie und begann mit deren Entwicklung, stellte jedoch sehr schnell fest, dass sich diese Vorbereitungsarbeit kostenintensiver gestaltete als man es kalkuliert hatte. Unter dem Druck der Ereignisse wurde Anfang des Jahres 1991 ein Darlehensantrag gestellt und von der Hausbank zugesagt, die Auszahlung fand jedoch erst Mitte 1994 statt. Ohne die finanziellen Mittel konnte die Entwicklung einer eigenen Produktlinie nicht konsequent verfolgt werden. Anfang des Jahres 1992 begann sich jedoch die Geschäftslage zu stabilisieren, als man Geschäftspartner eines Direktlieferanten eines großen Telekommunikationsunternehmens wurde. Die neue Rolle als Auftragsproduzent für diesen Direktlieferanten aus den alten Bundesländern, der einen Teil seiner Aufträge weitergab, führte dazu, dass zunächst die Kapazitäten des Betriebes wieder ausgelastet waren. Ähnlich wie beim ehemaligen Hauptabnehmer aus der Sowjetunion entfielen auch auf den neuen Hauptkunden mehr als die Hälfte des gesamten Jahresumsatzes. Erneut befand sich der Betrieb in einer starken ökonomischen Abhängigkeitssituation, da man nicht in der Lage war (möglicherweise auch freiwillig darauf verzichtete), weitere Auftraggeber und neue Kunden zu akquirieren.

Nur ein Jahr später, Anfang 1993, trennte sich infolge der veränderten Einkaufspolitik des Telekommunikationsunternehmens überraschend der westdeutsche Hauptabnehmer vom Betrieb. Dies führte dazu, dass das Unternehmen zum zweiten Mal innerhalb weniger Jahre in seiner Existenz nachhaltig bedroht war. In dieser äußerst prekären Situation (deren Dramatik durch erhebliche Forderungsausfälle verstärkt wurde) forderte die Hausbank die Vorlage eines Unternehmenskonzeptes, von dessen Ergebnis sie die Stundung von Kreditschulden zur Überbrückung der schwierigen unternehmerischen Lage abhängig machen wollte. In diesem Konzept sollten Wege zur Lösung der Probleme, die geplante weitere Entwicklung des Unternehmens sowie das benötigte Finanzvolumen aufgezeigt werden. Die verantwortlichen Firmenkundenbetreuer der Hausbank forderten vom Geschäftsführer, dass das Konzept unter Beteiligung von externen Beratern erstellt werden solle. Dabei ließ man jedoch dem Betrieb die völlige Freiheit der Wahl des Beraters bzw. der Beratungsgesellschaft. Die Geschäftsführung entschied sich für eine mittelgroße Beratungsfirma aus dem Südwesten Deutschlands, die sich auf die Beratung mittelständischer Industrieunternehmen spezialisiert hatte.

2. Akteursrationalitäten im Beratungsprozess

Das Beratungsunternehmen war seit Mitte der 80er Jahre mit Stammsitz in den alten Bundesländern tätig. Als mittelständische Firma mit ca. zwanzig festen und über hundert freien Mitarbeitern war man dort auf kleine und mittelständische Unternehmen spezialisiert und operierte im gesamten deutschsprachigen europäischen Raum. Es handelt sich um ein typisches mittelständisches Beratungsunternehmen, in dem die Berater gleichberechtigt und mit einem Minimum an hierarchischer Differenzierung arbeiten.

Da die Hausbank man offensichtlich nicht davon überzeugt war, dass das Management noch zu einer selbstständigen Variation der Problemsicht und Entwicklung alternativer Lösungsstrategien in der Lage sein konnte, sollte ein externer Berater Lösungsmöglichkeiten entwickeln helfen. Obwohl angesichts der Konsistenz der betrieblichen Krisensituation substitutive Maßnahmen wie Management auf Zeit oder die Anwendung bestimmter Restrukturierungskonzepte durchaus im Rahmen des Erzwingbaren gelegen hätten, fand eine weitergehende Spezifizierung des Beratungsauftrages durch die Bank, die diese für eine Weiterfinanzierung gefordert hatte, nicht statt. Der Beratungsauftrag wurde so konzipiert, dass der Betrieb umfassend analysiert werden konnte und alle betrieblichen Teilbereiche in mögliche Reorganisationsstrategien einbezogen werden konnten.

Obwohl sich unter dieser Konstellation dem Betrieb grundsätzlich die Chance bot, aktiv an der Konkretisierung des Beratungsprozesses mitzuwirken, wurde die Unternehmensberatung als Belastung empfunden. Eine Beratung als Chance der Erweiterung eigener Kompetenzen und einer angemesseneren Strategieentwicklung schien im Beratungsbild des Kunden nicht präsent zu sein. Zwar war seine Reaktion nicht offen zurückweisend, die Beratung wurde jedoch von Anfang an als Belastung empfunden. Obwohl keine intrinsische Motivation vorhanden ist, an der Beratung aktiv teilzuhaben, konnte jedoch vor dem Hintergrund der Abhängigkeit vom Wohlwollen des Kreditinstituts die Zusammenarbeit mit dem Berater nicht verweigert werden. In einer Situation, in der sich das Unternehmen am Rande seiner Existenz bewegte wurde eine mögliche Strategie zur Rettung, zumindest aber die glaubwürdige Chance zur Entwicklung eigener Alternativen – nämlich die Beratung – als zusätzliche Belastung empfunden. Die Annahme externer Hilfe jenseits der Gewährung zusätzlicher Finanzmittel als Lösungsbeitrag wurde von der Geschäftsführung ausgeblendet und das Problemlösungspotenzial einer solchen Unterstützung nicht wahrgenommen.

Angesichts dieser Voraussetzungen war die Etablierung einer Beratungssituation bereits von Anfang an stark restringiert. Weder der Bedarf des Klienten, noch das Interesse an einer Lösung war erkennbar, die Annahmebereitschaft einer Beratung fehlt weitgehend. All dies sind jedoch notwendige Voraussetzungen, um eine Beratungsinteraktion etablieren zu können.

Bereits zu diesem frühen Zeitpunkt die nahezu gegensätzlichen Beratungsintentionen der Beteiligten deutlich zutage Der Klient hielt nur eine Hilfe für angemessen, in deren Ergebnis unmittelbar weitere Finanzmittel kreditiert werden. Ganz im Gegensatz dazu vertrat der Berater eine Geschäftspolitik, in der nicht die Stellvertreterlösung für den Kunden, sondern die Problemlösefähigkeit des Klienten im Mittelpunkt stand, eine klassische „Hilfe zur Selbsthilfe".

Ganz im Gegensatz zur Wahrnehmung seines Kunden kamen für den Berater Kredite als alleinige Lösungsmöglichkeiten für betriebliche Probleme im Normalfall nicht in Betracht. Ein Kredit kann aus seiner Sicht die im konkreten Fall zugrunde liegenden Probleme zumeist nur verdecken und prolongiert, wenn auch bilanziell verschleiernd, die Notsituation des Unternehmens. Diese Sichtweise auf die Grenzen und Risiken einer rein kreditorientierten Hilfe kann als ein Element der allgemeinen, affektiv neutralen, aus einer umfangreichen Beratungserfahrung resultierenden und damit insgesamt professionellen Orientierung des Beraters verstanden werden.

3. Die Frage der Beratungseffekte

Der Berater war jedoch nicht bereit, seine Intention einer Beratung zugunsten einer anderen Sichtweise aufzugeben. Aufgrund seiner professionellen Beratungsorientierung, eines diese Orientierung stützenden Beratungskonzepts und der entsprechenden Firmenphilosophie kam es ihm darauf an, den Klienten nicht in seiner kurzfristigen Erfolgsorientierung auf einen Kredit zu bestätigen, sondern nachhaltige Entwicklungseffekte anzuregen.

Im weiteren Fortgang des Prozesses erwies sich der Klient als beratungsunfähig im Sinne einer strategischen Erweiterung seiner Handlungsspielräume und der Hervorbringung alternativer Problemsichtweisen und abgeleiteten Problemlösungsweisen. Am Ende des über ein dreiviertel Jahr andauernden Beratungsprozesses stand letztlich eine Honorarsumme von rund 170.000 DM dem Ergebnis gegenüber, einen weiteren Kredit der Hausbank erhalten zu haben. Keiner der im Beratungsprozess erarbeiteten Vorschläge wurde in die betriebliche Praxis umgesetzt.

Der Fall verdeutlicht, dass es Formen der unternehmerischen Krise gibt, in denen keine Beratungsfähigkeit des Klienten sehr eingeschränkt ist. Es sind nicht allein begrenzte finanzielle Handlungsspielräume, die dann einer Inanspruchnahme externer Beratung entgegenstehen. Im hier beschriebenen Fall war es auf der Seite des Beratung suchenden Unternehmens vor allem die mit der Krise wachsende Unfähigkeit, sich als Klient zu konstituieren, die eine Beratung in einem sehr viel stärkerem Maße als unter Nichtkrisenbedingungen zum Scheitern verurteilt. Für den Berater – sofern er denn ein Prozessberatungsverständnis hat, dessen Hilfepotenzial an der Selbsterneuerungsbereitschaft des Klienten anknüpft und dieses auch zu realisieren versucht – wird zugleich die Möglichkeit, eine solche Interaktion zu etablieren, erschwert, wenn nicht unmöglich gemacht. Der mögliche Einwand, dass die Probleme der Beratungsinteraktion dadurch induziert seien, dass die Beratung auf Forderung der Hausbank zustande gekommen sei und man demzufolge kaum von einer intrinsischen Motivation ausgehen könne, greift im hier geschilderten Fall zu kurz. Zwar entsprachen die Anbahnungsbedingungen der Beratung durch die Kompulsion der Bank zur Erstellung eines Unternehmenskonzeptes unter externer Beteiligung nicht der Bedingung einer vollkommenen Freiwilligkeit, wie sie für den Idealtypus der Beratung notwendig ist, es bestand jedoch die vollkommene Freiheit, das Konzept nach seiner Erstellung auch umzusetzen, also den Rat anzunehmen oder dies nicht zu tun. Dabei war die Auswahl und der konkrete Umfang der Beratungstätigkeit dem Unternehmen freigestellt, ebenso wie die Strukturierung der Zusammenarbeit mit den Beratern und die Umsetzung der Vorschläge.

4. Schlussbemerkung

In solchen Fällen jedenfalls, in denen der Unternehmer die Unternehmensberatung nicht *freiwillig* einschaltete, zeigte sich die Herausbildung einer verständigungsorientierten Interaktionsform der Beratung als vor besondere Probleme gestellt. So berichtet der westdeutsche Berater des Unternehmens:

> *„Die Firma hatte von sich aus nicht die blasseste Ahnung, was, meiner Meinung nach, von der Beratungskonzeption her gemacht werden müsste. Da fehlte die Kompetenz für ein eigenes Konzept. (...) Dass die Vorstellung ... besorg mir den Kredit und dann darfst du wieder gehen, falsch ist, denen das begreiflich zu machen, das ist schwer. Aber es geht ihnen danach dreckiger als vorher. Warum brauchen sie den Kredit, weil sie nicht genug Ertragskraft haben so und jetzt haben sie einen zusätzlichen Kredit, wo sie noch weniger Ertragskraft für haben, also geht es denen viel schlimmer als vorher. Denn sie können weder die Zinsen für den neuen Kredit bezahlen, noch für den alten und sie können weder den alten Kredit tilgen, noch den neuen, und das geht manchmal nicht in den Kopf rein."*

Und der Geschäftsführer dazu:

> *„Und dann waren wir in der Situation, wo wir 170 000 Mark ausgeben mussten, wo wir eigentlich gar kein Geld hatten, und die Leute sind hier ins Haus gekommen, haben ihre Arbeit gemacht, dann waren sie bei der Bank und haben gleich den Scheck mitgenommen, (...) In diese Strukturen sind die dann hineingekommen und haben gleich geglaubt, die können das besser. (...) Die waren eingenommen von dem, was mal war, was sie gelernt hatten, was sie erlebt hatten. Das Neue, das da war oder die andere Entwicklung, das war ihnen nicht bekannt."*

In den Fällen, in denen die Unternehmen sich aus Liquiditätsproblemen heraus gezwungen sahen, eine Organisationsberatung durchzuführen, scheiterte diese häufig. Es kam, wie im oben geschilderten Fall, zu einer Funktionalisierung der Unternehmensberatung. Sie wurde (wie beide Seiten eingestehen) zu einer reinen *Legitimationsveranstaltung*, und mündete in *Schein-Beratungsinteraktionen*, die keine wirklichen Effekte zeitigen konnten. Die Organisationsberatung verfehlte ihr Ziel und konnte in diesem Fall auch den Fortbestand des Unternehmens nicht mehr sichern. Es ging kurze Zeit danach in Konkurs.

Dass dies kein Einzelfall ist, lässt sich an unseren Befragungsergebnissen ablesen. Wenn die Beratung von der Hausbank ausging, lag die Wahrscheinlichkeit am höchsten, dass sie auf Seite der Beratenen als Misserfolg empfunden wurde. Mehr als die Hälfte der Geschäftsführer (54,5%) vermeldeten für diesen Fall einen Misserfolg.

Der vielfach kolportierte Satz Hölderlins, dass mit der Gefahr zugleich das Rettende auch wachse, erweist sich für Unternehmensberatung als irreführend. Unsere Ergebnisse zeigen vielmehr, dass in der Krise die kriseninduzierte Handlungsunfähigkeit des betrieblichen Managements häufig wächst und dadurch die Möglichkeit restringiert, die Krise durch eine Beratung zu überwinden. Die Vorstellung, dass die Krise des Unternehmens zugleich die Konjunktur der Berater sei, trifft unseren Ergebnissen zufolge umso weniger zu, je weiter sich die Krise auswächst.

Literatur

Pohlmann, M., Schmidt, R., Gergs, H. (Hg.) (2002): Managementsoziologie. Perspektiven, Theorien, Forschungsdesiderate, Mering: Rainer Hampp Verlag

VII. Einfluss von Unternehmensberatungen auf die Phase der Problemdefinition in organisationalen Lernprozessen *(Christiane Kerlen)*

1. Einführung

Organisationen generieren neues Wissen oder eignen sich fehlendes Wissen an, um sich auf veränderte Bedingungen einzustellen; mit anderen Worten: Organisationen lernen.[1] Als externe Akteure in derartigen Veränderungsprozessen spielen Unternehmensberatungen eine wichtige Rolle. Ihr Erfolg hängt in hohen Maße davon ab, inwieweit sie einen steuernden Einfluss auf organisationale Lernprozesse in den Unternehmen ausüben können, die sie beraten.

Die Phase der Problemdefinition ist dabei von besonderer Bedeutung, da in ihr geklärt wird, welche Wissenslücken in einer Organisation bestehen.[2] In der Phase der Problemdefinition werden zwei sich ergänzende, aber deutlich unterscheidbare Fragestellungen beantwortet, so dass von zwei Teilprozessen innerhalb der Phase der Problemdefinition gesprochen werden kann. Im ersten Teilprozess steht die Frage im Vordergrund, welche Problemfelder oder Themen bearbeitet werden sollen. Hier werden Probleme identifiziert und es wird ausgewählt, welche von ihnen zur Bearbeitung gelangen, während andere auch existierende Probleme vernachlässigt werden. Dieser Teilprozess kann daher als *organisationaler Prozess der Problemidentifizierung* bezeichnet werden. Beim zweiten Teilprozess geht es um die Frage, wie ein spezielles, bereits ausgewähltes Problem abgegrenzt werden soll. Es wird der Problemraum festgelegt, in den dieses spezielle Problem eingebettet ist, indem eine Einigung auf die Ausgangssituation, die Ziele und die dafür zu überwindenden Barrieren erfolgt. Dieser Teilprozess wird daher als der *organisationale Prozess der Problemformulierung* bezeichnet (Kerlen 2003, S. 117ff.).

Mit der Definition des Problems wird die Reichweite organisationaler Lernprozesse festgelegt. Das Vorhandensein eines Problems gilt gleichzeitig als konstitutiv für Beratungsprozesse (Walger 1995). Unternehmensberatungen nehmen für sich in Anspruch, nicht nur bei der Lösung von Problemen, sondern auch bei deren Definition helfen zu können (Kubr 1996; Niedereichholz 1996). In diesem Beitrag soll daher der Frage nachgegangen werden, ob und

---

[1] Mit den von der Organisationsforschung entwickelten Modellen organisationalen Lernens können die Wirkungsweisen organisationalen Wandels verstanden werden. Nach diesen Modellen zeichnen sich Organisationen prinzipiell durch die Fähigkeit zur Anpassung, zur Entwicklung und zum Lernen aus (Türk 1992). Einen Überblick über wichtige Beiträge der letzten drei Jahrzehnte geben Dierkes et al. (2000). Aktuelle Diskussionsstränge und Entwicklungslinien sind umfassend in Dierkes et al. (2001) dargestellt.

[2] In Phasenmodellen organisationalen Lernens kann neben den Phasen der Gewinnung, Diffusion, Nutzung und Speicherung von Wissen die Phase der Problemdefinition abgegrenzt werden (Berthoin Antal 1998; Kerlen 2003).

wie Unternehmensberatungen Einfluss auf die Teilprozesse der Problemidentifizierung und der Problemformulierung nehmen können.

2. Exploration anhand von vier Fallstudien

Basis der Betrachtung sind vier Fallstudien über Projekte, die in einer Division eines großen deutschen Unternehmens mit weltweiter Präsenz mit der Unterstützung externer Beratungsunternehmen durchgeführt wurden. Diese vier Projekte liefen im Rahmen einer Projektstaffel, in der parallel knapp zehn divisionsweite Projekte liefen, die teilweise mit der Unterstützung externer Unternehmensberatungen durchgeführt wurden. Diese Projektstaffel wurde von einer zentralen Abteilung vorbereitet und stellte die Fortsetzung eines bereits Mitte der 90er Jahre zentral initiierten Programms zur Steigerung der Wettbewerbsfähigkeit des Gesamtunternehmens dar.[3]

Fallstudie Globalisierung: Das Globalisierungsprojekt sollte untersuchen, wie angesichts des veränderten Umfelds die Wertschöpfungsstruktur der Division verbessert werden kann. Die Verlagerung von Wertschöpfungsaktivitäten, um Kosten zu senken und eine größere Kundennähe zu erreichen, sollte ebenso überprüft werden wie die Möglichkeiten einer besseren Vernetzung, um von der globalen Präsenz stärker profitieren zu können.

Fallstudie Geschäftssteuerung: Die Grundüberlegung für dieses Projekt war, dass ein global agierendes Unternehmen, welches Verantwortung an seine Landesgesellschaften abgeben will, sich darüber Gedanken machen muss, wie die Arbeitsvorgänge in den einzelnen Einheiten abgebildet werden können. Darüber hinaus sollten Fakten und Zahlen so aufbereitet werden, dass ein proaktives, steuerndes Eingreifen möglich wurde.

Fallstudie Technologiemanagement: Ziel des Projektes Technologiemanagement war es, ein systematisches Verfahren zu entwickeln und einzuführen, mit dem frühzeitig neue Technologieentwicklungen erkannt und für die Produktentwicklung genutzt werden konnten.

Fallstudie Wissensmanagement: Bei diesem Projekt – dem Folgeprojekt zu Globalisierung – ging es um die Einführung eines Wissensmanagementsystems im weltweiten Vertrieb der untersuchten Unternehmensdivision.

An allen vier Projekten waren externe Unternehmensberater beteiligt. Die vier Fallstudien sollen im Folgenden herangezogen werden, um den Einfluss von Unternehmensberatungen auf die Phase der Problemdefinition in organisationalen Lernprozessen näher zu untersuchen.

3. Einfluss von Unternehmensberatungen auf die Problemidentifizierung

Der erste abgrenzbare Teilprozess in der Phase der Problemdefinition ist der organisationale Prozess der Problemidentifizierung. Können Unternehmensberatungen darauf Einfluss nehmen, welche Themenfelder zur Bearbeitung ausgewählt, während andere vernachlässigt

---

[3] Die hier geschilderten Fallstudien bildeten die Basis für eine ausführliche Exploration der Problemdefinitionsphase in organisationalen Lernprozessen. Mehr über die Hintergründe, die Entstehungsgeschichte und den Ablauf der untersuchten Projekte findet sich bei Kerlen (2003).

werden? Anhand von zwei der vier Fallstudien kann dieser Einfluss illustriert werden. Als Paradebeispiel für die Möglichkeit der Einflussnahme kann die Fallstudie Geschäftssteuerung bezeichnet werden. Als der Projektleiter von seiner neuen Aufgabe erfuhr, erfuhr er von dem Paten[4] des Projekts „wenig bis gar nichts" über den Hintergrund und die Zielstellung. Er vermutete, dass es dem Paten um eine Verbesserung und Vereinheitlichung der finanzwirtschaftlichen Berichterstattung ging. Zu dieser Zeit war gerade „ein Buch in der Organisation im Umlauf", vom dem ihm gesagt wurde, dass der Pate des Projektes es gelesen und für gut befunden habe.[5] Der Projektleiter besorgte es sich und beschloss nach dessen Lektüre, sich nicht mit Einzelthemen wie zum Beispiel der Verbesserung der Berichterstattung oder der Datenverfügbarkeit zu befassen, sondern dem Projekt die dort dargestellte Methode der Balanced Scorecards zu Grunde zu legen.

Die von einem Universitätsprofessor gemeinsam mit einem Unternehmensberater entwickelte Methode wurde durch eine Buchveröffentlichung und die Anwendung in anderen Unternehmen so prominent, dass sie als Grundlage für dieses Projekt ausgewählt wurde. Damit wurde indirekt die Problemidentifizierung dieses Unternehmens beeinflusst, da durch ein neues Konzept neue Sichtweisen auf ein Problem möglich werden und damit neue Lösungsmöglichkeiten. Das begleitende Beratungsunternehmen verfügte über Erfahrung mit dieser Methode; viele Unternehmensberatungen haben in Reaktion auf die Veröffentlichung ähnliche Methoden mit in ihr Angebotsrepertoire aufgenommen oder vorhandene Methoden mit der neuen in Beziehung gesetzt.

Auch am Beispiel Wissensmanagement lässt sich der Einfluss auf die Problemidentifizierung zeigen. Das Thema Wissensmanagement war zu der Zeit der Bearbeitung der Projektstaffel ein Thema, das stark in Fachzeitschriften und Managementmagazinen diskutiert wurde. Darüber hinaus waren es in der Angebotsphase zum Vorläuferprojekt Globalisierung die Unternehmensberater, die bereits eine Erweiterung der Problemdefinition um einen wesentlichen Aspekt vornahmen. Sie schlugen vor, nicht nur über die optimale Verlagerung bzw. Verteilung der Wertschöpfungsaktivitäten des Unternehmens nachzudenken, sondern auch über die bessere Vernetzung der Standorte. Die Vernetzung wurde anschließend zum zentralen Thema des Folgeprojektes Wissensmanagement. Im Gegensatz zu der indirekten Themensetzung im Beispiel Geschäftssteuerung trugen die Berater hier also direkt dazu bei, dass dieses Problem in der Organisation erkannt und in einem Projekt für die gesamte Division bearbeitet wird.

Bei den anderen beiden Projekten ist kein Einfluss der Unternehmensberater auf die Identifizierung des Problems erkennbar. Beide Projekte haben eine lange Vorgeschichte von Vorprojekten innerhalb des Unternehmens. Bei dem Projekt Globalisierung existierte im ersten unternehmensweiten Programm bereits ein thematisch ähnliches, ebenfalls von einem externen Beratungsunternehmen begleitetes Projekt zum Thema Dezentralisierung, bei dem es um die Verlagerung von Kompetenzen in die Landesgesellschaften ging. Darüber hinaus gab es

---

[4] Für jedes der Projekte, die im Rahmen der Projektstaffel durchgeführt wurden, wurde ein Mitglied des Divisionsvorstand als „Pate" benannt, um – so die Intention der zentralen Abteilung, die die Projekte vorbereitete – die Aufmerksamkeit und die Unterstützung des obersten Managements sicherzustellen.

[5] Es handelte sich um das Buch „Balanced Scorecard – Strategien erfolgreich umsetzen" von Kaplan und Norton (1997).

vor dem Start des Globalisierungsprojektes unterschiedliche Aktivitäten im Vertrieb, die unter dem Begriff „enabling" der Landesgesellschaften liefen. Bei der Vorbereitung der Projektstaffel wurden für das Projekt Globalisierung schon relativ konkrete Teilaspekte aufgeführt. So wurde beispielsweise gefragt, wie sich die Division organisatorisch aufstellen müsse, um das Marktsegment der *global players* optimal bedienen zu können, oder wie sie es erreiche, in strategisch wichtigen Kernmärkten positive Ergebnisse zu erzielen. Parallel zur Vorbereitung der Projektstaffel nahmen sich auch Mitarbeiter einer weiteren zentralen Stabsabteilung, die für die Geschäftsplanung der Unternehmensdivision verantwortlich war, des Themas an. Sie führten – ebenfalls mit Unterstützung eines externen Beratungsunternehmens – ein rund viermonatiges so genanntes „Feeder-Projekt" durch, um das Globalisierungsprojekt vorzubereiten.

Beim Projekt Technologiemanagement sind die Berater ebenfalls nicht an der Problemidentifizierung beteiligt. In der Vorbereitung der Projektstaffel wurde als Ausgangsposition festgehalten, dass fehlende langfristige Produkt- und Technologiestrategien in den einzelnen Geschäftsbereichen ein divisionsübergreifendes Technologiemanagement behinderten. Die Koordinierung der Technologieentwicklung fand mit einem jährlichen Turnus zu selten statt. Zu Beginn des Projektes war außerdem im Unternehmen der Eindruck entstanden, mehrere Technologien verschlafen und später als die Konkurrenz Produkte auf den Markt gebracht zu haben. Mit dem Projekt sollte nun dafür gesorgt werden, sich abzeichnende Entwicklungen frühzeitig zu erkennen. In einem der Geschäftsbereiche wurde an einem Projekt gearbeitet, das darauf abzielte, Technologiemanagement mit einem höheren Maß an Systematisierung zu betreiben. Um von den vorliegenden Erfahrungen zu profitieren, wurde der Leiter des ersten Projekts in die Projektgruppe Technologiemanagement aufgenommen.

Die Identifizierung der Probleme, die den Projekten Globalisierung und Technologiemanagement zu Grunde lagen, erfolgte aus der Organisation selbst heraus. Ausschlaggebend waren ungelöste Probleme, die in Vorläuferaktivitäten nicht hinreichend bearbeitet worden waren bzw. die im Vergleich zu anderen Unternehmen sichtbar wurden.

4. Einfluss von Unternehmensberatungen auf die Problemformulierung

Für den Prozess der Problemformulierung, also die Auswahl des Problemraums, der Ist-Situation und der zu erreichenden Ziele, stellt sich gleichermaßen die Frage, ob und in welcher Art und Weise Unternehmensberatungen einen Einfluss ausüben können. Während der Einfluss auf die Problemidentifizierung auch indirekt erfolgen kann, ist die Einflussnahme auf die Problemformulierung immer direkt, da der Einfluss der in einem spezifischen Projekt konkret beteiligten Unternehmensberater in Frage steht. In zwei der vier Fallstudien wurden den Unternehmensberatungen sowohl von den Projektbeteiligten als auch den Unternehmensberatern selbst ein hoher Einfluss auf die Problemformulierung attestiert: bei den Projekten Globalisierung und Wissensmanagement. Beim Projekt Globalisierung ergänzten sie die auf Kostenvorteile und Kundennähe ausgerichtete Fragestellung nach der optimalen Verteilung der Wertschöpfungsaktivitäten der weltweit verteilten Standorte um das Thema Vernetzung. Sie ergänzten die Problemdefinition damit um einen wesentlichen Aspekt, der die Lösungsmöglichkeiten verändert. Es ist derselbe Aspekt, um den sich später das Projekt

Wissensmanagement rankte. Damit legten sie den Grundstein für ihre Aktivitäten in diesem Folgeprojekt. Sie führten Gespräche innerhalb des Unternehmens und fanden bei der internen Beratungsabteilung einen Ansprechpartner, der selbst an der Frage Wissensmanagement interessiert war. So waren sie auch von Beginn an am Prozess der Problemformulierung für das Projekt Wissensmanagement beteiligt.

Die Projekte Globalisierung und Wissensmanagement glichen sich darin, dass für sie eine Unterstützung durch externe Beratungsunternehmen von Anfang an vorgesehen war. Während bei den beiden anderen Projekten die Entscheidung, eine Unternehmensberatung hinzuzuziehen vom Projektleiter getroffen wurde, war es bei diesen Projekten der Divisionsvorstand. Der Auftraggeber für diese Projekte war damit hierarchisch an oberster Stelle angesiedelt. Beim Projekt Wissensmanagement war darüber hinaus auch der Leiter der internen Beratung eng involviert, nicht nur zu Beginn des Projektes, sondern über seinen gesamten Verlauf hinweg. Er verfügte über einen guten Draht zum Vorsitzenden des Divisionsvorstandes, so dass dieser über die gesamte Projektlaufzeit über das Projekt informiert war und seine eigenen Vorstellungen einfließen lassen konnte. Die Höhe des zugeschriebenen Einflusses auf die Problemformulierung ging hier also mit einer frühen Absicht, Berater einzubinden, ebenso einher, wie mit der Entscheidung darüber an hoher hierarchischer Stelle.

5. Macht der Einfluss von Unternehmensberatungen auf die Problemformulierung Projekte erfolgreicher?

Mit der Antwort auf die Frage, ob Unternehmensberatungen Einfluss auf die Problemformulierung nehmen, ist jedoch nicht gleichzeitig die Frage geklärt, ob ihr eigener Anspruch, bei der Identifikation und Lösung von Projekten *hilfreich* sein zu können, eingelöst wird. Eine Annäherung an die Beantwortung dieser Frage kann über die Beurteilung des Erfolgs des jeweiligen Projekts erfolgen.[6] Diesem Vorgehen liegt die Annahme zu Grunde, dass eine für die jeweilige Situation angemessene Problemdefinition, welche die Kontextbedingungen, die beteiligten Akteure, etc. berücksichtigt, zu einer erfolgreichen Lösung des Problems führt. Es wurden jedoch nicht die beiden Projekte Globalisierung und Wissensmanagement, bei denen den Unternehmensberatungen ein hoher Einfluss auf die Problemformulierung zugebilligt wurde, als erfolgreich bewertet. Als erfolgreich eingestuft wurden die Projekte Technologiemanagement und Wissensmanagement.

Diese beiden als erfolgreich bewerteten Projekte sind gekennzeichnet von einer Einigkeit aller Beteiligten in Bezug auf die Zielsetzung des Projektes und eine klare Struktur. Es fanden sehr häufig Abstimmungstermine zwischen den Mitgliedern der Projektgruppe und mit der Steuerungsgruppe statt. Neben einer vorhandenen Rückendeckung durch das oberste Management zeichneten sich diese Projekte auch dadurch aus, dass die Entscheidungskultur der Organisation explizit berücksichtigt wurde, um antizipierte Barrieren zu umgehen. Beide Beratungsunternehmen hatten direkt vor Beginn dieser Projekte für diese Organisation gear-

---

[6] Die Bestimmung von Projekterfolg kann differenziert anhand der Dimensionen Effizienz, Effektivität und Sozialqualität vorgenommen werden und sich auf Aussagen von Projektteilnehmern, Auftraggebern und Kunden beziehen (vgl. Lechler 1997; Seitz et al. 2004). Hier wurde der Projekterfolg insgesamt durch die Projektleiter, die Mitglieder der Projekt- und Steuerungsgruppen sowie die Berater beurteilt.

beitet. Beim Projekt Technologiemanagement hatte das Beratungsunternehmen bereits ein thematisch ähnlich gelagertes Projekt in einem der Geschäftsbereiche begleitet. Beim Projekt Wissensmanagement handelte es sich um ein Folgeprojekt. In beiden Projekten waren die Berater auch eng in die Projektarbeit eingebunden. Im Laufe des Projektes wurden immer mehr Mitarbeiter der Organisation beteiligt. Darüber hinaus zeichnete sich die Zusammensetzung der Projektgruppe dadurch aus, dass explizit die Mitarbeiter dort eingebunden wurden, die später mit den zu entwickelnden Systemen in ihrer täglichen Arbeit umgehen sollen.

Das Projekt Wissensmanagement, das sowohl als erfolgreich bewertet wurde als auch durch einen hohen Einfluss der Unternehmensberater auf die Problemformulierung gekennzeichnet ist, unterscheidet sich vom Projekt Technologiemanagement, bei dem die Berater kaum Einfluss auf die Problemformulierung hatten, in verschiedenen Punkten. So wurden im Projekt Technologiemanagement die Berater von der Steuerungsgruppe kaum wahrgenommen. Die Einbindung in die Entscheidungsstrukturen des Unternehmens fehlte hier, so dass die Nähe zu den Entscheidungen über die Annahme oder Ablehnung der Problemformulierung nicht gegeben war. Die Projekte Wissensmanagement und Technologiemanagement unterscheiden sich auch darin, dass bei ersterem der Umfang des Problems und der zu bearbeitenden Inhalte immer weiter ausgedehnt wurde, während beim Projekt Technologiemanagement eine pragmatische Eingrenzung der Inhalte erfolgte. Das Projekt Wissensmanagement ist außerdem dadurch gekennzeichnet, dass es gemeinsam mit einer internen Beratungsabteilung durchgeführt wurde. Die Berater traten hier als eine Gruppe auf, sie unterschieden für sich nicht zwischen interner oder externer Zugehörigkeit. Vom Leiter der internen Beratungsabteilung wurde sogar formuliert, dass die externen Berater im Wesentlichen auf Grund fehlender personeller Kapazitäten beauftragt wurden.

Ein hoher Einfluss von Unternehmensberatungen auf die Formulierung des Problems geht also nicht automatisch mit einem höheren Erfolg eines Projekts einher. Die Ergebnisse der Fallstudien geben mithin keine eindeutige Antwort auf die Frage, ob ein hoher Einfluss auf die Problemdefinition auch tatsächlich positiv auf den Erfolg von Projekten wirkt. Der selbst formulierte Anspruch von Unternehmensberatungen, bei der Definition von Problemen helfen zu können, scheint gegeben zu sein, auch wenn er nicht in jedem Fall eingelöst wird. In Bezug auf die Erfolgswirkung dieser Beratungsleistung sind die Ergebnisse jedoch nicht eindeutig.

6. Fazit

Unternehmensberatungen haben die Möglichkeit, indirekten Einfluss auf die *Identifizierung von Problemen* zu nehmen, noch bevor eine direkter Kontakt mit einem speziellen Unternehmen zu Stande kommt, indem sie neue Konzepte und Methoden entwickeln. Sie können damit Moden schaffen, die von den Unternehmen aufgegriffen werden (Kieser 1996). Modethemen kursieren in Organisationen, sei es in Form von Büchern oder Artikeln oder im Gespräch, und bieten damit einen neuen Problemraum an, in dem andere Aspekte in den Vordergrund rücken, die so vorher in der Organisation nicht gesehen wurden.

Ein direkter Einfluss auf die Identifizierung von Problemen kann erst erfolgen, wenn bereits ein intensiver Kontakt mit dem Unternehmen besteht. Unternehmensberater haben in laufenden Projekten die Möglichkeit, neue Akzente zu setzen und damit Einfluss auf die Identifizierung von Problemen zu nehmen. In vielen Fällen – nach Aussage eines Beraters bei 60% aller Aufträge – können sie so Folgeprojekte definieren und begleiten.

Zu einem direkten, positiv wirkenden Einfluss von Unternehmensberatungen auf die Phase der Problemdefinition, indem sie die *Problemformulierung* aktiv mitgestalten, sind die Befunde nicht eindeutig. Die in ihrem Verlauf positiver beurteilten Projekte ähneln sich im Einsatz der Berater darin, dass die Berater das Unternehmen bereits gut kannten und sie früh in den Prozess der Problemformulierung mit einbezogen waren. Wo der Unternehmensberatung darüber hinaus auch ein hoher Einfluss auf die Formulierung des Problems zugebilligt wurde, ist sie auch in die Gremien mit eingebunden, in denen über die Annahme oder Ablehnung von Problemdefinitionen entschieden wird, die Steuerungsgruppen.

An dieser Stelle deutet sich an, dass das Konzept der Marginalität von Unternehmensberatungen ergänzt werden muss. Es postuliert, dass insbesondere die Perspektive von außen in der Phase der Problemdefinition hilfreich sein kann (Berthoin Antal/Krebsbach-Gnath 2001). Die Betrachtung der Fallstudien legt jedoch nahe, dass Unternehmensberatungen erst dann einen positiven Beitrag zur Problemformulierung leisten können, wenn sie die Perspektive von außen um die Perspektive von innen ergänzen können. Sie müssen das zu beratende Unternehmen bereits gut kennen, wie dies beispielsweise bei Folgeaufträgen der Fall ist, um in dieser Phase einen förderlichen Einfluss ausüben zu können.

Diese Überlegung stützt die These der Eigenerzeugung von Nachfrage durch Unternehmensberatungen (Ernst/Kieser 1999; Kieser 1998). Sie erklärt darüber hinaus die Entwicklung, dass zunehmend interne Beratungsabteilungen in Unternehmen gebildet werden. Interne Beratungsabteilungen können eine Innenperspektive bieten, da sie selbst Teil der zu beratenden Organisation sind. Sie können aber auch eine Außenperspektive bieten, da sie in der Regel eine eigene organisatorische Einheit bilden und ihre Leistung häufig auch an externe Kunde verkaufen.

Der Einfluss von Unternehmensberatungen auf die Phase der Problemdefinition scheint insgesamt stark von der Kenntnis des spezifischen Unternehmens abzuhängen. Damit rückt die Frage in den Vordergrund, wie – insbesondere bei Erstberatungen – die Kooperationsbeziehung zwischen Unternehmen und Unternehmensberatung in dieser entscheidenden Phase organisationaler Lernprozesse ausgestaltet sein muss, um Innen- und Außenperspektive in einer sich sinnvoll ergänzenden Form zusammenzuführen.

Literatur

Berthoin Antal, Ariane (1998): "Die Dynamik der Theoriebildungsprozesse zum Organisationslernen". In: Albach, Horst/Dierkes, Meinolf/Berthoin Antal, Ariane/Vaillant, Kristina (Hg.): Organisationslernen – institutionelle und kulturelle Dimensionen. Berlin, 31-52

Berthoin Antal, Ariane/Krebsbach-Gnath, Camilla (2001): "Consultants as Agents of Organizational Learning: The Importance of Marginality". In: Dierkes, Meinolf/Berthoin Antal, Ariane/Child, John/Nonaka, Ikujiro (Hg.): The Handbook of Organizational Learning and Knowledge. Oxford, 462-483

Dierkes, Meinolf/Alexis, Marcus/Berthoin Antal, Ariane/Hedberg, Bo/Pawlowsky, Peter/Stopford, John/Vonderstein, Anne (Hg.) (2000): The Annotated Bibliography of Organizational Learning. 2. Auflage. Berlin

Dierkes, Meinolf/Berthoin Antal, Ariane/Child, John/Nonaka, Ikujiro (Hg.) (2001): The Handbook of Organizational Learning and Knowledge. Oxford

Ernst, Berit/Kieser, Alfred (1999): "In Search of Explanations for the Consulting Explosion. A Critical Perspective on Managers' Decisions to Contract a Consultancy". Working Paper 99-87. Mannheim

Kaplan, Robert S./Norton, David P. (1997): Balanced scorecard – Strategien erfolgreich umsetzen. Stuttgart

Kerlen, Christiane (2003): Problemlos beraten? Die Problemdefinition als Startpunkt organisationalen Lernens. Berlin

Kieser, Alfred (1996): "Moden & Mythen des Organisierens". In: Die Betriebswirtschaft, 56 (1), 21-39

Kieser, Alfred (1998): "Unternehmensberater – Händler in Problemen, Praktiken und Sinn". In: Glaser, Horst/Schröder, Ernst F./Werder, Axel von (Hg.): Organisation im Wandel der Märkte. Wiesbaden, 191-225

Kubr, Milan (Hg.) (1996): Management Consulting: A Guide to the Profession. 3. erweiterte Auflage. Genf

Lechler, Thomas (1997): Erfolgsfaktoren des Projektmanagements. Frankfurt/Main, Berlin

Niedereichholz, Christel (1996): Unternehmensberatung – Beratungsmarketing und Auftragsakquisition. 2., überarbeitete Auflage. München, Wien

Seitz, Dieter/Kerlen, Christiane/Lippert, Inge/Steg, Horst (2004): "Konzept zur Evaluation betrieblicher Organisationsentwicklung am Beispiel der Implementierung projektorientierter Managementsysteme". In: Zeitschrift für Evaluation, 1/2004, 95-116

Türk, Klaus (1992): "Organisationssoziologie". In: Frese, Erich (Hg.): Handwörterbuch der Organisation. 3., völlig neu gestaltete Auflage. Stuttgart, 1633-1648

Walger, Gerd (1995): "Idealtypen der Unternehmensberatung". In: Walger, Gerd (Hg.): Formen der Unternehmensberatung: systemische Unternehmensberatung, Organisationsentwicklung, Expertenberatung und gutachterliche Beratungstätigkeit in Theorie und Praxis. Köln, 1-18

Beratung und Weiterbildung in interkultureller Perspektive

I. Interkulturelle Kommunikation in der technischen Weiterbildung und Fertigung: Eine deutsch-koreanische Kooperation *(Jong-Hee LEE und Michael Friedel)*

1. Problemstellung

Zunehmende Kooperation in multinationalen Teams über Ländergrenzen hinweg bietet eine Reihe von Vorteilen, schafft zugleich aber auch kulturell bedingte Probleme. Interkulturelles Bewusstsein und die Artikulation von kulturellen Zuschreibungen, so die Ausgangsthese des vorliegenden Beitrages, ist eine Notwendigkeit, die oftmals zu wenig als integraler Bestandteil eines ‚Unternehmens' mit zwei oder mehr beteiligten Organisationsstrukturen gesehen wird. In allen Planungsphasen von innovativen Kooperationen spielen interkulturelle und landesspezifische, sowie kulturspezifische Kompetenzen für Fach- und Führungskräfte eine zentrale Rolle. Zieht man in Betracht, dass in den letzten Jahren zwischen 40 und 60% aller multinationalen Firmenfusionen[1] gescheitert sind, wird die Brisanz des Themas deutlich. Befragt man die beteiligten Akteure nach den Gründen des Misserfolgs, so zeigt sich, dass sich hinter 70% dieser Fälle ein kulturelles Spannungsfeld verbirgt[2].

Unter den Bedingungen zunehmender Interaktion auf gemeinsamen Märkten, der Harmonisierung von nationalen Gesetzgebungen in größeren Wirtschaftsräumen (EU, NAFTA) und der zunehmenden Verregelung derselben (WHO, G8) sind transnationale Akteure mit einer wachsenden Dichte an interkulturellem Informationsaustausch konfrontiert. Daraus ergeben sich neue Anforderungen und Kommunikationsnetzwerke für Manager, Berater und Arbeitnehmer, die in neue Rollen und Funktionen mit internationaler Beteiligung eingebunden sind. Die Frage nach der Balance zwischen ökonomischer Effizienz und der sozialkulturellen Akzeptanz von Unternehmensentscheidungen stellt sich immer wieder dort neu, wo Akteure in Erscheinung treten, die aufgrund ihrer kulturellen Prägung bewusst oder unbewusst „eine andere Sprache" sprechen. Die kulturelle Vielfalt einer neuen Kooperation zu bewahren und zu nutzen und gleichzeitig eine ökonomische verwertbare Handlungseinheit zu schaffen gleicht in so manchem Projekt der Quadratur des Kreises. Aus den genannten Gründen wollen wir im Folgenden einen beispielhaften Einblick in eine internationale Unternehmenskooperation geben. Anhand eines deutsch-koreanischen Joint Ventures wird geschildert, wie Deutsche und Koreaner aus unterschiedlichen (Unternehmens-)kulturen in einem Weiterbildungsprojekt zusammenarbeiten und welche Spannungslinien sich dabei aus

---

[1] Die drei großen Irrtümer, DIE ZEIT 19.02.2004 Nr. 9.

[2] www.bertelsmann-stiftung.de/de/16412_18210.jsp. In der Studie wurden 200 Führungskräfte der oberen Managementebene von global agierenden großen deutschen, europäischen und japanischen Unternehmen in Deutschland befragt.

deutscher Sicht ergeben. Ziel dieses Beitrags ist es, anhand von Einzelinterviews die hintergründige kulturelle Gemengelage auf der Oberfläche der Handlungsebene abzubilden und zu analysieren, ihre Problembereiche zu schildern und nach Lösungen für ihre Bewältigung zu suchen.

2. „Die Koreaner schreiben alles mit" – vier Dimensionen eines deutsch koreanisches Kooperationsprojekts

Der Hintergrund unseres Beispiels ist eine gesetzliche Änderung, die in Südkorea den Bedarf generiert, eine technische Neuerung einzuführen. Eine deutsche Firma aus der Automobilbranche entscheidet sich zu diesem Zweck innerhalb eines Joint-Ventures mit einem südkoreanischen Betrieb ein Gemeinschaftsunternehmen zu gründen, um ein in Deutschland entwickeltes Produkt in Korea zu fertigen. Aufgabe der deutschen Seite war es, eine Fertigungskompetenz beim koreanischen Partner aufzubauen, damit dieser vor Ort ein deutsches Bauteil fertigen und einsetzen kann. Zu diesem Zweck fand eine Schulung und Weiterbildung der koreanischen Mitarbeiter am Produktionsstandort in Deutschland statt. In der Folge wurden Projektteams gegründet und es wurde eine Weiterbildung für koreanische Fachkräfte am deutschen Standort organisiert. Diese Weiterbildung war auf mehrere Wochen angelegt und umfasste koreanische Teams von Mitarbeitern aus den Bereichen *Fertigung und Montage*. Zur besseren Koordination wurde ein Projektmanager dauerhaft in Südkorea eingesetzt, um vor Ort das Gesamtprojekt sowie den Aufbau des neuen Produktionsstandorts zu betreuen.[3]

Unsere Befragten arbeiteten bereits seit mehreren Jahren für das vergleichsweise größere deutsche Automobilunternehmen. Sie verfügten alle über internationale Erfahrung in Projekten ähnlicher Größe (unter anderem in Südamerika) und waren an zentralen Schnittstellen auf verschiedenen Ebenen des Projekts beteiligt. Es wurden offene Interviews geführt.

Ziel der Befragung war es, aus der Sicht der deutschen Projektbeteiligten den Ablauf der Zusammenarbeit auf professioneller und zwischenmenschlicher Ebene zu beleuchten und dabei interkulturelle Spannungsfelder zu identifizieren, die in der Praxis im Verlauf des Projekts entstanden sind. Die Interviews sind aus Gründen der Übersichtlichkeit in der unten angegebenen Tabelle systematisch zusammengefasst.

In unserer Befragung wurde zweierlei deutlich:

1. Die interkulturelle Komponente der Zusammenarbeit steht für unsere Gesprächspartner nicht im Vordergrund. Vielmehr konzentrieren sich die Aussagen auf die **funktionalen Erfordernisse** der Zusammenarbeit: der Organisation des **Transfers von Wissen** und dem Aufbau der Fertigungskapazität.

2. Nach einer ersten ‚honeymoon-Phase' kommt es über **zunehmende abteilungsübergreifende Interaktionsdichte** zu einem größer werdenden Konfliktpotential

Das Joint Venture verlief anfänglich hoffnungsvoll und die Weiterbildung erwies sich als erfolgreich in der organisierten Vermittlung des Wissenstransfers, jedoch ergaben sich im weiteren Verlauf zunehmend Schwierigkeiten in der Interaktion zwischen den Partnern, die

---

[3] Die Hintergründe des beschriebenen Projekts sind aus Gründen der Vertraulichkeit leicht modifiziert.

von deutscher Seite als hohe Arbeitsbelastung empfunden wurde. Es stellte sich in der Befragung heraus, dass der Vorbereitungsaufwand der Weiterbildungsmaßnahme nicht dem Anspruch der koreanischen Seite genügte und dass es auch dem deutschen Projektmanager in Südkorea Schwierigkeiten bereitete, seine Tätigkeit vor Ort auszuüben. Die Probleme, die sich in der Zusammenarbeit ergaben, wurden oftmals nach eigenen Rationalitätskriterien ad hoc gelöst und zudem von unseren Interviewpartnern nicht bewusst als kulturell bedingte Schwierigkeiten geschildert. Vielmehr wurde immer wieder betont, dass es sich im Prinzip um „ganz normale Probleme" gehandelt habe, die mit Ratio zu lösen seien. Um welche Probleme handelte es sich also und wie wurde damit umgegangen?

Im Laufe der Befragung fiel auf, dass die deutsche Seite gewisse Startschwierigkeiten mit ihren koreanischen Partnern beschrieben, die nicht sprachlicher Natur waren. Erste Probleme wurden als „organisatorische Probleme" geschildert, welche sich dann im betrieblichen Alltag und im Verlauf der durchgeführten Weiterbildung allmählich eingespielt hätten. Die kulturelle Dimension in der Interaktion wurde als solche vor allem dort artikuliert, wo sich Konfliktpotentiale ergaben. Die koreanischen Kollegen, die zur Weiterbildung insgesamt neun Wochen in der deutschen Produktionsstätte verbrachten, wurden als „höfliche und angenehme Gruppe" wahrgenommen. Einer der Befragten meinte, die Koreaner seien „zuvorkommend" aufgetreten, hätten aber gleichzeitig eine „hohe Erwartungshaltung...an das Projekt und die Personen" gestellt, die auf deutscher Seite für sie verantwortlich waren. Ein Interviewpartner resümierte, die Kooperation sei eine für ihn „sehr anstrengende Zeit" gewesen, wenn auch der persönliche Eindruck der Koreaner durchaus positiv gewesen sei. Dies hänge unter anderem damit zusammen, dass auf koreanischer Seite wesentlich mehr Humanressourcen für das Projekt zur Verfügung gestanden hätten und das Projekt an sich auf koreanischer Seite einen höheren Stellenwert genoss als auf der Seite des größeren deutschen Partners. Ein deutscher Mitarbeiter betont diesen Unterschied: „Wir waren oft im Verzug. Für die koreanische Seite war es das Projekt, für uns eines von vielen Projekten".

Auffällig war, dass die Interviewpartner ihre Kooperation mit dem koreanischen Partner anfänglich als ‚business as usual' behandelten. Allerdings ergaben sich im Verlauf der Befragung zunehmend Anhaltspunkte für Konflikte und Spannungen, die aufgetreten waren und die eine spezifisch deutsch-koreanische Dimension zu enthalten schienen. Es ließen sich anhand der Befragungen vier Dimensionen identifizieren, welche unserer Ansicht nach spezifisch koreanische Wertemuster repräsentieren, die in der Zusammenarbeit deutlich wurden. Die kulturelle Andersartigkeit der Koreaner an und für sich stellte die Mitarbeiter des deutschen Unternehmens kein Problem dar, sondern erst die teilweise unerwarteten unternehmensspezifischen Ausprägungen auf der Handlungsebene des Joint-Ventures.

Bildungsorientierung

Die Befragten betonten das starke Interesse der Koreaner an der Weiterbildung. Besonders schätzten die deutschen an Ihren koreanischen Kollegen deren Aufmerksamkeit innerhalb des beruflichen Weiterbildungsprogramms. *"Koreaner schreiben immer alles mit"* berichtet ein Leiter der technischen Ausbildung. „Sie fragen immer nur einmal und nicht doppelt" sagt er und meint damit, die Koreaner hätten immer sehr konzentriert zugehört und den Lehrstoff auch gut und schnell verstanden. Ein deutscher Projektleiter bemerkt, die Koreaner hätten ihn im Verlauf seiner Tätigkeit "ausgesaugt wie einen Schwamm". Diese Aussage deutet an, dass die Koreaner ihrer fachlichen Weiterbildung einen sehr hohen Wert beigemessen hatten und dadurch wiederum ein hoher Druck auf ihn und seine Mitarbeiter entstand, die Erwartungen der Koreaner an die Qualität der betrieblichen Weiterbildung zu erfüllen. Es wird auch berichtet, die Koreaner wären nach Ablauf des Programms sehr dankbar für alles gewesen, was man ihnen vermitteln konnte, was insgesamt zu einem positiven Eindruck der koreanischen Besucher beigetragen hätte.

Bildung genießt in der streng hierarchischen koreanischen Gesellschaft großes Ansehen und damit einen großen Stellenwert im traditionellen Wertesystem. Dieses wirkt auch nach der rasanten Industrialisierung Südkoreas in der modernen Gesellschaft des 21. Jahrhunderts fort. So kommt bis heute den Universitäten neben der Qualifikationsfunktion auch die Funktion der Statusdistribution zu. Im Bildungsbereich sind die Schul- und Universitätsverbindungen (*Hag Ye-on*[4]) zu verstehen als eine durch den Bildungsprozess neu hinzugekommene soziale Kohäsion (Park 1999 88-89).[5] Hier zeigte sich, dass die deutsche Seite zwar die richtigen Inhalte und einen guten Rahmen für den Transfer von Fertigungskompetenz geschaffen, die Anforderungen der Koreaner an eine formalisierte Form der Ausbildung allerdings unterschätzt hatte. Dies wurde zwar im Verlauf des Projektes allmählich nachgeholt, hinterließ aber auf koreanischer Seite erste Spuren von Irritation.

Prioritätensetzung: Der deutsche Koreaner

Im Laufe der Zusammenarbeit, so einer der Befragten, hätten sich immer wieder unterschiedliche „Prioritätensetzungen" gezeigt. „*Alleroberstes Gebot*" für die Koreaner sei die „*Termineinhaltung*" gewesen, „*erst danach kommen die Kosten und die Qualität*". Die koreanische Kollegen wollten in der Regel immer „alles ganz genau wissen". Dabei hätten sie tendenziell den Blick auf „das Ganze", beziehungsweise, „den Blick über den Tellerrand" vermissen lassen. Auf der einen Seite werden einige dieser Werteinschätzungen als durchaus positiv eingeschätzt, da sie als typisch deutsche Grundwerte bezeichnet werden, die zum deutschen Wirtschaftswunder der 50er und 60er Jahre beigetragen hätten. Es wird indirekt bedauert, dass in Deutschland einige dieser Werte, wie zum Beispiel „*Zuverlässigkeit in der Ausführung von Zugesagtem*" nicht mehr so stark ausgeprägt sind.

Gleichzeitig sahen einige unserer Gesprächspartner aber auch die Kehrseite dieser Wertsetzung und fanden es im Vergleich eine Stärke des deutschen Managements im Notfall auch einmal „mit Halbwahrheiten leben zu können". Dadurch sei man hierzulande schneller bereit, Entscheidungen eigenverantwortlich zu treffen. Weshalb diese Eigenverantwortung in Korea schwächer ausgeprägt war, wurde den Befragten erst im späteren Verlauf des Projektes klar, als man in der Praxis allmählich bessere Einblicke in die Funktionsweise, Kommunikation und Unternehmensstruktur des koreanischen Partners erhielt.

---

[4] Hinzu kommt ein stark ausgeprägter **Regionalismus** (Ji-Yeon) in der Interaktion zwischen Politik, Unternehmen und Eliten. Die auf einer gemeinsamen regionalen Herkunft basierende soziale Beziehung setzt sich in der südkoreanischen Unternehmens- und Politikkultur fort (Park 1999: 88).

[5] So halten zum Beispiel die Hochschulabsolventen nach dem Abschluss der Universität im Zuge ihrer beruflichen Laufbahn zusammen und bilden große Netzwerke im Betrieb sowie zwischen den Unternehmen.

Kommunikation: Karaoke und Emails bis nach oben
Die Einhaltung von Harmonie und eine starke Gemeinschaftsorientierung sind tragende Elemente in der auf autoritär-patriarchalische Werte gestützten Organisation der südkoreanischen Unternehmen. Die Ausprägungen dieser Struktur wurde in der Kommunikation zwischen den Kollegen deutlich. Den deutschen Projektmitgliedern gefiel bei ihren Aufenthalten in Korea besonders gut, dass man abends gemeinsam zum Essen ging und dabei eine „gewisse Bindung" zu den Kollegen herstellen konnte. „Wir waren oft Abends gemeinsam essen und trinken und ab und zu Karaoke singen". Das hätte zwar „keine ganz enge Freundschaft gebracht", aber „sehr viel dazu beigetragen, dass man die Personen besser versteht und wie sie agieren und warum". Da Hintergründe oder firmeninterne Sachverhalte auf der Koreanischen Seite von den Mitarbeitern nur sehr zögerlich kommuniziert wurden, waren diese Treffen sehr wichtig, da hier auch manchmal **informelle Informationen** mitgeteilt wurden.

Vor allem die formale Kommunikation innerhalb des koreanischen Unternehmens bereitete einigen deutschen Führungskräften Probleme. Dabei stand der Schriftverkehr als zentrales Kommunikationsmittel im Vordergrund zwischen koreanischen Mitarbeitern und deren Vorgesetzten, sowie zwischen den Abteilungen. Es wurde als organisatorisches Ärgernis empfunden, dass von koreanischer Seite alle E-Mails „abgezeichnet" werden mussten „und zwar bis nach oben". Koreanische Vorgesetzte hielten sich oftmals bewusst im Hintergrund, wollten aber möglichst umfassend von ihren Mitarbeitern informiert sein. Dies zwang häufig die deutsche Seite mit koreanischen Mitarbeitern ein bereits geführtes Gespräch im Anschluss erneut schriftlich auszuformulieren. Diese Verfahrensweise wurde als äußerst **bürokratisch organisierte Kommunikation** empfunden.

Zusammengefasst lässt sich sagen, dass den Befragten der Kommunikationsaufwand mit der koreanischen Seite als zu hoch und die hierarchische Kontrolle und „der damit verbundene Aufwand als unerklärlich groß erschien. „Ein Hauptabteilungsleiter bei uns will nur das, was wirklich wichtig ist", sagt ein deutscher Projektleiter und meint damit, die koreanische Projektleitung habe stärker über die zentral an ihn versendeten E-Mails agiert, als im direkten Gespräch. Dieses „über den, dann über mich und dann wieder zurück" wurde vom deutschen Projektmanager als Zeitverschwendung empfunden und als zu umständlich kritisiert.

Auch bei Verhandlungen wurden kulturelle Unterschiede deutlich. Bei Koreanern müsse man allgemein „kritische und harte Verhandlungen erwarten", berichtet der Projektleiter und bemerkt nebenbei, es sei auch vorgekommen, dass Konflikte am Verhandlungstisch „laut" ausgetragen wurden. Emotionen hätten aber ansonsten eine eher untergeordnete Rolle gespielt, und würden auf koreanischer Seite sowieso „stärker unterdrückt". In einem konkreten Fall habe man nach einer Auseinandersetzung die Verhandlung dann einfach unterbrochen und nach einer Pause fortgesetzt. Besonders kritisch seien Verhandlungen abgelaufen, bei denen die koreanische Seite „besonders hart", „sehr exakt" und sogar „penetrant" aufgetreten sei. Positiv fiel den deutschen Mitarbeitern auf, dass einmal getroffene Vereinbarungen auch in finanziellen Bereichen von den Koreanern zumeist zügig und mit großer Zuverlässigkeit bearbeitet wurden.

Hierarchie: Wenn der Obere etwas sagt...

In allen von uns geführten Interviews zeigte sich diese hierarchische Prägung deutlich an konkreten Handlungsmustern. Dabei fielen uns vor allem drei Elemente auf: **Loyalität, Senioritätsprinzip und bürokratische Hierarchie.**

Auf koreanischer Seite konstatierten die deutschen Projektteilnehmer vor allem eine ausgeprägte Loyalität zu dem eigenen Vorgesetzten und eine damit verbundene starke Präsenz **hierarchischer Kontrolle.** *„Wenn der Obere was gesagt hat, dann hat man nicht mehr viel gesagt".* Während Kritik gegenüber dem eigenen Vorgesetzten nie geäußert wurde, so wurden hinsichtlich anderer Abteilungen und der eigenen Firma durchaus auch kritische Töne laut.

Der in Korea eingesetzte Projektmanager berichtet, dass er anfänglich von den Koreanern nicht wirklich als Ansprechpartner akzeptiert wurde und dass da „was im Hintergrund" abgelaufen sei. Er habe erst Monate später erfahren, dass er für die koreanischen Kollegen aufgrund seines Alters und der im Vergleich kurzen Firmenzugehörigkeit nicht dem koreanischen **„Senioritätsprinzip"** entsprochen habe und dementsprechend nur zögerlich als geeigneter Ansprechpartner akzeptiert wurde. Dieses anfängliche Versagen der Anerkennung hatte damit zu tun, dass die Auswahl des Projektmanagers eine Entscheidung des deutschen Managements war, das sich bei seiner Auswahl vor allem auf die formale Qualifikation des Mitarbeiters und weniger auf seine personale Stellung im Unternehmen bezog.

Bei den koreanischen Kollegen wurde ein sehr stark *„hierarchiegeprägtes System"* bemängelt, bei dem *„nichts ohne Anweisung"* funktionierte. Dieses Problem trat anfänglich kaum in Erscheinung, führte aber zum Problem als die Planung und Entwicklung in die Phase der Produktion eintrat. Bei größerer organisationaler Komplexität traten in der Folge die zuvor beschriebenen kommunikativen Unterschiede stärker in den Vordergrund. Neben der Entwicklungsabteilung wurden im Zeitverlauf immer mehr Abteilungen mit in den Arbeitsprozess einbezogen, was vermehrt zu horizontalem und vertikalem Kommunikationsbedarf zwischen Abteilungen führte. Anders gesagt: Es war nicht immer erkennbar, ob und durch wen die verschiedenen Abteilungen miteinander kommunizierten, was durchaus zu Missverständnissen führte und sogar zu der Aussage, die deutsche Firma hätte in einem Fall für die koreanischen Abteilungen eine „Vermittlerrolle" eingenommen, was man wiederum als befremdlich empfand. Das Anfertigen von Protokollen erfüllte im koreanischen Unternehmen eine doppelte Funktion: Zum einen entsprach es den stärker „verwaltungsmäßig" organisierten Arbeitsabläufen und zum anderen der hierarchisch ausgeübten Kontrolle über die Abläufe.

Wie in der beigefügten Tabelle deutlich wird, gibt es von deutscher Seite **dichotomische Perzeptionen** bezüglich der Handlungsmuster der koreanischen Mitarbeiter. Die Bildungsorientierung der Koreaner wurde einerseits als Aufmerksamkeit und damit positiv bewertet, andererseits aber auch als einer der Gründe dafür genannt, dass man die Koreaner als anspruchsvoll beschreibt. Ebenso lässt sich die Zuverlässigkeit und Genauigkeit der Koreaner als positiv in der technischen Zusammenarbeit und als negativ bei Verhandlungen interpretieren. Diese Dichotomie fällt bei nahezu allen Dimensionen auf. Eine Ausnahme bildet die Dimension der Hierarchie, die einen ausschließlich negativen Bezug aufweist. Im Verlauf der Befragung verglichen die Befragten ihre projektbezogenen Perzeptionen auch immer wieder mit in der Vergangenheit gemachten internationalen Arbeitserfahrungen. Auch betonten sie, dass einige der Kommunikationsprobleme auch in anderen internationalen und nationalen Modellen der Zusammenarbeit eine Rolle spielten. Es stellt sich also durchaus die Frage, inwiefern es sich bei den beobachteten interkulturellen Kommunikationsproblemen tatsächlich um spezifische Charakteristika der deutsch-koreanischen Zusammenarbeit handelt.

Es wird hier nicht der Anspruch erhoben, die deutsch-koreanische Dimension zum eindimensionalen Erklärungsfaktor für den Charakter einer Kooperationskultur zu erheben. In der Befragung wurde auch deutlich, dass zum Beispiel die ungleiche Größe der Partner, das spezifische Branchenumfeld, oder der zeitlich vorgegebene Rahmen des Projekts Einfluss auf die Kommunikationsstruktur der beiden Partner genommen haben. Dennoch fällt auf, dass alle Interviewpartner eine spezifisch hohe Belastung schildern, die für sie in der Zusammenarbeit mit der koreanischen Seite entstand, und die sich mithilfe anderer Variablen nicht hinreichend erklären lässt. Gemeint ist die **hierarchische Organisationsform** im koreanischen Unternehmen, die im Verlauf des Projekts sichtbar wurde. Sie bestimmte die Art der Kommunikation und lässt sich als zentrales Konfliktfeld in der Interaktion zwischen deutschen und koreanischen Mitarbeitern hervorheben. **Bei Zunahme organisationaler Komplexität und damit der Interaktionsdichte entsteht erhöhter Koordinierungsbedarf.** Die Koordinierung kann aber nur dann erfolgreich sein, wenn es über den Bedarf selbst Einigkeit gibt und die Spielregeln so festgelegt wurden, dass sie als allgemein verbindlich und gut empfunden werden.

Genau an dieser Stelle traten die Spannungen auf. Ohne dass Absprachen im Vorfeld getroffen wurden und ohne die Organisations- und Rationalitätsstruktur des Partners hinreichend zu kennen wurde die arbeitsteilige Vernetzung des deutschen Organisations- und Verhaltenskodex (mit seinen vergleichsweise flacheren Arbeitshierarchien) mit der koreanisch hierarchischen Organisationsnorm zum Konfliktpotential. Dieses fand in der arbeitsweltlichen Realität vor allem in der Kommunikation zwischen einzelnen und zwischen den Abteilungen seinen Ausdruck. Alle deutschen Befragten teilten die Beobachtung, dass ihre koreanischen Partner anders miteinander kommunizierten und dass die Anpassung an diese Andersartigkeit eines der Konfliktpotentiale enthielt. Daraus entstand für sie eine spezifisch hohe Arbeitsbelastung, die sich nur dann erklären lässt, wenn man die koreanische Unternehmensstruktur im Zusammenhang mit ihrer zugrundeliegenden konfuzianischen Wertedimension kennt..

In diesem Kontext ist es wichtig zu wissen, dass Werte wie **Statusakzeptanz** und **Rangordnung** sich an persönlichen „Pietätsbeziehungen" orientieren und diese wiederum in der koreanischen Unternehmenskultur präsent sind. Entsprechend der konfuzianischen Werte sind die Untertanen dem Herrscher Gehorsam und Loyalität schuldig. Wie diese Loyalität konstruiert ist, ist in der sippengebundenen Betriebsstruktur und anhand der zwischenmenschlichen Beziehungen im Betrieb zu beobachten: Großunternehmen erwarten von ihren Mitarbeitern, sich lebenslang an das Unternehmen zu binden und loyal zu bleiben (Pohl 1996: 169). Die Trennung von öffentlichem und privatem Bereich im Betrieb existiert vielleicht gerade wegen der schnellen Modernisierung der Wirtschaft des Landes kaum. Die Unternehmensstruktur hat sich der patriarchalisch definierten politisch-gesellschaftlich Struktur angepasst.

Die Struktur der Hierarchie und die zwischenmenschlichen Beziehungen der koreanischen Arbeitnehmer werden also nachhaltig geprägt durch einen konfuzianisch vermittelten patriarchalischen Führungsstil. Die innerbetriebliche Hierarchie wird auf absehbare Zeit das bestimmende Merkmal und zugleich die konfliktträchtigste Dimension in der Interaktion zwischen deutschen und koreanischen Arbeitnehmern bleiben. Wie an unserem Beispiel deutlich wurde, äußert sich diese Hierarchiedimension in den Ausprägungen **Alter** (Senioritätsprinzip), an der innerbetrieblichen **horizontalen und vertikalen Unternehmensstruktur** und an den traditionellen Werten des **Familialismus, Gruppenkollektivismus**, der **Rangordnung** und der **Loyalität**. Diese konfuzianischen Leitideen, die über 500 Jahre hinweg als Regelwerk das soziale Leben und die Arbeitsbeziehungen der Koreaner beherrscht haben, konnten auch im Zuge der Industrialisierung und der bis heute andauernden Modernisierung der Gesellschaft ihre Kontinuität erhalten. Konfuzianische Werte sind bis heute folgenreich für die Unternehmenskultur und zeigen sich vor allem dort, wo sie in interkulturellen Projekten mit nichtkonfuzianischen (Unternehmens-)akteuren aufeinander treffen.

3. Die Versöhnung kulturbedingter Handlungsmuster

Die Wissenschaftliche Erforschung von Kultur kennt zwei sich gegenüberstehende Theoreme: Die *Konvergenztheorie* beschreibt eine Abnahme beziehungsweise *Angleichung* kultureller Unterschiede während die Verfechter der *Divergenztheorie* die Zunahme und *Beständigkeit* kultureller Unterschiede in den Vordergrund stellen. Beide Theorien können sowohl auf soziale als auch auf Unternehmensorganisationen bezogen werden und finden sich in der westlichen Managementforschung vor allem in ‚cross cultural studies' wieder.

Barmeyer (2000) argumentiert, dass geographische Entfernung an sich nicht notwendigerweise zu kulturell bedingtem Unverständnis führt. Vielmehr wird konstatiert, dass kulturelle Praktiken zunehmend konvergieren. Bestimmte Feiertage etablieren sich zum Beispiel relativ leicht als Symbole von Kultur, wenn auch in unterschiedlichen Spielarten[6]. Dagegen bleiben einmal erlernte kulturelle Werte im Zeitverlauf eher konstant. Der Grund für diese Konstanz ist die Resistenz des Individuums gegen die Erosion einer einmal durch Sozialisation und kulturelle Prägung erworbenen vielschichtigen Identität (Bloom: 1990). Institutionalisierte Ausbildungsprogramme sorgen nach wie vor für hohe Normkontinuität, auch unter den Bedingungen von sich annähernden formalen Strukturen in Produktionsverfahren und Managementstrategien. Der einzige Weg, die Parallelität von kulturellen Divergenzen und Konvergenzen in unter den Bedingungen organisatorischen Wandels zu versöhnen, ist die *Beachtung der spezifischen Landeskulturen und die interkulturelle Einbindung* in eine Unternehmensstrategie. Grundvoraussetzung dafür ist die *bewusste Wahrnehmung* dieser Unterschiedlichkeit. Um einen Beitrag zu dieser Bewusstseinsbildung zu leisten, wollen wir das kulturelle Erbe der koreanischen Unternehmensstruktur kurz schildern.

---

[6] Siehe dazu auch den Begriff der „Weißwurst Hawai", der eine lokale Anpassung von globalen Phänomenen suggeriert, Ulrich Beck in Beck(1997).

4. Das kulturelle Erbe in der koreanischen Unternehmensstruktur

Südkorea ist ein gutes Beispiel für den rasanten Aufstieg eines Entwicklungslandes zu einer dynamischen Industrienation und einem damit verbundenen exponentiellen Anstieg der Kooperationen auf den Weltmärkten. Obwohl die Asienkrise einige Unzulänglichkeiten in der Südkoreanischen Kredit- und Finanzlandschaft offenbarte, konnte sich die südkoreanische Wirtschaft in den Jahren 1999 und 2000 mit einem mittleren Wachstum von 10% eindrucksvoll konsolidieren. Gespeist durch eine hohe inländische Konsumgüternachfrage und wachsende Exportzahlen geht diese zunehmende Interaktion mit weltweiten Handelspartnern weiter[7]. Deutschland rangiert für Südkorea als Abnehmerland von Exporten an sechster Stelle und ist damit der wichtigste europäische Markt und Handelspartner für Südkorea mit einem Handelsvolumen von 12.4 Mrd. US$[8].

Die rasante wirtschaftliche Entwicklung generierte eine spezifische koreanische Unternehmenskultur, welche nur verstanden werden kann, wenn man die „unverwechselbaren, kulturell voraussetzungsvollen Formen" (Pohlmann 2004: 366) dieses Aufstiegs im Auge behält[9]. Auch wenn dies auf der Makroebene nicht bedeutet, dass Kultur direkt wirtschaftliches Verhalten steuert, so wird doch in der Interaktion auf der Mikroebene die „alltägliche kulturelle Einbettung wirtschaftlicher Handlungsweisen" (Pohlmann 2004: 375) deutlich. zusammengefasst kann man diese Einbettung als ‚konfuzianisches Erbe' bezeichnen. Mit diesem Begriff ist zwar die Gefahr verbunden, die kulturellen Spezifika Südkoreas zu vereinfachen, jedoch gilt es nach wie vor als zentrales Merkmal der koreanischen Kultur.

Als Ausprägungen dieser Kultur benennt Markus Pohlmann die "starken Familienbindungen, eine starke Betonung von Bildung, die Wertschätzung der Autorität von Verwaltungs- und Regierungseliten, starke Senioritäts- und Gemeinschaftsorientierungen sowie weltlich orientierte Prinzipien der Kultivierung des Selbst"(Pohlmann 2002: 23-24). Der Konfuzianismus bildet das "Werteglied" zwischen Tradition und Moderne.

Der Konfuzianismus wurde vor dem 4. Jahrhundert n.Chr. in Korea eingeführt,[10] zwischen dem 7. und dem 10. Jahrhundert weniger als Religion, denn als Verwaltungsethik praktiziert und anschließend bis zum 14. Jahrhundert als eine Form der literarischen Bildung von vielen Intellektuellen sowie als ein moralisches System angesehen[11]. Erst während der „Yi-Dynastie (1392-1910)" entstand in Form des Neokonfuzianismus eine dominierende Lehre als politisch-ethisches System und damit ein Gesamtregelwerk einer Sozialordnung.

---

[7] Südkorea erreichte im Jahr 2002 ein Wachstum von 6.2%, trotz einer stagnierenden Weltwirtschaft, (siehe dazu CIA – The World Factbook, http://www.cia.gov/cia/publications/factbook/geos/ks.html#Econ).

[8] Deutsche Botschaft, (http://www.gembassy.or.kr/de/wirtschaft/wi_standort/index.html)

[9] Das koreanische BSP pro Kopf stieg von 249US$ (1970) auf 10 013US$ im Jahr 2002 (Korea National Statistical Office, Social Indicators in Korea, 2003). 1996 wurde Südkorea Mitglied der Organisation für Ökonomische Zusammenarbeit und Entwicklung OECD.

[10] Der Konfuzianismus wurde in China vor 2500 Jahren durch die Lehre des Konfuzius (geb. 551 v. Chr.) als ein moralisches Prinzip begründet.

[11] Vor allem wegen der bedeutenden Stellung des Buddhismus als Staatsreligion konnte sich der Konfuzianismus in dieser Zeit nicht zu einer Religion entwickeln.

Die Lehre des koreanischen Konfuzianismus der Prämoderne besitzt also nur wenig religiösen Charakter und bildet vielmehr die ethische Grundlage für das alltägliche Leben und das Gesamtkonzept des sozialen Umgangs. Es werden neben Pflichtbewusstsein und Solidarität Wertekonzepte wie persönliche Pietät und hierarchisches, patriarchalisches Familienverständnis gefördert. Die Grundprinzipien des Konfuzianismus sind die besondere Betonung der **„drei Handlungsanweisungen (Samgang)"**[12] und der **„fünf ethischen Grundsätze für die Gliederung der Gesellschaft (Oryun)"**[13] zwischen Herrscher und Untertan,[14] Ehemann und Ehefrau, Vater und Sohn, zwischen Älteren und Jüngeren und zwischen Freunden.

In dieser konfuzianischen Gesellschaft bestimmte sich der Rang zuerst nach dem Stand, dann nach dem Alter und schließlich nach dem Geschlecht (Kim 1993: 45). Die Familie steht dabei im Vordergrund: Die Harmonie des familiären Zusammenlebens ist wichtiger als die individuelle Selbstverwirklichung. Senioritätsprinzip, Autorität und Loyalität gegenüber den Familienmitgliedern werden als wichtige Werte betont. Die Verhältnisse zwischen den Familienangehörigen waren über Jahrhunderte hinweg von dieser hierarchischen Struktur geprägt und auch über die familiäre Ordnung hinaus verinnerlicht und bis in die Moderne konserviert.

Die Industrialisierung Südkoreas begann mit der Machtübernahme von Park Chunghee im Jahre 1961 und ist nach Jetzkowitz und König (Jetzkowitz/König 1998, 34) im wesentlichen auf drei strukturelle Faktoren zurückzuführen: Modernisierungsorientierte Eliten förderten eine enge Zusammenarbeit des Staates mit den großen Industrieunternehmen (*Chaebol* [15]) und konzentrierten die staatlichen Anstrengungen auf den Ausbau des Bildungssystems Aus dieser Politik entwickelte sich ein enger Zusammenhang zwischen der hierarchischen Struktur der Unternehmen und der politischen Kultur eines autoritären südkoreanischen Staates, der bis heute von einem machtvollen Präsidenten geführt wird. Die Ethik des Konfuzianismus stützte dabei die Beziehungsmuster „persönliche Pietät" und „familiäre Solidarität", welche wiederum bis heute die Basis für die Kooperation von *Chaebols* und Staat darstellt (Jetzkowitz/König 1998:34-35).

---

[12] Die *„drei Handlungsanweisungen (Samgang)"* sind: 1. Der König ist das Vorbild für seine Untertanen. 2. Der Vater ist das Vorbild für seinen Sohn.3. Der Ehemann ist das Vorbild für seine Frau.

[13] Die *„fünf ethischen Grundsätze für die Gliederung der Gesellschaft (Oryun)"* sind: 1. Zwischen Vater und Sohn soll Liebe und Vertraulichkeit herrschen. 2. Zwischen Ehemann und Ehefrau soll ein Unterschied bestehen. 3. Zwischen Älteren und Jüngeren soll es die Ehrfurcht des Jüngeren geben. 4. Zwischen Freunden soll gegenseitige Treue herrschen. 5. Zwischen König und Untertanen soll Gerechtigkeit walten.

[14] Während der YiDynastie gab es vier Rangstufen: *Yangban* (herrschender Literatenstand und Beamte), *Chungin* (technische Beamte, außereheliche Kinder von *Yangban* , untere Verwaltungsfunktionäre und Armeeoffiziere), *Sangmin* (Bauer, Handwerker und Händler), *Nobi* (staatliche und private Sklaven).

[15] „*Chaebols* are multi-company business groups operating in a wide range of markets under common entrepreneurial and financial control. Although holding companies are prohibited and each company is legally independent, chaebols are, nonetheless, characterized by centralized planning and coordination. These business groups have been a driving force behind Korea's successful exported growth and rapid industrialization. Given the scarcity of entrepreneurial talent in the early stages of development, economic resources became concentrated around the founders of these groups. The success of the Chaebols also reflects their ability to overcome the imperfections of factor markets such as those for capital, labour and technology, and to benefit from the synergies and economies of scope that are possible in large organizations."(Vgl. Lim, T. L., 2000. S.109)

Hinzu kommt der **Familialismus** als zentraler Wert des Konfuzianismus, der die Unternehmensstruktur und den Führungsstil im Betrieb prägt. Die Familie galt und gilt als Kerngruppe der südkoreanischen Gesellschaft. Die Gründer der *Chaebol-Familien* sind bis heute zumeist deren Oberhäupter. Die wichtigsten Positionen auf der Führungsebene werden allein von Chaebol-Familienangehörigen übernommen (Park 1999: 164). Deshalb ist es nicht verwunderlich dass allen vergleichenden Managementstudien zufolge koreanische Unternehmen hierarchisch, autoritär und zentralistisch organisiert sind. Die süd-koreanischen Großunternehmen passen sich „nur langsam und widerwillig an Erfordernisse wie professionelles Management, breite Streuung des Aktienbesitzes, Trennung von Leistung und Eigenschaft und eine unpersönliche hierarchische Unternehmenskultur" (Fukuyama 1995:166) an.

5. Lösungsansätze

Anhand dieses Beitrages sollte ein praxisnaher Einblick in die interkulturelle Zusammenarbeit zwischen Deutschen und Koreanern in einem Joint Venture gegeben werden. An einem Beispiel in der industriellen Weiterbildung und Fertigung wurde gezeigt, wie sich spezifisch koreanische Werte in der Kommunikation in alltäglichen Arbeitssituationen manifestieren. Nun ergibt sich durch die einseitige Befragung der deutschen Mitarbeiter eine gewisse interpretative Begrenztheit. Allerdings glauben wir, dass auch die deutsche Sichtweise wertvolle Aussagen über die koreanische Seite enthält, die durchaus Rückschlüsse auf Handlungsorientierungen der Akteure zulassen, welche aufgrund der internationalen Erfahrung unserer Gesprächspartner über eine rein subjektive Betrachtungsweise hinausgehen. Aus unserem Beispiel ergeben sich drei Faktoren, die den Erfolg einer interkulturellen Zusammenarbeit bestimmen.

A. Information
Diese spielt gerade bei interkultureller Interaktion eine zentrale Rolle und entscheidet über die Möglichkeiten und den Erfolg der Kommunikation. Durch mangelnde Information über die Hintergründe der individuellen Handlungsorientierung eines/r 'anderen' Kollegen/in werden Spannungsfelder und deren Hintergründe teilweise spät oder überhaupt nicht erkannt. In der betrieblichen Alltagswelt treten diese schnell in den Vordergrund, wenn die Leistungserbringung eines Partners dominiert, oder wenn der Kommunikations- und Koordinationsbedarf im Verlauf der Zusammenarbeit ansteigt. Probleme entstehen an der Stelle, wo die semantische Ausstattung und interpretative Leistungsfähigkeit von Einzelpersonen in der Kommunikation an ihre Grenzen stößt. Deshalb erscheint es für uns von zentraler Bedeutung, dass zukünftige Partner die (Unternehmens-)kultur des anderen im Vorfeld einschätzen können und auch im Dialog mit dem anderen offen artikulieren, um Missverständnisse zu vermeiden.

B. Bewusstes Management
Eine Möglichkeit, die teilweise unbewusst erlernten Symbole und Werte einer anderen Kultur richtig zu deuten, ist die Erlernung der Sprache. In der Regel ist diese Art der langjährigen Vorbereitung in einer industriellen projektbezogenen Zusammenarbeit nur schwer zu leisten. Das obere und mittlere Management wird in der Regel auf die englische Sprache zurückgreifen und die Ausrichtung des Unternehmens am Markt muss eine sehr langfristige

Perspektive haben, damit bei Personalentscheidungen die sprachliche Qualifikation der Mitarbeiter gestärkt werden kann. Was also kann realistisch geleistet werden, damit das kulturell unterschiedliche nicht zum unüberwindbaren Komplexitätsproblem wird? An unserem Beispiel zeigte sich, dass Anpassungen und Kulturtransfers in gewissem Maße durchaus möglich sind. Unsere Interviewpartner zeigten sich lernbereit, tolerant und brachten wichtige internationale Erfahrung in das Projekt mit ein. Der Aufbau einer gemeinsamen Interaktionsplattform, ein Kommunikations- und Krisenmanagement, kann allen Beteiligten helfen, sich besser zu verstehen und entspannter miteinander zu arbeiten. Dieses kann jedoch nur dann von beiden Seiten geleistet werden, wenn kulturalistische Eigenarten als solche erkannt und bewusst „gemanagt" werden. Kulturtypische Eigenarten müssen also nicht überwunden, sondern *vermittelt* werden. Das bedeutet, dass vor allem *prozessuales Wissen* eine Rolle spielt. Nicht das rational richtige Handeln zu identifizieren und durchzuführen ist dabei relevant, sondern die Art und Weise, wie es getan wird, sowie die Einschätzung wie das was getan wird von der anderen Seite aufgefasst werden kann.

C. Gemeinsame Vorbereitung
Letzten Endes geht es also darum einen *gemeinsamen Nenner des Handelns* zu identifizieren und auszubauen. Letzterer kann einen sinnvollen Beitrag zur Kombination von Stärken und zur Kompensation von Schwächen der jeweiligen Partner leisten und damit für beide Seiten einen Gewinn bedeuten. Ein solcher Nenner entwickelt sich zwar im Laufe eines Projektes durch die beständige Interaktion und die damit verbundene notwendige Anpassung an die andere Seite. Um jedoch eine aktive Gestaltung dieses Prozesses zu erreichen, bedarf es mehr als nur allgemeine Informationen zur Kultur eines anderen Landes. Vielmehr müssen die Mitarbeiter vor Beginn des Projektes spezifische Informationen über die Funktionsweise, den organisatorischen Aufbau und die kulturspezifischen Dimensionen der Zusammenarbeit **im betrieblichen Kontext erhalten.** Bei einer internationalen Firmenkooperation kommt es darauf an, das Paradigma der Modernisierung (siehe Pohlmann in diesem Band) Das Bewusstsein für diesen Sachverhalt zu entwickeln ist die raison d'etre dieses Beitrages.

6. Anhang: Tabellarische Zusammenfassung der Interviews (exemplarisch)

	Was schätzten Sie an Ihren koreanischen Kollegen?	Was fanden Sie bei Ihren koreanischen Kollegen nicht so gut?
Interpersonale Beziehungen	• "Höfliche und angenehme Gruppe" [der Auszubildenden] • "zuvorkommend" • "sehr dankbar" [für jede neue Information]	• Die hohe Erwartungshaltung [der Koreaner]... an das Projekt und die Personen" [war unangenehm]
Bildungsorientierung	• "Aufmerksamkeit, mit der die koreanischen Kollegen die Weiterbildung verfolgten" • "Sie sind unwahrscheinlich wissbegierig gewesen"	• [Die Koreaner haben mich]"ausgesaugt wie einen Schwamm"

	Was schätzten Sie an Ihren koreanischen Kollegen?	Was fanden Sie bei Ihren koreanischen Kollegen nicht so gut?
Prioritäten	• "Zuverlässigkeit in der Ausführung oder Umsetzung von zugesagten Dingen" • "Die Koreaner haben die deutschen Grundwerte, die wir uns in den 60er, 70er und 80er Jahren erarbeitet haben" • "Schnell und zuverlässig"	• "alleroberstes Gebot ist es, Termine einzuhalten. Erst danach kommen Kosten und Qualität" • "mit Halbwahrheiten auch mal leben zu können war immer ganz schwierig" • "man muss immer alles ganz genau wissen" • "diesen Blick über den Tellerrand habe ich vermisst" • "interdisziplinäre Zusammenarbeit [zwischen koreanischen Abteilungen]fehlte"
Hierarchie		• "Sehr stark hierarchiegeprägtes System" • "Nichts geht ohne die entsprechende Anweisung" • "Hierarchische Kontrolle und der damit verbundene Aufwand ist sehr viel größer als bei uns" • „Das Senioritiätsprinzip ...war für mich unangenehm... weil das kam von ganz oben und die Leute haben es durchgetragen nach ganz unten..." • "es gibt da ganz wenige mit einem kritischen Geist, die den Vorgesetzten auch mal testen" • "Wir mussten für die Vermittler [zwischen koreanischen Abteilungen] spielen"
Kommunikation	• "Wir waren jeden Abend essen. Das hat schon eine gewisse Bindung gebracht" • "Man hat bei so einem Abendessen auch Informationen erhalten, die nicht ganz offiziell waren" • "Die Koreaner schreiben alles mit" • "Wenn mal etwas schief geht [auf koreanischer Seite] dann tiefste Entschuldigung"	• "Jeder Bereich arbeitet sein Anliegen ab, damit hört es aber auch schon auf" • "alle Emails mussten abgezeichnet werden und zwar bis nach oben" • "Selbst wenn man Recht hat muss man aufpassen was man sagt" • "aus unserer Sicht schon mal übertrieben" [die Entschuldigung] • [Bei Verfehlung] "kommen permanent sachliche Ermahnungen" • "in Verhandlungen unwahrscheinlich hart, penetrant ein Stück" • "Kleinigkeiten sind immer wieder gekommen, die wir nicht so wichtig erachtet haben. Das hat uns ...Ressourcen gekostet"

Literatur

Barmeyer, Christoph I. (2000): Interkulturelles Management und Lernstile: Studierende und Führungskräfte in Frankreich, Deutschland und Quebec, Frankfurt/New York: Campus

Beck, Ulrich (1997): Was ist Globalisierung: Irrtümer des Globalismus – Antworten auf Globalisierung, Edition Zweite Moderne, Frankfurt a. M.: Suhrkamp

Bloom, William (1990): Personal Identity, National Identity and International Relations, , Cambridge: Cambridge University Press

Cha, Seong-Hwan (1998): Die neukonfuzianischen Werte und die Industrialisierung in Korea. in: Keil, Siegfried/Jetzkowitz, Jens/König, Matthias(Hrsg.), 1998: Modernisierung und Religion in Südkorea. Studien zur Multireligiosität in einer ostasiatischen Gesellschaft, München/Köln/London: Weltforum Verlag, S.48-63

Croissant, Aurel (1998): Politischer Systemwechsel in Südkorea (1985-1997), Hamburg: Institut für Asienkunde

Fukuyama, Francis (1995): Konfuzius und Marktwirtschaft. Der Konflikt der Kulturen. München: Kindler

Jetzkowitz, Jens/König, Matthias(1998): Religion und gesellschaftliche Entwicklung in Südkorea, in: Keil, Siegfried/Jetzkowitz, Jens/König, Matthias(Hrsg.),(1998): Modernisierung und Religion in Südkorea: Studien zur Multireligiosität in einer ostasiatischen Gesellschaft, München/Köln/London: Weltforum Verlag, S.19-46

Kim, Hae-Soon (1989): Frauenbewegung in Südkorea, in: Frauenbewegungen in der Welt. Bd.2 „ Dritte Welt", Hamburg: Argument Verlag, S.191-202

Kim, Seong-Cheon (1993): Notwehrrecht und Rechtstruktur: Eine Studie zur Rechtsentwicklung in Korea, Bielefeld

Lim, Yang Taek, (2000): Korea in the 21st Century, New York: Nova Science Publishers.

Pak, Jai Sin (1990): Familie und Frauen in Korea: Die feministische Herausforderung: Konfuzianische patriachale kapitalistische Gesellschaftsform, Berlin

Pohl, Manfred (1996): Wertesysteme und Unternehmenskultur in Japan und Korea

Klump, Rainer (Hrsg.), 1996: Wirtschaftskultur, Wirtschaftsstil und Wirtschaftsordnung: Methoden und Ergebnisse der Wirtschaftskulturforschung. Marburg: Metropolis Verlag

Pohlmann, Markus (2002): Der Kapitalismus in Ostasien. Südkoreas und Taiwans Wege ins Zentrum der Weltwirtschaft, Münster: Westfälisches Dampfboot

Pohlmann, Markus (2004): Die Entwicklung des Kapitalismus in Ostasien und die Lehren aus der asiatischen Finanzkrise, in: Leviathan, Zeitschrift für Sozialwissenschaft, 32. Jahrgang. Heft 3. Wiesbaden: VS Verlag für Sozialwissenschaft, S. 360-381

Scharnweber, Dieter (1997): Die politische Opposition in Südkorea: im Spannungsfeld von tradierter politischer Kultur und sozioökonomischer Entwicklung. Landau: Knecht

Schreyögg, Georg, (1997): Theorien organisatorischer Ressoucen, in: Günter Ortmann et al. (Hrsg.), Theorien der Organisation. Die Rückkehr der Gesellschaft, Opladen: Westdeutscher Verlag, S.481-486

Shin, Yul (1995): Politische und ideengeschichtliche Entstehungsbedingungen des Sozialstaates: Ein Vergleich zwischen Deutschland und (Süd-) Korea. Freiburg

Sun, Han-Seung (1990): Verbände und Staat in Südkorea, Bielefeld

Weber, Max (1920/1988): Gesammelte Aufsätze zur Religionssoziologie, III Bände. Tübingen: J. C. B. Mohr(Paul Siebeck)

DIE ZEIT (19.02.2004 Nr.9): Die drei großen Irrtümer

www.bertelsmann-stiftung.de/de/16412_18210.jsp, besucht am 10.03.2005

http://www.cia.gov/cia/publications/factbook/geos/ks.html#Econ), besucht am 12.03.2005

http://www.gembassy.or.kr/de/wirtschaft/wi_standort/index.html, besucht am 16.03.2005

II. Von der Kunst, unsichtbare Hürden zu nehmen – Interkulturelle Kommunikation und organisationaler Wandel *(Markus Pohlmann)*

In den letzten Jahren haben viele ökonomische und sozialwissenschaftliche Untersuchungen immer wieder eines bestätigt: Dass der *gezielte* Wandel der Organisation ein Kunststück ist, das vielen Unternehmen nicht gelingt und Veränderungen nur selten zur Zufriedenheit der maßgeblichen Akteure ausfallen. So berichtete „New Leaders", dass US-amerikanische Unternehmen, darunter viele internationale Unternehmen, mehr als 200 Mrd. US-Dollar für Veränderungen, Umschulungen oder andere Formen der Überprüfung ihrer Organisation ausgegeben haben, wohingegen weniger als 20% der Manager, die diese Ausgaben zu verantworten hatten, mit den Ergebnissen zufrieden waren – ein Verhältnis, das nach einer von Arthur D. Little durchgeführten Befragung von Führungskräften heute sogar auf 16% gefallen ist (zit. in Laszlo 1999: 32). Hinzu kommt, dass der gezielte Unternehmenswandel bekanntermaßen auf große Widerstände auf Seiten der Betroffenen stößt. Nach der Einschätzung unterschiedlicher Studien ziehen viele Belegschaftsangehörige, bisweilen bis zu zwei Drittel der Belegschaft es in der Regel vor, sich nicht an Maßnahmen zum Organisationsumbau zu beteiligen, wenn sich ihnen die Gelegenheit dazu bietet (Arnold 1997; Picot et al. 1999; Vansina/Taillieu 2000: 119; Janes et al. 2001). Da ist von Desinteresse, Lernblockaden oder Widerstand bei der Umsetzung die Rede (Arnold 1997). Selbst in Krisensituationen gilt nach unseren eigenen Ergebnissen oft die Devise: Es gibt nur eines, was schlimmer ist als die jetzige Situation und das ist, sie zu verändern! Diese Probleme des gezielten Wandels multiplizieren sich bei internationalen Unternehmen noch. Insbesondere im Falle von Unternehmenszusammenschlüssen und Fusionen, die typisch für internationale Unternehmen sind, gehen unterschiedliche Studien davon aus, dass der Erfolg von Fusionen und Übernahmen in ökonomischer Hinsicht in mehr als der Hälfte der Fälle äußerst zweifelhaft ist, weil u.a. die unternehmenskulturellen und regionalen Unterschiede zu stark und mit ihnen die Transaktionskosten zu hoch sind (vgl. z.B. Gugler et al. 2003).[1] Während also der Himmel der Unternehmensphilosophien und -visionen häufig voller Geigen hängt, sind die Missklänge im gezielten organisationalen Wandel der internationalen Unternehmen deutlich vernehmbar.[2]

---

[1] Eine Analyse der Effekte von Fusionen und Unternehmensübernahmen in Europa und Deutschland durch Gugler et al. zeigte, daß Fusionen im Durchschnitt weder zu Gewinn- oder zu Umsatzsteigerungen führten noch zu einer Erhöhung des Marktwertes der Unternehmen. Der Marktwert der Unternehmen sank vielmehr in über 60% der Fälle (Gugler et al. 2003).

[2] Gegen organisationale Trägheit, schwache Unternehmenskulturen, Kommunikations- und Führungsprobleme, die gerne für diese Hiobsbotschaften verantwortlich gemacht werden, scheint insbesondere bei großen internationalen Unternehmen kein einfaches Kraut gewachsen. Trotz professionellen Personals, das sich dieser Probleme annimmt, vieler externer Experten sowie einer zunehmende Internationalisierung des Managements haben diese Probleme nicht ab- und die Aufmerksamkeit für sie zugenommen.

Was sind die Gründe für diese Missklänge und wie lassen sie sich beheben? Hier liegt der Ausgangspunkt der folgenden Ausführungen. Ich möchte fragen, wie der organisationale Wandel internationaler Unternehmen in zwei Transformationsökonomien, in Ostdeutschland und Tschechien, ablief und aufzeigen, welche Aufgaben sich stellten und wie diese bewältigt wurden. Empirisch beziehe ich mich dabei auf schriftliche Befragungen von Unternehmen in Ost- und Westdeutschland, auf vier Organisationsfallstudien von internationalen Unternehmen in Ostdeutschland und Tschechien (darunter die Untersuchung des ISF München zu Opel Eisenach, eigene Untersuchungen zu BMW Eisenach und ASI Sömmerda sowie auf eine Untersuchung, die an der Universität Erlangen von Prof. Schmidt und Prof. Srubar zur interkulturellen Kommunikation bei VW/Skoda durchgeführt wurde) mit insgesamt 40 teilstandardisierten bzw. problemzentrierten Interviews. Ich werde bei der Analyse der Rolle der interkulturellen Kommunikation im organisationalen Wandel im ersten Schritt etwas zu den hervorgehobenen Akteuren, zum internationalen Management, sagen, und mich im zweiten Schritt dann auf die Sinn- und Wissenssysteme konzentrieren, welche die interkulturelle Unternehmenskommunikation geprägt und die Chancen eines zielorientierten Wandels mitbestimmt haben.

1. Wer gestaltet den Wandel?

Unverzichtbar für eine Analyse der Sinn- und Wissenssysteme der Organisation ist es, die Akteure einzubeziehen. Mir liegt hier zunächst die Frage am Herzen, ob die aktuelle, neue Generation von Führungskräften in den westlichen und osteuropäischen Industrieländern tatsächlich in einem Maße international erfahren, international vernetzt und international rekrutiert ist, wie es z.B. Moss Kanters Rede von einer „Weltkultur des Managements" und der Herausbildung einer globalen Elite nahelegt (Kanter 1997: 268ff.). Zieht man Untersuchungen der Top-Manager in verschiedenen Nationen zu Rate, so zeigt sich, dass in Europa und den USA selbst bei den größten Unternehmen das Topmanagement überraschenderweise gering internationalisiert oder international erfahren ist. Nur 2% bis 7% des Topmanagements der 100 größten Unternehmen in Deutschland, Großbritannien, Frankreich und den USA sind Ausländer und nur 7% bis 16% haben längere Auslandsaufenthalte zu verzeichnen (vgl. Hartmann 2002). Vor der sehr starken Internationalisierung der Unternehmen bleibt also jene des Topmanagements in Deutschland und wichtigen westlichen Industrieländern zurück. Bei diesem überwiegen, manchmal auch bis in die jüngeren Generationen hinein, eher *monokulturelle Prägungen*.

Dasselbe Bild zeigt sich nach zahlreichen Studien auch bei den ökonomischen Eliten in Mittel- und Osteuropa (vgl. dazu Pohlmann/Gergs 1997). Die Gruppe der ökonomischen Eliten setzt sich in beiden Transformationsökonomien im Regelfall aus einer im Sozialismus in den Karrieren blockierten, eher systemneutralen Generation von naturwissenschaftlich-technisch gebildeten Leitungskräften aus der zweiten und dritten Reihe der sozialistischen Kombinate zusammen. Erst mit dem in Zukunft anstehenden Generationswechsel könnten also neue Eliten Einzug ins tschechische und ostdeutsche Topmanagement halten. Wichtig ist also, dass in aller Regel nicht international erfahrenes, transnationales oder bikulturelles Management in internationalen Unternehmen den Wandel gestaltet, sondern eher national geprägte Manager.

2. Wie wird der Wandel organisiert?

Im Rahmen der organisationssoziologischen Analysen ließ sich zunächst zweierlei feststellen. *Erstens* bevorzugten die Unternehmen ein klassisches Set an Maßnahmen des gezielten organisationalen Wandels, die dem Paradigma der klassischen Modernisierung der Organisation folgten. Das heißt, ihrer sozialtechnologische Behandlung des Übernahmeproblems lagen folgende Ideen zugrunde, welche auch die Herausbildung der Sinn- und Wissenssysteme der Organisation zunächst bestimmten:

1. der Transfer der Formalstrukturen der Mutterorganisation, der auf der Vorstellung einer einfachen Übertragbarkeit rationaler Organisationsformen gründete;
2. die forcierte Übernahme zentraler technischer Standards, die auf Basis einer gemeinsamen „technologischen Denkweise" unproblematisch erschien;
3. die forcierter Übernahme von scheinbar kulturunspezifischem Wissen und Konzepten, der die Idee eines auf Fachkenntnisse konzentrierbaren Aneignungsprozesses zugrundelag, der nur partikulare „Wissenslücken" überwinden muss;

Zweitens erwies sich diese Art der gezielten organisationalen Veränderung in den meisten von uns untersuchten Fällen als zunächst außerordentlich erfolgreich. Das heißt, überprüft man den Aufbau der formalen Organisation, die Erneuerung der Technologie, die Anzahl der Schulungen und die Repräsentation zentraler Managementkonzepte, so ist man über die Geschwindigkeit und die Reichweite dieser gezielten organisationalen Veränderungen eher überrascht. Offensichtlich funktioniert die alltägliche interkulturelle Kommunikation auch ohne Deckung durch die Kenntnis der tieferliegenden Deutungsschemata (vgl. dazu in theoretischer Perspektive Srubar 2002: 333 ff.). Hier konnten also die Probleme organisationalen Wandels in internationalen Unternehmen nicht liegen.

Dasselbe galt auch für die *informellen* Systeme wechselseitiger Zuschreibung. Zwar konnte man sowohl bei VW/Skoda als auch bei den internationalen Unternehmen in Ostdeutschland deren Schärfen erkennen, sobald man anstelle von standardisierten Skalen offene, indirekte Fragetechniken verwendete. Aber auch diese Schärfen in der wechselseitigen Zurechnung waren nicht nur unvermeidbares Produkt interkultureller Kommunikation, sondern bereits Resultat eines innovativen organisationalen Lernprozesses. Diese informellen Systeme wechselseitigen Zuschreibungen waren von neuer, anderer Qualität und schufen im Regelfall einen ersten stabilen, wenn auch *informellen Diskursrahmen*, der das Organisationslernen und die Annahme von Entscheidungsprämissen *erleichterte*. Sie erwiesen sich nur dann als problematisch, wenn, wie bisweilen bei den internationalen Unternehmen in Ostdeutschland, die kulturelle Nähe und die Stärke der Machtasymmetrie zur verdeckten Artikulation von kulturellen Differenzen führte. Generell kann aber keine Rede davon sein, dass es die oft angeführten, wechselseitigen kulturellen Abgrenzungen sind, die das zentrale Problem im Wandel interkultureller Unternehmen darstellen. Es kommt vielmehr darauf an, wie diese vermittelt werden.

3. Welche Probleme ergaben sich?

Dabei spielen die eher *hintergründigen Deutungs- und Gestaltungsschemata* der Organisation eine wichtige Rolle, die uns im nächsten Schritt interessieren. Anders als die informellen

Systeme der wechselseitigen Zuschreibung sind diese im Wandel nicht ständig thematisch präsent ist. Bei den organisationalen Deutungs- und Gestaltungsschemata geht es darum, dass neues Wissen, neue Erfahrungen und neue Routinen in der Organisation *ausgewählt und sortiert oder vergessen werden*, ohne dass dies in der Kommunikation im Regelfall reflektiert oder thematisiert würde (Luhmann 1997: 110 f.). Der kognitive Verarbeitungsmodus bleibt im Regelfall implizit, d.h. er ist weder den Akteuren noch der Organisation vollständig reflexiv verfügbar. Entsprechend schwer ist seine methodische Rekonstruktion.

Diese Rekonstruktion ließ als erstes Ergebnis erkennen, dass die Übersetzung der formalen Regeln und Managementkonzepte eine dritte, andere und eigene Qualität des organisationalen Wissens hervorgebracht hat. Die klassischen Vorstellungen einer einfachen Übertragbarkeit der Formalorganisation als auch von kulturunspezifischen Fach- und Konzeptwissen wurden dabei ad absurdum geführt. Ich möchte anhand von zwei Interviewbeispielen verdeutlichen, wie dies gemeint ist:

- *„Man muss viel Geld zum Fenster hinauswerfen, damit dieses zur Tür wieder hereinkommt"*. So erwies sich bei Skoda zum Beispiel die (von VW importierte) Vorstellung eines stark *„kundenorientierten Kundendienstes"*, in dessen Aufbau viel Geld und Zeit zu investieren sei, als für das tschechische Management in seiner Notwendigkeit nicht einsehbar. Die Vorstellung „kulanter Kundenpflege" erschien als „rausgeworfenes Geld", wurde jedoch in einer anschlussfähigen dialektischen Interpretationsvariante unter dem Motto: „Man muss viel Geld zum Fenster hinauswerfen, damit dieses zur Tür wieder herein kommt" in den Akkulturationsprozess integriert. Dabei wurde die Sinnfigur des „hinausgeworfenen Geldes" jedoch als eine implizit bleibende Entscheidungsprämisse bewahrt, und damit markiert, dass eine investive Kundenorientierung als Managementkonzept fremd und unverstanden blieb. Es bleibt in dieser Sinnfigur „unsinnig", viel Geld für die Kundenpflege auszugeben.

- Ein anderer Fall ließ sich von uns in zwei ostdeutschen Tochterunternehmen beobachten, bei denen das Leitbild des 'lean managements' eine sehr einseitige Interpretation durch das ostdeutsche Management erfuhr: *„Wir haben (...) eine Struktur aufgebaut, die schlanker schon gar nicht mehr möglich ist. Wir haben also – neben uns – keine Entscheidungsebene mehr drunter. Wir entscheiden also, wann die Reinemachefrau draußen sauber macht, wenn man mal bis zum Extrem geht. Und so ist das auch in der Fertigung und der Entwicklung"*. Das Management der Betriebe verband den Abbau der Entscheidungsebenen ausschließlich mit dem Ziel, einen schnelleren und direkten Zugriff 'von oben' zu realisieren. „Lean Management" bedeutete für dieses in patriarchalisch-zentralistischer Tradition, „alles allein entscheiden zu können". Auch dieses Konzept blieb ein im Grunde fremdes Versatzstück, das in eine anders geartete Rationalität managerialen Handelns eingearbeitet wurde. Die Vorstellung, dass „Entscheidungsfindung und Problemlösung in schlanken Unternehmen weit nach unten delegiert sind", wurde durch diese Form der Assimilation nachgerade in seinem Sinngehalt umgekehrt.

Es kam in diesen und anderen Fällen zu einer Einkapselung kulturfremder Versatzstücke, die dem eigenen Interpretationshorizont fremd bleiben, aber gleichwohl auf eigensinnige Weise integriert bzw. assimiliert wurden. Hinter den „Kommunikationsfassaden" von z.B. „Kundenorientierung" und „lean management" nisteten, hartnäckig und schwer erkennbar, ganz andere Rationalitätsstandards. Erst mit Hilfe der stärker interpretativ angelegten Erhebungs-

und Auswertungsverfahren wurde der „clash" oder Zusammenprall der organisational verschiedenen Verarbeitungsschemata spürbar.

Er machte auf eine andere, deutlich verlangsamte Dynamik des Wandels aufmerksam, bei der die Selektionsmechanismen der Wissensproduktion die alten blieben und ein auf veränderte Verarbeitungslogiken von Wissen zielendes Lernen (zweiter Ordnung) nur in geringem Maße stattfand.

Bei der genaueren Auswertung der Organisationsfallstudien deutete sich darüber hinaus an, dass unterschiedliche, hintergründige Leitbilder der Organisation den konservativen Deutungs- und Gestaltungsschemata ihre Konsistenz gaben. Es handelte sich hierbei um ein gesellschaftlich institutionalisierte Leitbilder der Organisation, welche die Grenzen des organisationalen Wandels in den internationalen Unternehmen in Ostdeutschland und Tschechien bestimmte. Diese Hintergrundfiguren der Rationalisierung verlangsamten und verkomplizierten den organisationalen Wandel deutlich. So zeigte sich in Ostdeutschland, dass die hintergründige Beibehaltung eines für das ostdeutsche Management und die ostdeutschen Belegschaften zentralen Deutungs- und Gestaltungsschemas der Organisation nach dem Ideal eines Maschinenmodells[3] – also einer Orientierung am reibungslosen, quasi-automatischen Funktionieren der Organisation und einer mechanistischen Marktauslegung nach technologischer Exzellenz – dem konservativen Lernen in den internationalen Unternehmen in Ostdeutschland seine bezeichnende Richtung gab. Aber auch in Tschechien sorgten die zur Geltung kommenden Selektionsmechanismen für eine konservative Aneignung der formalen Rahmen, Techniken und Managementkonzepte, welche nicht selten der gezielten Veränderung der Organisation entgegenstand. Der Wandel nahm eine andere, im Regelfall *unintendierte Form der Strukturbildung* an. Nicht Lernblockaden, sondern ein konservatives, kulturspezifisches Lernen sorgte für viele der unsichtbaren Hürden im Wandel der Unternehmen. Sie konnte das Management nur dann nehmen, wenn es sich von den dominanten Vorstellungen der klassischen Modernisierung der Organisation löste.

4. Worüber nicht gesprochen wird oder: Von der Relevanz des „Nicht-Thematischen" im organisationalen Wandel

Diese Verlangsamung des organisationalen Wandels durch die Herstellung von Kontinuität in der Verarbeitung von Neuem ließ sich auch auf der untergründigen Ebene der Sinn- und Wissenssysteme der Organisation feststellen. Auf dieser Ebene wird die gesellschaftliche Einbettung der Organisation als Einfluss von nicht-thematischen, selbstverständlichen le-

---

3 Die Organisation wird nach dem Vorbild des Automatismus ausgelegt. Das Management erscheint als das „Triebrad" im „Automatismus" der Organisation, die am liebsten als „triviale Maschine" gedacht wird, als Mechanismus mit gezieltem Input einen bestimmten Output zu erreichen. Das Aufspannen einfacher Zweck-Mittel-Relationen und die dadurch mögliche einfache Identifikation von „Hindernissen", „Barrieren" und Widerständen bei der Trivialisierung, das mechanistische Organisationsverständnis erscheint rational, weil es Antrieben zur Herstellung von Beherrschbarkeit und Sicherheit in der Außenwelt folgt, die der Rationalitätsbewertung vorausgesetzt sind. Das Abstrakte wird, so könne man mit Claessens formulieren, durch die nicht mehr angemessenen Bilder des verlorenen Konkreten übersetzen und in der Übersetzung rekursiv verfestigt. Dazu gehört der sinnliche Automatismus einer organismusähnlich Organisation ebenso wie die mechanistische Vorstellung eines Marktes, der es für den technologisch Besten schon richten wird.

bensweltlichen Voreinstellungen thematisiert. Sie formen unsichtbar, subkutan und subversiv um, was sich nicht als lebensweltlich anschlussfähig erweist.

Unseren Ergebnissen nach zeigte sich die Relevanz dessen, worüber nicht gesprochen wurde, sich in zwei Formen: zum einen in der *instrumentellen Form* eines ebenso selbstverständlichen wie bewussten Schweigens, zum anderen in der *unintendierten Form* eines selbstverständlichen Nicht-Erkennens von *entscheidenden Interpretationsdifferenzen.*

So zeigte sich bei VW/Skoda; dass die Verständigungsprobleme selbst nur selten zum Thema in der Kommunikation gemacht wurden. Ein tschechischer Abteilungsleiter bei Skoda berichtete über das Dolmetschersystem: *„Dolmetscher sind nicht immer eine große Hilfe. Also, wenn etwas nur wörtlich übersetzt wird, kann jeder etwas anderes verstehen. Da haben wir nur zu vielen Aufträgen und Sachen genickt und etwas anderes gemacht, weil wir das anders verstanden haben."* Auf Basis des Wertesystems bei Skoda gab es gute Gründe, dieses (offensichtlich bewusste) „Andersmachen" nicht zum Thema zu machen. Darüber wurde – wie unschwer zu verstehen – solange kein Wort verloren, wie die Abweichungen nicht moniert wurden.

Auch für die unintendierte Form eines selbstverständlichen Nicht-Wissens kultureller Differenzen, die sich auch in den zuvor bereits behandelten Zitaten erkennen ließ, soll abschließend nochmals ein Beispiel gebracht werden. Bei den internationalen Unternehmen in Ostdeutschland kann man dies gut am Beispiel der Sinnfigur des Vorgesetzten zeigen. Diese wurde vom ostdeutschen Management in einer Weise ausgelegt, dass ausschließlich der Vorgesetzte die schwierigen Fragen zu klären und Probleme zu lösen habe. *„Die westdeutschen Manager verdienen ein Vielfaches von uns... Sie sollen die schwierigen Probleme lösen."* Das führte zu der paradoxen Situation, dass das westdeutsche Management nach unten zu delegieren versuchte, während das ostdeutsche Management dies als ungerechtfertigte Zumutung von Verantwortung zurückwies und selbstverständlich dem Prinzip einer „Delegation nach oben" folgte.

Es zeigte sich auch auf dieser untergründigen Ebene, dass lebensweltliche Selbstverständlichkeiten in der Interpretation organisationaler Restrukturierungsmaßnahmen die Reichweite und Nachhaltigkeit des organisationalen Wandels deutlich restringierte. Dabei spielten, um die Argumentationskette abzuschließen, auch wieder die kulturellen Prägungen der Akteure eine Rolle, die mit darüber entschieden, wie stark die Illusion eines kulturunspezifisch richtigen Wegs organisationalen Wandels verfolgt wurde.

5. Die Organisation des Wissenstranfers – Brücken ohne Anschluss

Im Umgang mit der Aneignungs- und Akkulturationsproblematik (Lernen und Wissen zweiter Ordnung) lag die Priorität der internationalen Unternehmen in Tschechien und Ostdeutschland auf dem Transfer von Fach- und Organisationskenntnissen. Die Aneignung von vermeintlich kulturunspezifischem Fach- und Organisationswissen wurde deutlich höher gewichtet als das kulturspezifische Wissen. Die Akkulturationsmaßnahmen folgten, soweit vorhanden, dieser Schwerpunktsetzung.

- Bei VW/Skoda waren die viel diskutierten Tandemkonstruktionen von tschechischen und deutschen Managern vom Gedanken dieses Austausches von Fachwissen und Erfahrungen getragen. Sie konnten jedoch dieses nicht immer gewährleisten, weil sie von beiden Seiten äußerst status-, beziehungs- und kultursensibel angeeignet – und damit zum „contest terrain" im Aufeinandertreffen unterschiedlicher Managementkulturen wurden. Nicht selten wurde das beabsichtige „Coaching" des deutschen Managers von dem lokal erfahrenen tschechischen Managers als „Assistentur" empfunden. Nicht selten wurde die Tandemkonstruktion von tschechischer Seite nicht als Erfahrungsaustausch, sondern als unnötige Verlängerung der Entscheidungswege dechiffriert, die nur eins zeigte: dass den tschechischen Managern nicht zugetraut wurde, allein zu entscheiden. In kaum merklicher, unsichtbarer Weise wurde der Austausch kulturunspezifischen Wissens durch die kulturspezifische Aneignung des Austauschmechanismus sabotiert.

- Im ostdeutschen Transformationsprozess lag die Prioritätensetzung beinahe ausschließlich auf dem Transfer von Fach- und Organisationswissen, weil zum einen die Vorstellung der Fremdkulturalität in den internationalen Unternehmen diskreditiert war. Zum anderen, weil insbesondere das ostdeutsche Management darauf beharrte, dass keine prinzipielle kulturelle Differenz im Spiel sei.

  „Im Prinzip funktioniert das doch alles gleich (...). Im Westen wird auch nur mit Wasser gekocht. (...) Viele Probleme sind doch die gleichen wie früher". (Abteilungsleiter Produktion/Ost)

  „Die Funktionsweise der Marktwirtschaft war mir nicht fremd. Es gab zwar bestimmte Details, die ich nicht wusste, aber das habe ich mir relativ schnell aus den Lehrbüchern angeeignet".(Geschäftsführer/Ost)

Die sich dann doch schnell einstellende Fremdkulturalität in der Aneignung sorgte für Weichenstellungen, die dem Unternehmenswandel in Ostdeutschland eine eigensinnige Richtung gab, die dem angezielten Wandel häufig entgegenstand.

Die Vorstellung nur vereinzelter Wissenslücken erwies sich als Illusion, weil mit ihr die Problematik des Akkulturationsprozesses gar nicht erfasst werden konnte. Diese sorgte für zahlreiche, häufig unsichtbar bleibende Hürden im Unternehmenswandel, die das Management nur dann nehmen konnte, wenn es sich im Akkulturationsprozess von der Vorstellung eines eindimensionalen Transfers von Organisations- und Fachwissen lösen konnte. Es zeigte sich im Vergleich von Skoda und den in Ostdeutschland operierenden Unternehmen, dass zum einen um so mehr mit konservativem Lernen zu rechnen ist, je umfassender der Wandel ausfällt. Und dass zum anderen die Kulturspezifität des Wissens eine um so stärkere Rolle beim gezielten Wandel des Unternehmens spielt, je weniger diese (wie in Ostdeutschland) beim Wissenstransfer berücksichtigt wurde.

6. Resümee: Kommunikation und Wandel in internationalen Unternehmen

Damit sind einige der Schwierigkeiten des organisationalen Wandels in internationalen Unternehmen und die Rolle, die Sinn- und Wissenssysteme in der interkulturellen Kommunikation dabei spielen, deutlich geworden:

1. Vor der sehr starken Internationalisierung der Unternehmen bleibt jene des Topmanagements zurück. Bei diesem überwiegen eher monokulturelle Prägungen, die sich als Hürden organisationalen Wandels erweisen können.

2. Mit der klassischen Sozialtechnologie des „change managements" lassen sich zwar temporär gute Erfolge in der gezielten Veränderung der Organisation erreichen, aber nicht langfristig.

3. Die informellen Systeme wechselseitigen Zuschreibungen schaffen als eigensinniges Resultat von innovativem Lernen im Regelfall einen ersten stabilen Diskursrahmen, der das weitere Organisationslernen erleichtert – und nicht erschwert. Die Schärfen in den wechselseitigen Zuschreibungen werden erst dann zum Problem, wenn das Machtverhältnis sehr ungleich, der gesellschaftliche Kontext sehr schwach ist und ihre Artikulation nur verdeckt stattfinden kann.

4. Die Dynamik des Wandels wird nicht durch die vordergründige Übernahme von Konzepten und Formalstrukturen, sondern durch die hinter- und untergründigen Deutungs- und Gestaltungsschemata maßgeblich in Reichweite und Nachhaltigkeit bestimmt;

5. Im Managementtraining der westdeutschen „global player" spielt kulturspezifisches Wissen kaum eine Rolle. Je weniger aber bei der Gestaltung des „Wissenstransfers" kulturspezifisches Wissen in den Mittelpunkt gestellt wird, desto stärker kommt es hintergründig zur Geltung.

6. Ein Zusammenprall unterschiedlicher Wertesysteme, der den organisationalen Wandel behindert, ist immer dann vorprogrammiert, wenn diese nicht zum Thema gemacht werden können. Ein erfolgreicher Unternehmenswandel wird dann zur Kunst, unsichtbare Hürden zu nehmen.

7. Die evolutionären Selektions- und Stabilisierungsmechanismen zeichnen für konservative Formen organisationalen Lernens verantwortlich, die den organisationalen Wandel als nicht krisenhaften erst möglich machten.

Die Kunst und die Herausforderung des Managements besteht nun angesichts dieser Ergebnisse darin, sich auf unsichtbare Hürden einzustellen und die Gestaltung des Wissenstransfers darauf einzurichten. Wie wir gesehen haben, fällt dies je nach Kontext unterschiedlich schwer. Im Sinne eines zielorientierten Unternehmenswandels ließ sich jedoch erkennen, dass es sich als sinnvoll erweist

- kulturelle Differenzen in der Kommunikation offenzulegen und nicht zu versuchen, sie zu eliminieren *(also einen Rahmen zur Förderung kultureller Identitäten und Differenzen bereitstellen)*;

- dem Eigensinn in der Aneignung fremder Managementkonzepte Beachtung zu schenken und Illusionen einfacher Übertragbarkeit aufzugeben *(also die Vorstellung von Identität durch die Annahme von Differenz im Aneignungsprozess ersetzen)*;

- nicht zu viele Variablen im Wandel des Unternehmens auf einmal zu verändern *(also mehr auf Sequentialität, denn zu stark auf Simultanität zu setzen)*;

- im Wissenstransfer nicht nur fachspezifisches, sondern auch kulturspezifisches Wissen in den Mittelpunkt zu stellen *(also kollektive, hybride Aneignungsformen wie „joint seminars" zu wählen)*;

- unterschiedliche Wertesysteme zum Thema zu machen und nicht den Mantel des Schweigens darüber zu decken *(also Dialogformen zu nutzen, welche die Explikation von Wertdifferenzen erlauben).*

Meines Erachtens kann eine solche Gestaltung interkultureller Kommunikation helfen, die anfangs zitierten Probleme des gezielten Unternehmenswandels in internationalen Unternehmen besser zu bewältigen. Damit soll jedoch nicht beansprucht werden, eine weiter auszuführende Rezeptur für jeden Fall interkultureller Kommunikation bereitstellen zu können, denn Rezepte sind selbst, das sollten die vorangegangen Ausführungen deutlich gemacht haben, immer nur das Spielmaterial organisationalen Wandels; dieser selbst bleibt nolens volens zukunftsoffen

Literatur

Arnold, Alexander (1997): Kommunikation und unternehmerischer Wandel, Wiesbaden: Deutscher Universitätsverlag

Gugler, Klaus et al. (2003): The Effects of Mergers: An International Comparison, International Journal of Industrial Organization, Vol. 21(5): 625-653

Hartmann, Michael (2002): Der Mythos von den Leistungseliten. Spitzenkarrieren und soziale Herkunft in Wirtschaft, Politik, Justiz und Wissenschaft, Frankfurt a. M.: Campus

Janes, Alfred et al. (2001): Transformations-Management. Organisation von Innen verändern, Wien, New York : Springer

Laszlo, E. (1999): Total Responsibility Management – Unternehmen in umfassender Verantwortung führen lernen, in: Papmehl, André, Rainer Siewers (Hrsg.): Wissen im Wandel. Die lernende Organisation im 21. Jahrhundert, Wien, Frankfurt: Ueberreuter (23-34)

Luhmann, Niklas (1997): Die Gesellschaft der Gesellschaft, 2 Bde., Frankfurt/M.: Suhrkamp

Moss Kanter, Rosabeth (1997): Rosabeth Moss Kanter On the Frontiers of Management, Harvard: Harvard Business Review Book

Picot, Arnold et al. (1999): Management von Reorganisationen: Maßschneidern als Konzept für den Wandel, Wiesbaden: Gabler

Pohlmann, Markus , Hanjo Gergs (1997): Manager in Ostdeutschland. Reproduktion oder Zirkulation einer Elite?, Kölner Zeitschrift für Soziologie und Sozialpsychologie, Vol. 49, Heft 3: 540-562

Srubar, Ilja (2002): Strukturen des Übersetzens und interkultureller Vergleich, in: Joachim Renn/Jürgen Straub/Shingo Shimada (Hg.): Übersetzen als Medium des Kulturverstehens und sozialer Integration, Frankfurt/M: Campus (323-345)

Vansina, Leopold S., Tharsi Taillieu (2000): Business Process Reengineering oder soziotechnisches Systemdesign in neuen Kleidern?, in: Trebesch, Karsten (ed.): Organisationsentwicklung. Konzepte, Strategien, Fallstudien, Stuttgart: Klett-Cotta (117-142)

Beratung und Weiterbildung in Klinik und Pflege

I. Pflegeberatung – Von einem Berufsfeld für Pflegekräfte und der Beratung der Berater *(Heiko Burchert)*

1. Einführung

Der vorliegende Beitrag möchte auf ein Beratungsfeld: die Pflegeberatung aufmerksam machen. Hierzu wird eingangs der sich auf Grund veränderter Rahmenbedingungen im Gesundheitswesen ergebende Beratungsbedarf in der Pflege herausgearbeitet. Diese Beratungen sind durch Personen in Institutionen zu leisten. Wodurch diese gekennzeichnet sind, worin deren Motivation zur Beratung besteht und was die Inhalte der Beratung sind, ist Gegenstand des dritten Abschnitts. Ziel des Beitrages ist es weiterhin, hervorzuheben, dass selbst die Berater einer Beratung bedürfen. Hierauf wird im Verlauf des Beitrages, explizit aber im abschließenden Abschnitt eingegangen.

2. Bedarf an Pflegeberatung

Das deutsche Gesundheitswesen befindet sich bedingt durch vielfältige demographische, epidemiologische und nicht zuletzt durch ökonomische Veränderungen in einer grundlegenden Umbruchssituation. Die Entwicklung geht von einem starr strukturierten Versorgungssystem zu einem Markt angebotener und nachgefragter Gesundheitsleistungen über. Insofern sich das Gesamtsystem wandelt, folgen Veränderungen in einzelnen Teilsystemen auf den Fuß. Diese zeigen auch ihre Wirkungen im Bereich der Pflege:

- die anteilige Zunahme älterer Menschen an der Gesamtbevölkerung: steigende Lebenserwartung bei gleichzeitigem Geburtenrückgang (vgl. Ulrich 1998: 229),
- die Zunahme von chronischen Erkrankungen und Co-Morbiditäten,
- die Verkürzungen stationärer Verweildauern von 28,7 Tage im Jahr 1960 über 13,2 Tage (1993) bis hin zu 10,4 Tage im Jahr 1999[1] mit Verlagerungen von bisher stationär erbrachter medizinischer und pflegerischer Leistungen in den ambulanten Bereich (vgl. Seeger et al. 1998),
- die Ausweitung von Behandlungs- und Pflegealternativen,
- der Einsatz moderner medizinisch-technischer Geräte und Informations- und Kommunikationstechnologien (vgl. Burchert 2002)
- das veränderte Inanspruchnahmeverhalten medizinischer und pflegerischer Leistungen von Patienten: der Patient im Sinne eines wohlinformierten Mitgestalters (vgl. Salfeld/Wettke 2001: 3),

---

[1] Zu den statistischen Daten im Gesundheitswesen der Bundesrepublik Deutschland vgl. die Informationen des Statistischen Bundesamtes unter http://www.destatis.de/basis/d/gesu/gesutab1. htm.

- die sich dementsprechend ständig ergänzenden Qualifikationserfordernisse gegenüber den Professionen im Gesundheitswesen.

Die grundlegende Richtung der Entwicklung zeigt sich in den zur Lösung anstehenden Probleme. Was fehlt, sind indes konkrete Hilfestellungen für die Akteure im Gesundheitswesen. Selbst die Flut rechtlicher Regelungen stellen keine ausreichende Handlungsunterstützung dar.[2] Sie trägt eher zu einer weitergehenden Orientierungslosigkeit bei, wobei gleichzeitig ein konkreter Handlungsbedarf erkennbar wird. Umfassende und dennoch auf den Einzelfall ausgerichtete Beratung nicht nur der Patienten, vielmehr auch der Akteure selbst tut Not.

Um dies leisten zu können, ist eine qualitative und quantitative Einschätzung der personellen Ressourcen und der Aus-, Fort- und Weiterbildung in den pflegerischen Berufen vorzunehmen. Der Sachverständigenrat für die Konzertierte Aktion im Gesundheitswesen empfiehlt in seinem Gutachten „Bedarfsgerechtigkeit und Wirtschaftlichkeit" aus dem Jahre 2000/2001 eine Reihe von Maßnahmen „zur Optimierung der personellen Ressourcen in den Pflege- und Sozialberufen". Ein wesentlicher Punkt dabei ist die Modernisierung von Ausbildungsinhalten. Mit Blick auf die Beratung von Patienten und deren Angehörigen wird darin auch ein dringend zu ergänzender Ausbildungsgegenstand gesehen (vgl. Sachverständigenrat für die Konzertierte Aktion im Gesundheitswesen 2001: 56). Es bedarf jedoch geraume Zeit, bis sich derartige Ausbildungsgegenstände in entsprechenden Curricula wiederfinden und in qualifizierten Absolventen niederschlagen.

Der derzeitige und zukünftig weiterhin ansteigende Beratungsbedarf kann in vielen Fällen sowohl qualitativ als auch quantitativ nicht mit den bisherigen personellen Ressourcen in den Pflege- und Sozialberufen gedeckt werden. Der sich u. a. in diesem Bereich öffnende Pflegemarkt bietet somit Ansatzpunkte für die Institutionalisierung der Beratung. Da der professionell darauf ausgerichtete Nachwuchs auf sich warten lässt, der Beratungsbedarf aber bereits jetzt besteht, wird die Pflegeberatung aus bisherigen Strukturen heraus angeboten. Das Spektrum der Beratungsangebote ist sehr weit, betrachtet man allein die Vielzahl der Angebote, die sich auf den ca. 12.000 Internetseiten (Stand: September 2004) finden, wenn mittels einer Eingabe des Stichwortes „Pflegeberatung" eine Internetsuche durchgeführt wird.

---

[2] Allein am Beispiel der Finanzierung von Krankenhäusern wird diese Flut von rechtlichen Regelungen besonders deutlich, wenn davon ausgegangen werden kann, dass sich seit 1972 ca. 50 größere Einzelgesetze und mehr als 7.000 Verordnungen, Vereinbarungen und Richtlinien mit dem Regelungsbedarf in diesem Bereich des Gesundheitswesens beschäftigten, vgl. Burchert 2002a: 68.

3. Institutionelle Verankerung der Pflegeberatung

Eine Beratung in der Pflege ist geknüpft an Personen und Institutionen. Mögliche beratende Akteure rund um die Pflege sind:

- Selbstständige – vordergründig Pflegefachkräfte – , die eine Existenzgründung in diesem Bereich anstreben;

- bisherige ambulante oder stationäre Pflegedienstleister, die durch eine Beratung zudem die Auslastung ihrer Pflegekapazitäten sichern oder erhöhen wollen;

- Kommunen, die sich auch für solche Fragen als Anlaufstelle für den Bürger verstehen, sowie

- Pflegekassen, die ihre Mitglieder über das mögliche Leistungsspektrum informieren, welches der Gesetzgeber als die gesetzlich garantierten Leistungen der sozialen Pflegeversicherung (vgl. § 28 SGB XI) vorsieht.

Diese vier potentiellen „Beratergruppen" sind auf Grund ihrer wirtschaftlichen und pflegerischen Kompetenzen und Ressourcen in unterschiedlichem Maße für ein Engagement im Rahmen der Pflegeberatung in der Lage, den sich ergebenden Anforderungen gerecht zu werden und einen möglichen Beratungsbedarf zu befriedigen.

Selbstständige

Existenzgründer – hier vornehmlich aus Pflegeberufen – verfügen in ihrer Person über pflegerische Kompetenzen kognitiver, interaktionärer oder formal-rechtlicher Art. Hierin und in der den selbstständigen Existenzgründern zugeschriebenen hohen Flexibilität auf Grund noch ungefestigter Strukturen sowie kürzeren Entscheidungswege liegen die Erfolgsfaktoren dieser Gruppe (vgl. u. a. Koch 2001: 27–34). Demgegenüber jedoch bedürfen diese Akteure i. d. R. einer gründlichen betriebswirtschaftlichen Beratung[3] und einer Bereitstellung von Kapital in der Gründungsphase. Gerade eine Existenzgründung hält eine Reihe von Chancen aber auch Risiken bereit, wenn die eigenen Stärken und Schwächen und die der Mitbewerber auf dem Pflegemarkt nicht adäquat berücksichtigt werden. In einer Vielzahl von Pflegeberufen wird nach den ersten Jahren im Beruf eine hohe Fluktuation konstatiert. Eine Alternative zur bisherigen beruflichen Tätigkeit wäre die Etablierung als Berater rund um die Pflege.

Als Inhalte der Beratungstätigkeit sind zwei große Themenbereiche zu nennen. Einerseits – und hierin wird sich der Schwerpunkt der Beratungstätigkeit herausbilden – sind es Pflegetechniken, die Laienpflegenden oder den Pflegebedürftigen selbst in Kursen gebührenpflichtig vermittelt werden. Andererseits wird der Ratsuchende – vom Stellenwert ergänzend, voraussetzend jedoch, um in Anspruch genommene Kurse über Pflegetechniken bezahlen zu können – über Möglichkeiten und Verfahren der Beantragung von finanziellen Unterstützungen aus der Pflegeversicherung beraten. Zudem können Hilfestellungen bei der Antragstellung gegeben werden. Die Pflegeberatung bietet somit diesem Adressatenkreis ein hervorra-

---

[3] In der beruflichen Ausbildung zur Pflegekraft oder zur Altenpflegekraft nehmen die Unterrichtsstunden zu den Themen BWL und Recht laut den gültigen Ausbildungs- und Prüfungsordnungen gerade mal ca. 7 % des Stundenumfangs ein.

gendes Betätigungsfeld, für welches sich die Betreffenden im Vergleich zu den anderen Gruppen durch berufsbezogene Merkmale auszeichnen.

Pflegedienstleister
Ein Pflegedienstleister im Bereich der ambulanten oder stationären Pflege ist ein bereits am Markt akzeptierter Anbieter von Pflegedienstleistungen. Die aufgezeigten Veränderungen demographischer, epidemiologischer und ökonomischer Art zwingen zu Maßnahmen, den bisherigen Stand am Markt angebotener Pflegedienstleistungen zu sichern oder auszubauen. Dies gelingt üblicherweise, indem die strategische und operative Ausrichtung des Unternehmens den veränderten Umweltbedingungen angepasst wird. Der Einstieg in die Pflegeberatung öffnet in diesem Zusammenhang ein strategisches Fenster: Die Sicherung der Kapazitätsauslastung.

Eine Ausdehnung der bisherigen Leistungen auf die Beratung rund um die Pflege trägt – im Sinne einer vertikalen Diversifikation[4] – entscheidend zur Sicherung des Unternehmensbestandes in Umbruchzeiten bei. Indem ein bestehendes Leistungsprogramm durch eine vorgelagerte Leistung, wie z. B. die Beratung über mögliche Pflegedienstleistungen verbunden mit der Vorstellung der eigenen Pflegeangebote, ergänzt wird, kann eine permanente Nachfrage nach der originären Leistung dieser Berater sichergestellt werden. Diese Gruppe von Pflegeberatern verfügt über entsprechende pflegerische und betriebswirtschaftliche Kompetenzen, die im Sinne einer Nutzung von Synergieeffekten zur Verfügung stehen. Oftmals erweisen sich jedoch die Strukturen eines etablierten Unternehmens als veränderungsresistent und damit hinderlich, um schnell und flexibel auf Marktveränderungen reagieren zu können.

Kommunen und Pflegekassen
Kommunen und Pflegekassen stellen weitere Gruppen potentieller Pflegeberater dar. Sie sind aus zwei Gründen an einem Einstieg in dieses Betätigungsfeld motiviert oder haben ihn teilweise bereits vollzogen. Erstens besteht sowohl auf der kommunalen als auch auf der Ebene der Sozialversicherungen im allgemeinen und der Pflegeversicherung im besonderen nicht nur das berechtigte Interesse, im Sinne der Fürsorge für ihre Bürger oder versicherten Mitglieder aktiv zu werden. Zudem ergibt sich aus den landesbezogenen Umsetzungen des Pflege-Versicherungsgesetzes (vgl. §§ 8, 9 SGB XI) die gesetzliche Verpflichtung durch ein Zusammenwirken von Kommunen, Pflegekassen und anderen an der pflegerischen Versorgung beteiligten Institutionen Pflegebedürftige, von Pflegebedürftigkeit Bedrohte und ihre Angehörigen trägerunabhängig zu beraten und über die erforderlichen ambulanten, teilstationären, vollstationären und komplementären Hilfen zu informieren.[5]

Durch lebensverändernde Ereignisse wie Krankheit und Pflegebedürftigkeit von Angehörigen verbunden mit einer plötzlichen und unerwartet erforderlichen Versorgung geraten diese

---

[4] Zur betriebswirtschaftlichen Bedeutung unterschiedlicher Diversifikationsstrategien aus der Sicht des Marketings vgl. u. a. Hildebrandt 2000: 98–99.

[5] Vgl. bspw. § 4 Abs. 1 Landespflegegesetz Nordrhein-Westfalen – PfG NW.

immer häufiger in eine völlig neue Lebenssituation, in welcher teilweise weitreichende Entscheidungen getroffen werden müssen:[6]

- Welche Art von Pflege kommt für mich oder meinen Angehörigen in Frage?
- Welche ambulanten oder stationären Angebote gibt es in meiner Wohnumgebung? Welche Leistungen halten sie vor? Wie wird die Qualität der Leistungen eingeschätzt?
- Wie finanziere ich einen Pflegeplatz oder eine ambulante Pflege?
- Welche Hilfen gibt es für pflegende Angehörige?
- Wie beantrage ich eine Pflegeeinstufung oder lege Widerspruch gegen den Bescheid ein?

Zweitens ist – ähnlich wie bei den anderen Gruppen – der Einstieg in die Pflegeberatung mit weitergehenden positiven wirtschaftlichen Effekten verbunden. Die Besetzung von Beratungsstellen mit Arbeitslosen oder Schwerbehinderten aus den entsprechenden Berufen – sei es auch nur über Arbeitsbeschaffungsmaßnahmen – hat mit Blick auf Kommunen eine Beschäftigungswirkung zur Folge. Das Verweisen auf Pflegedienstleister in der Region stärkt die Wirtschaftskraft der einzelnen Anbieter und damit die der gesamten Region. Insofern dies unabhängig erfolgt, setzt zwischen den Anbietern von Pflegeleistungen ein Wettbewerb ein, der Wirkungen in Richtung Leistungserweiterung und Qualitätsverbesserung entfaltet.

Die wirtschaftlichen Effekte einer Pflegeberatung durch die und auf der Seite der Pflegekassen gehen über die soeben beschriebenen hinaus. Eine Beratung der Pflegebedürftigen, von Pflegebedürftigkeit Bedrohten und deren Angehörigen trägt zu deren optimalen Versorgung mit den einerseits dem konkreten oder potentiellen Pflegebedarf entsprechenden und andererseits vom Gesetzgeber im Rahmen der sozialen Pflegeversicherung eingeräumten Pflegeleistungen (vgl. § 28 SGB XI) bei. Ökonomisch relevanten Über-, Unter- und Fehlversorgungen mit pflegerischen Leistungen – wie u. a. im Gutachten des Sachverständigenrates der Konzertierten Aktion im Gesundheitswesen angesprochen – kann somit präventiv begegnet werden.

Beratungssituationen sind zu unterschiedlichen Anlässen beobachtbar. Zunächst sind Beratungen im Rahmen der Beantragung von Leistungen aus der sozialen Pflegeversicherung zu erbringen. Über diesen Antrag wird i. d. R. im Ergebnis einer Begutachtung des Antragstellers durch den Medizinischen Dienst der Krankenversicherungen entschieden. Um diese Begutachtung möglichst optimal vorzubereiten, sind speziell darauf ausgerichtete – bei weitem aber noch nicht übliche – Beratungen sehr empfehlenswert. Wird eine Pflegebedürftigkeit entsprechend § 14 SGB XI festgestellt und die Pflege in der Häuslichkeit durch Angehörige (also Laienpflegende) erbracht, so wird diese Pflegesituation periodig beratend unterstützt. Die Pflegekassen vergüten die Aufwendungen für eine solche von ambulanten Pflegedienstleistern durchzuführende Beratung in Abhängigkeit von der Schwere der Pflegebedürftigkeit, vgl. § 37 Abs. 3 SGB XI.

Unabhängig von diesen Gruppen und deren möglichen Mischformen gibt es natürlich eine Vielzahl weiterer Akteure im Gesundheitswesen, die zu Fragen rund um die Pflege beratend tätig sind. Nicht zu übersehen sind in diesem Zusammenhang Selbsthilfegruppen, beratende

---

[6] Vgl. in Anlehnung an die Zielstellung der kommunalen Pflegeberatung der Stadt Bielefeld, die hier stellvertretend für eine Reihe weiterer kommunaler Pflegeberatungsdienstleister beispielhaft herangezogen werden soll, unter http://www.bielefeld.de/de/gs/pflege/pflegeberatung/.

Angehörige oder die Pflegeberufsständischen Gesellschaften und Verbände. Obgleich diese ihre Beratungen nicht mit einem vordergründigen wirtschaftlichen Interesse verbinden, tragen sie mit einem vergleichbaren Engagement zur Deckung des Beratungsbedarfs in einer nicht minderen Qualität bei.

4. Beratung der Berater

Wie bereits in den bisherigen Ausführungen dargestellt bedarf es aus verschiedenen Gründen auch einer Beratung der Berater. Im wesentlichen sind diese auf einen Grund zurückzuführen: Die soziale Pflegeversicherung wurde erst 1994 ins Leben gerufen wurde. Sie ist somit der jüngste Baustein in einem sehr komplexen Vorsorgesystem des Sozialrechts in unserem Land. Bei der Pflegeversicherung liegt laut § 7 Absatz 2 Satz 1 SGB XI die originäre Verpflichtung zur Beratung der Versicherten, ihrer Angehörigen oder Lebenspartner über mögliche Leistung der Pflegekassen.

Die vollständige Annahme eines neuen Zweiges der Sozialversicherungen setzt jedoch auch trotz seiner Notwendigkeit zeitliche und finanzielle Ressourcen voraus, die vor allem auf der Seite der Berater aufzubringen sind. Gefragt sind Konzepte, welche die betriebswirtschaftlich relevanten Aspekte, wie z. B. Fragen der Finanzierung, der Öffentlichkeitsarbeit, der institutionellen und organisatorischen Gestaltung des Beratungsdienstleisters, sowie die rechtlichen Rahmenbedingungen berücksichtigen. Letztere umfassen Fragen der Haftung, die sich aus einer Beratungssituation ergeben können, Möglichkeiten gesetzlich geforderter und damit finanziell sichergestellter Beratungen laut SGB sowie Fragen erforderlicher Qualifikationen auf der Seite des Beratenden.

Eine unzureichende Beratung der Pflegebedürftigen ist jedoch nur ein Indiz für Über-, Unter- und Fehlversorgungen mit pflegerischen Leistungen. Ein weiteres Indiz ist die Qualität der Pflegeleistungen an sich. Die unzureichende Qualität der Pflege hat den Gesetzgeber entsprechend § 80 a SGB XI dazu veranlasst, die Pflegekassen zu verpflichten, mit Einrichtungen der teil- und vollstationären Pflege Leistungs- und Qualitätsvereinbarungen einzugehen, bevor Verhandlungen über Vergütung erbrachter Leistungen aufgenommen werden können. Im Klartext bedeutet dies, dass die Einrichtungen insbesondere ein funktionierendes Qualitätssicherungssystem nachzuweisen haben. Die bisher angebotenen Pflegeleistungen auf neue Kriterien auszurichten, die einer qualitativen Verbesserung der Pflegeleistungen gleichkommt, zieht wiederum einen Beratungsbedarf der Institution und einen Weiterbildungsbedarf bei den Mitarbeitern nach sich.

Literatur

Burchert, H. (2002): Informations- und Kommunikationstechnologien im Gesundheitswesen. In: Burchert, H. und Th. Hering (Hrsg.): Gesundheitswirtschaft, München und Wien: R. Oldenbourg: 148–152

Burchert, H. (2002a): Finanzierung von Krankenhäusern. In: Burchert, H. und Th. Hering (Hrsg.): Gesundheitswirtschaft, München und Wien: R. Oldenbourg: 63–69

Gesetz zur Umsetzung des Pflege-Versicherungsgesetzes (Landespflegegesetz Nordrhein-Westfalen – PfG NW) vom 19. März 1996, in: GV NRW S. 137

Hildebrandt, Th. (2000): Marketing. In: Arens-Fischer, W. und Th. Steinkamp (Hrsg.): Betriebswirtschaftslehre, München und Wien: R. Oldenbourg: 41–142

Koch, L. T. (2001): Unternehmensgründung als Motor der wirtschaftlichen Entwicklung. In: Koch, L. T. und Chr. Zacharias (Hrsg.): Gründungsmanagement, München und Wien: R. Oldenbourg: 23–35

Sachverständigenrat für die Konzertierte Aktion im Gesundheitswesen (2001): Bedarfsgerechtigkeit und Wirtschaftlichkeit. Kurzfassung des Gutachtens 2000/2001. Bonn 2001

Salfeld, R. und J. Wettke (2001): Perspektiven zum deutschen Gesundheitssystem. In: Salfeld, R. und J. Wettke (Hrsg.): Die Zukunft des deutschen Gesundheitswesens. Perspektiven und Konzepte. Berlin, Heidelberg, New York u. a.: Springer: 1–6

Seeger, A.; H. Burchert, J.-U. Müller, J. Piek und M. R. Gaab (1998): Verkürzung der postoperativen Verweildauer – eine Problemdarstellung. In: Burchert, H. und Th. Hering (Hrsg.): Gesundheit und Ökonomie. Interdisziplinäre Lösungsvorschläge. Gesundheitsökonomische Beiträge, Band 30, hrsg. von Gäfgen, G. und P. Oberender, Baden-Baden: NOMOS: 23–38

Sozialgesetzbuch (SGB) Elftes Buch (XI) – Soziale Pflegeversicherung – vom 26. Mai 1994, in: BGBl. I, S. 1014. Zuletzt geändert durch Art. 10 G zur einordnung des Sozialhilferechts in das SGB vom 27. Dezember 2003, in: BGBl. I, S. 3022

Ulrich, V. (1998): Gesundheitswesen im Umbruch – Herausforderungen und Optionen. In: Burchert, H. und Th. Hering (Hrsg.): Gesundheit und Ökonomie. Interdisziplinäre Lösungsvorschläge. Gesundheitsökonomische Beiträge, Band 30, hrsg. von Gäfgen, G. und P. Oberender, Baden-Baden: NOMOS: 217–236

II. Klinikumsinternes Ausbildungskonzept am Beispiel der/des MTAR *(Hyun Soo KO)*

Mit dem ständigen Fortschritt der medizinischen Forschung gibt es kontinuierlich neue und verbesserte Möglichkeiten in der medizinischen Diagnostik und bei der Behandlung von Patienten. Dieser Prozess lässt sich durch die steigende Lebenserwartung der Menschen in unserer Gesellschaft erklären[1], was zum einen zu einem deutlichen Mehrbedarf an Personal in der Krankenversorgung und zum anderen zu neuen (Sub-) Qualifizierungen des medizinischen Personals führt.

Im Folgenden soll das Berufsbild der/des MTAR[2] unter speziellen Gesichtspunkten der Beratung und Ausbildung beschrieben und die damit verbundene Problematik mit eventuellen Lösungsansätzen erläutert werden.

1. Berufsbild, Tätigkeitsfelder und Anforderungsprofil

Der Beruf der MTAR hat mit der revolutionären Entdeckung von Röntgenstrahlen Anfang des 20. Jahrhunderts seinen Anfang genommen. Das Grundprinzip der Erzeugung von Röntgenstrahlen ist über die Jahre geblieben, jedoch ist das Arbeitsgebiet unter dem Einfluss der modernen Technik beachtlich erweitert worden. Neue Untersuchungsmethoden sowie therapeutische Methoden sind hinzugekommen. Zum Beispiel nimmt die Kernspintomographie aufgrund der fehlenden schädigenden Wirkung von Röntgenstrahlen eine zunehmende Rolle in der Diagnostik ein. Ein weiteres Beispiel sind neue angiographische Materialien und Techniken, die bei der Therapie von Tumor- und Gefäßerkrankungen zum Einsatz kommen.

Insgesamt gibt es vier Haupttätigkeitsgebiete der Radiologie: Diagnostische Radiologie, Strahlentherapie, Nuklearmedizin und die Dosimetrie/Strahlenschutz. Die Ausbildung zur MTAR wird durch examinierte und speziell ausgebildete MTARs, Ärztinnen/Ärzte und teilweise durch weiteres, in der Medizin tätiges Personal (z.B. Physiker) geleistet und muss demzufolge einen großen Gegenstandskatalog abdecken.

Eines der Haupttätigkeitsfelder der MTARs ist die diagnostische Radiologie, welche es ermöglicht mit Hilfe von Röntgenstrahlen (z.B. konventionelles Röntgen und Angiographie, Computertomographie) oder auch mittels anderer bildgebender Verfahren (z.B. Ultraschall und Kernspintomographie) Krankheiten oder Verletzungen des menschlichen Körpers darzustellen. Auch die anatomische Lage und Funktion einzelner Organe können mittels speziell applizierter Substanzen (Kontrastmittel) untersucht werden. Die MTAR ist hierbei in erster

---

[1] Die durchschnittliche Lebenserwatung in Deutschland nimmt weiter zu. Sie beträgt heute für einen neu geborenen Jungen 74,8 Jahre und für ein gerade zur Welt gekommenes Mädchen 80,8 Jahre. Dies entspricht gegenüber dem Stand von Mitte der achtziger Jahre einer Zunahme von etwa 3 Jahren bei beiden Geschlechtern. Quelle: Statistisches Bundesamt (2002), Datenreport 2002, Bundeszentrale für politische Bildung Bonn, S.38)

[2] Im Folgenden soll der Begriff der MTAR in der femininen Form verwendet werden. Dies dient der Einfachheit der Formulierung und reflektiert zugleich die aktuelle Geschlechterverteilung in diesem Beruf in Deutschland.

Linie für die Durchführung der Untersuchung (z.B. patientengerechte Lagerung und Einstellen des Untersuchungsfeldes, Vorbereiten der nötigen Hilfsmittel, Wählen der geeigneten Untersuchungsprogramme am Computer) und die Qualität der Bilder verantwortlich.

In der Strahlentherapie werden Tumore oder Entzündungen mit hochenergetischen Strahlenarten behandelt und wenn möglich auch geheilt. In diesem Bereich ist eine besondere Genauigkeit während der Strahlenbehandlung unabdingbar, da es sonst zu schweren Schädigungen oder verstärkten Nebenwirkungen bei den Patienten kommen kann. Auch spielt die Sozialkompetenz des Personals hierbei eine große Rolle, da die krebskranken Patienten in der Regel über einen längeren Zeitraum regelmäßig zur Behandlung erscheinen und die MTAR oft die Rolle einer begleitenden Vertrauensperson übernehmen muss.

Ein dritter Tätigkeitsbereich des Berufs ist die Nuklearmedizin, die vorwiegend zur Diagnostik von Krankheiten und Funktionsbestimmungen einzelner Organe herangezogen wird. Besonders wichtig sind hierbei der sichere Umgang mit dem radioaktiven Material und die korrekte Anleitung der Patienten während und nach der Untersuchung.

Die Dosimetrie und der Strahlenschutz sind Aufgaben der MTAR in allen Tätigkeitsgebieten. Trotzdem gibt es einen Bedarf an spezialisierten MTARs zur Qualitätssicherung in den einzelnen Fachgebieten. Ihre Aufgabe besteht in der Überprüfung der strahlenerzeugenden Geräte auf ihre Funktion und Strahlenaktivität sowie im Strahlenschutz der einzelnen Mitarbeiter und Patienten (z.B. korrektes Tragen von Bleischutz, Tragen der Strahlenschutzplakette, Sicherung der Kontrollbereiche).

Insgesamt ist die MTAR durch die zunehmende Technisierung, wie z.B. durch den Einsatz neuer Soft- und Hardware in der Medizin immer stärker in ihrer Anpassungsfähigkeit gefordert ist. Die Halbwertszeit zentraler diagnostischer und therapeutischer Instrumente hat sich in den letzten Jahrzehnten ständig verkürzt.

Der Gegenstandskatalog (zur Ausbildung und zum Staatsexamen) des jeweiligen Landesprüfungsamtes hat sich in den letzten Jahren deutlich verändert und wird ständig aktualisiert, was sich u. a. in der Berufsberatung und insbesondere in der Berufsausbildung widerspiegelt (siehe Anhang 1).

Unverändert geblieben ist die Tatsache, dass die Ausbildung keine Lohnvergütung beinhaltet. Die/der Auszubildende (Azubi) ist sogar verpflichtet, die Ausbildung selbst zu finanzieren (0-300 € pro Ausbildungsjahr), was im großen Gegensatz zu anderen medizinischen (z.B. Krankenschwester/-pfleger, Physiotherapeutin), aber auch nicht-medizinischen Ausbildungen steht. Die finanzielle Attraktivität, den Beruf der MTAR zu ergreifen, ist somit zunächst geringer im Vergleich zu anderen Ausbildungen, was sich auch in der Anzahl der Bewerbungs- und Schülerzahlen der MTA-Schulen widerspiegelt. Eine effiziente Werbung der Ausbildungsstätten wird dementsprechend immer wichtiger, um den Bedarf an MTARs auf dem Arbeitsmarkt abzudecken.

2. Profil und Selektion der Auszubildenden

Eine Möglichkeit der/dem potentiellen Azubi einen näheren Einblick in das Berufsfeld zu verschaffen ist ein 1-2-wöchiges Praktikum, das in erster Linie in den Realschulen und zunehmend den Gymnasien freiwillig oder als Pflichtveranstaltung angeboten wird. Des Weiteren ist es möglich an einem Tag der offenen Tür alle „Arbeitsstationen" kennen zu lernen und/oder einen Termin bei den Verantwortlichen der Ausbildungsstätte zu einem Beratungsgespräch zu vereinbaren.

Aufnahmevoraussetzung für einen Ausbildungsplatz ist die mittlere Reife, wobei besonders Wert auf gute Noten in naturwissenschaftlichen Fächern gelegt wird.

Circa die Hälfte der Auszubildenden haben den Schulabschluss der mittleren Reife erworben[3]. Die andere Hälfte, Abiturienten und Personen mit bereits begonnener oder absolvierter Ausbildung im medizinischen (z.B. Arzthelferin) und nicht-medizinischen Sektor (z.B. ehemaliger Studentin, im Ausland erworbener Abschluss)[3] nimmt in den letzten Jahren deutlich zu.

Das Durchschnittsalter der MTARs bei Beginn der Ausbildung beträgt 21,6 Jahre[3].

Der große Altersunterschied und die unterschiedlichen Schulabschlüsse erschweren die Lehre, da es sich um eine inhomogene Gruppe handelt. Zum einen ist die Unterrichtsführung dadurch erschwert, dass kein einheitliches Sprachniveau insbesondere bezüglich der allgemeinen Deutschkenntnisse und der Kenntnis von Fachtermini in der Medizin herrscht. Hinzu kommt noch die Tatsache, dass die meisten Schüler zwar zwischen 16 und 21 Jahre alt sind und im elterlichen Haushalt wohnen, jedoch ein nicht unerheblicher Anteil der Azubis sich in einer vollkommen anderen Lebenssituation befindet und sich dadurch auch gewisse Probleme innerhalb der Ausbildungsjahrgänge ergeben. Die Motivation, den Beruf der MTAR zu ergreifen ist somit stark variierend und reicht vom „technischen und/oder sozialem Interesse am Beruf" bis zum „sicheren Arbeitsplatz"[3].

3. Organisation und Aufgaben der Ausbildung

Grundsätzlich sind die MTA-Schulen in der Klinik fest eingebunden und verfügen über Ausbildungsräume vor Ort, wodurch die/der Azubi in den Klinikumsalltag integriert wird.

Ein Bestandteil der Ausbildung ist eine sechswöchige praktische Unterweisung durch das pflegerische Team (Krankenschwester/-pfleger) eines Krankenhauses. Während dieser Zeit sollen die Schüler den Betrieb eines Krankenhauses kennen lernen, den Umgang mit Kranken erlernen und in die Krankenpflege eingewiesen werden.

Die Ausbildung dauert insgesamt drei Jahre und eine erfolgreiche Teilnahme am theoretischen und praktischen Unterricht während der Lehrgänge sowie die Teilnahme an der sechswöchigen Unterweisung im Krankenhaus müssen die Azubis durch entsprechende Bescheinigungen nachweisen. Die Ausbildung schließt mit einer staatlichen Prüfung ab (siehe Anhang 1).

Nahezu ein Drittel der Ausbildungszeit wird in Form von praktischen Stunden als „Mitarbeiter" des MTAR-Personals absolviert, wobei mit zunehmender Ausbildung der praktische Anteil wächst. Ein Vorteil dieser Einbindung ist die klinische Routine, die erworben wird und die dadurch bedingte Durchführung von technischen Abläufen und Untersuchungen direkt am Patienten unter Aufsicht examinierter MTARs. Dennoch ist der theoretische Anteil

---

[3] Die folgenden Zahlen beziehen sich auf eine von der Autorin selbst erstellte Studie, die im Juni 2004 durchgeführt. Befragt wurden 25 examinierte MTARs und 41 Azubis der Universitätsklinik Mannheim.

insbesondere im Strahlenschutz (inkl. „Trockenübungen" am Patientenmodell) nicht unerheblich und muss sowohl vor dem praktischen Teil als auch begleitend gelehrt werden. Eine Absprache zwischen Lehrenden und berufsausübenden MTARs ist hierbei obligatorisch.

Eine weitere Aufgabe der Ausbildung ist es, den teilweise noch jungen Schüler*innen* zu vermitteln, dass der Begriff „Assistent*in*" nicht im Sinne von „assistieren" zu verstehen ist, sondern dass die Ausführung der Tätigkeit vielmehr in Form von Kooperation mit anderen Berufsbildern, besonders mit dem ärztlichen Personal, stattfindet. Diese Interdependenz sollte in der Praxis eine Selbstverständlichkeit sein, da sie dem Wohle des Patienten zugute kommt. Ein Beispiel dieser Zusammenarbeit ist die Qualitätssicherung der Aufnahmen durch die MTAR, die zum einen zu einer akkuraten Strahlenexposition des Patienten (ALARA-Prinzip: as low as reasonable achievable), aber auch zu einer besseren Diagnose und Therapie durch die Ärztin/den Arzt führt. Besonders schwierig für die Ausbilder ist die Vermittlung, dass sich die MTAR für ihr Aufgabenfeld eigenverantwortlich fühlt und sich nicht nur als ausführendes Organ des ärztlichen Personals sieht. Ein hierarchisches Rollenspiel zwischen MTAR und Ärztin/Arzt wird in der heutigen Medizin als kontraproduktiv angesehen, da es sich negativ auf das Arbeitsklima und die Patientenversorgung auswirkt.

4. Problemlagen und Lösungsansätze

Zusammenfassend lässt sich sagen, dass hinter den beschriebenen Herausforderungen ein zentrales Problem steht: Die sinkende Anzahl von Bewerbungen für die Ausbildung zur MTAR und die Heterogenität der Interessenslagen und Leitbilder der Bewerber, die sich für dieses Berufsfeld in Deutschland entscheiden. Dies hängt damit zusammen, dass die dreijährige Ausbildung nach wie vor nicht vergütet wird und zum Teil sogar Schulgebühren beinhaltet.

Aus diesem Grund werden heute verschiedenen Maßnahmen ergriffen, um stärker für das Berufsbild zu werben, z.B. im Rahmen von Tagen der „offenen Tür" und Ausbildungsmessen. Ein Lösungsvorschlag für dieses Dilemma wäre eine erhöhte finanzielle Attraktivität über eine Kürzung der Ausbildungszeit auf zwei Jahre zu erreichen und eine anschließend vergütete Spezialisierung im Bereich eines Haupttätigkeitsfeldes (z.B. diagnostische Radiologie, Strahlentherapie und Nuklearmedizin) anzuschließen. Da die meisten MTARs nach ihrer Ausbildung lediglich in einem Haupttätigkeitsfeld arbeiten, würde diese Umstrukturierung zwar eine frühere Subqualifizierung bedeuten, jedoch einen schnelleren Berufseinstieg ermöglichen.

Ein zweites Problem ist die große soziale Heterogenität der Gruppe der Schülerinnen. Das klassische Profil der/des Azubi (mit mittlerer Reife) hat sich unter anderem durch die gegenwärtig hohe Arbeitslosigkeit und die sinkende Gesamtzahl von Ausbildungsangeboten deutlich verändert, was insbesondere in großen Unterschieden im Alters- und Ausbildungsstand sichtbar wird (siehe Anhang 2). Dies bedingt besondere Anforderungen an den Lehrkörper, dem die Aufgabe zukommt, einen einheitlichen Ausbildungsstand zu gewährleisten. Hierbei muss individuell auf die Azubis eingegangen werden, was sich in der Praxis als schwierig erweist. Spezielle Kurse für Schüler mit Schwierigkeiten im Bereich von Sprache und Fachtermini wären eine sinnvolle Ergänzung, die dazu beitragen könnten, Inhomogenitäten innerhalb der Gruppe auszugleichen.

Eine weitere Herausforderung ist die Vermittlung von neuesten Entwicklungen in der sich schnell wandelnden Medizintechnologie noch während der Ausbildung und vor allem danach. Ein regelmäßiger Austausch zwischen rein Lehrenden und den hauptamtlich im Beruf stehenden Ausbildern ist hierbei obligatorisch. Es besteht derzeit keine inhaltliche Vorgabe an den Lehrkörper bezüglich gemeinsamer Fortbildungen oder bezüglich der Anpassungen des Lehrplans. Eine klinikumsübergreifende oder eventuell staatliche Regelung wäre deshalb hilfreich.

In der Berufspraxis wird bei der Einführung von neuen technischen Anwendungen und Geräten vorwiegend ein training-on-the-job praktiziert. Hierbei werden einige wenige MTARs zu (kostenaufwendigen) Weiterbildungsseminaren geschickt und geben wiederum ihr erlerntes Know-how an ihre Kollegen/-innen weiter. Die Teilnahme an Kongressen wird in den meisten Fällen von den Arbeitgebern begrüßt, jedoch ist eine Freistellung von der Arbeit nicht immer selbstverständlich. Aus diesem Grund sollte möglichst bald eine offizielle Weiterbildungsordnung für die bereits im Beruf stehenden MTARs erstellt werden, um eine überregionalen Standardisierung des Ausbildungsstandes und eine moderne Qualitätssicherung zu erzielen.

Der Beruf der MTAR wandelt sich im Raum zwischen technischem Fortschritt in der Medizin, demographischem Wandel und sozioökonomischer Veränderungen der Gesellschaft. Dabei entstehen ständig und zunehmend neue Herausforderungen für den/die einzelne, welche nur durch eine gezielte Steuerung der Ausbildungskonzeption und die Schaffung von gesellschaftlichen Rahmenbedingungen begegnet werden kann. Denn unumstritten ist der zunehmende Bedarf an hochmotivierten und qualifizierten MTARs, der nur gedeckt werden kann, wenn in der Beratung zu dem Ausbildungsberuf der examinierten MTAR die Attraktivität des Berufs deutlich wird.

Anhang 1

Prüfungsinhalte des Staatsexamens zur MTAR (§2-11 und §15-17 der MTA-Ausbildungs-
und Prüfungsverordnung (MTA-APrV) vom 25.4.1994 aufgrund des §8 des MTA Gesetzes
vom 2.8.1993, BGBl.I S. 1402)

1. schriftlicher Teil	2. praktischer Teil
• Mathematik	• radiologische Diagnostik und andere bildgebende Verfahren
• Statistik	• Strahlentherapie
• EDV und Dokumentation	• Nuklearmedizin
• Physik	• Strahlenphysik, Dosimetrie und Strahlenschutz
• Anatomie	
• Physiologie	

3. mündlicher Teil

Dieser Teil wird von der Prüfungskommission in Gruppen von nicht mehr als 5 Prüflingen abgenommen. Es wird in allen Fächern, die Gegenstand der praktischen Prüfung sind, je etwa 10 Minuten geprüft.

Die Prüfung ist bestanden, wenn der schriftliche und praktische Teil mit mindestens der Note „ausreichend" (4,0) benotet wird und im mündlichen Teil nicht mehr als ein Fach mit der Note „mangelhaft" (5,0) und die Gesamtnote mindestens „ausreichend" ist.

Regelungen über die Wiederholung eines nicht bestandenen Teils der Prüfung sind in der Ausbildungs- und Prüfungsverordnung zum MTA-Gesetz festgelegt. Dauer und Inhalt eines weiteren Schulbesuchs legt der Prüfungsvorsitzende fest.

Nach bestandener Prüfung erhalten die Schüler ein Zeugnis sowie die Urkunde zur Führung der gesetzlich geschützten Berufsbezeichnung „Medizinisch technischer Assistentin der Radiologie".

Anhang 2

Erstellte Studie, die im Juni 2004 an der Universitätsklinik Mannheim durchgeführt wurde.
Befragt wurden 25 examinierte MTARs und 41 Azubis.

Alters- und Geschlechtsverteilung:

	Gesamt	MTARs	Schüler	1. Azubijahr	2. Azubijahr	3. Azubijahr
Anzahl	**66 (100%)**	**25 (37,88%)**	**41 (62,12%)**	13 (29,27%)	17 (41,46%)	11 (26,83%)
Altersrange	**18-57 J**	**22-57 J**	**18-41 J**	18-33 J	19-41 J	20-26 J
Durchschnitt	**28,5 J**	**36,92 J**	**23,37 J**	22,0 J	23,5 J	24,9 J
Alter bei Beginn der Ausbildung	**21,6 J**	**20,72 J**	**22,1 J**	21,0 J	22,5 J	22,9 J
Geschlecht	**w44 m12**	**w19 m6**	**w25 m6**	w11 m2	w14 m3	w10 m1

Wie sind Sie auf den Beruf der MTA gekommen?

	Gesamt	MTARs	Schüler	1. Azubijahr	2. Azubijahr	3. Azubijahr
Freunde/Bekannte empfohlen	44 (66,67%)	16 (64%)	28 (68,29%)	10	12	6
Praktikum	6 (0,91%)	3 (12%)	3 (7,32%)	0	2	1
Berufsmesse	6 (0,91%)	1 (4%)	5 (12,20%)	2	2	1
Arbeitsamt	6 (0,91%)	3 (12%)	3 (7,32%)	1	1	1
sonstiges	12 (18,18%)	4 (16%)	8 (19,51%)	3	4	1

Welche Motivation hat zur Ergreifung des Berufs der MTAR geführt? (Mehrfachnennung möglich)

	Gesamt	MTARs	Schüler	1. Azubijahr	2. Azubijahr	3. Azubijahr
Bezahlung	4 (0,61%)	1 (4%)	3 (7,32%)	3	0	0
angesehener Beruf	11(16,67%)	1 (4%)	10 (24,39%)	5	3	2
Arbeiten mit Patienten	56 (84,85%)	22 (88%)	34 (82,93%)	12	15	7
Technisches Interesse	37 (56,06%)	18 (72%)	19 (46,34%)	6	7	6
Keine Aufnahme-prüfung	2 (0,30%)	2 (8%)	0	0	0	0
sicherer Arbeits-platz	10 (0,15%)	5 (2%)	15 (36,59%)	6	4	5

Welche Fähigkeiten sind Ihrer Meinung für den Beruf der MTAR wichtig? (Reihenfolge von 1-5, 1= sehr wichtig, 5= unwichtig)

	Gesamt	MTARs	Schüler	1. Azubijahr	2. Azubijahr	3. Azubijahr
technisches Verständnis	2,69	2,44	2,85	3,62	2,81	2
Freude an der Arbeit mit Pat.	1,75	1,4	1,96	2,38	1,56	2,1
medizinische Vorkenntnisse	4,03	4,32	3,85	3,69	3,56	4,5
Flexibilität (A-zeiten, Tätigkeit)	3,53	3,6	3,49	3,23	3,69	3,5
Lernfähigkeit	3,02	3,24	2,89	2,15	3,44	2,9

Würden Sie die Ausbildung nochmals machen?

	Gesamt	MTARs	Schüler	1. Azubijahr	2. Azubijahr	3. Azubijahr
Ja	42 (63,63%)	11 (44%)	31 (75,61%)	12	12	7
eher ja	15 (22,72%)	8 (32%)	7 (17,07%)	1	3	3
eher nein	7 (10,60%)	4 (16%)	3 (7,32%)	0	2	1
nein	0	0	0	0	0	0

Hat sich die Ausbildung in den letzten 10-20Jahren verändert? (MTAR, n=25)

ja	24 (96%)
nein	1 (4%)

Hat sich der Beruf in den letzten 10-20 Jahren verändert? (Mehrfachnennung möglich)
(MTAR, n=25)

Ja, mehr Technik	23 (92%)
Ja, mehr Bürokratie	13 (52%)
Ja, mehr A-stunden	12 (48%)
nein	0
sonstiges	3 (12%)

Hat sich das Berufsprestige in den letzten 10-20 Jahren verändert? (MTAR, n=25)

Ja, gesunken	7 (28%)
Ja, gestiegen	2 (8%)
nein	16 (64%)

War Ihrer Meinung nach ein Aufstieg in der Berufskarriere möglich? (MTAR, n=25)

nein	10 (40%)
Ja, habe ich auch genutzt	12 (48%)
Ja, wollte aber nicht	3 (12%)

Würden Sie den Beruf der MTAR nochmals ergreifen? (MTAR, n=25)

ja, weil es trotzdem Spaß macht	20 (80%)
ja, keine Alternative	0
nein	5 (20%)

III. Beratung von Angehörigen und Qualifizierung professionell Pflegender im Bereich Demenz. Ein Beispiel dafür, wie praxisnahe Forschung und konzeptgeleitete Umsetzung ineinander greifen können *(Sabine Kirchen-Peters)*

1. Bestandsaufnahme der Probleme und daraus resultierende Handlungsfelder

Die Versorgungssituation Demenzkranker stand im Mittelpunkt einer Studie, die das ISO-Institut im Auftrag des Landkreises Saarlouis bearbeitet und Ende 2000 abgeschlossen hat. Der dazu vorgelegte Bericht, der unter dem Titel „Früher waren Demenzkranke unter meiner Würde" erschienen ist[1], gibt Auskunft über die Häufigkeit der Demenzkranken in Privathaushalten und in Einrichtungen. Darüber hinaus liefert er ausführliche Hintergrundinformationen über Probleme, die sich in den verschiedenen Bereichen der Versorgung ergeben. Die Studie ist nicht nur im Landkreis Saarlouis, sondern auch bundesweit auf eine beträchtliche Resonanz gestoßen, sind die Ergebnisse doch ohne weiteres auf andere Regionen übertragbar.

Ein Handlungsbedarf zeichnet sich allein auf Grund der demographischen Entwicklung ab. Immer mehr Menschen erreichen ein hohes Alter, womit sich gleichzeitig ihr Risiko, an einer Demenz zu erkranken, erhöht. Nach den vorliegenden Berechnungen ist bereits heute im Landkreis Saarlouis von 3.230 bis 3.570 Demenzkranken auszugehen, darunter zwischen 2.150 und 2.290 Personen in einem mittelschweren bis schweren Stadium der Erkrankung. In 30 Jahren wird es voraussichtlich fast 5.000 Demenzkranke im Landkreis geben. Davon werden 3.300 an einer mittelschweren bis schweren Demenz leiden. Gleichzeitig wird die Zahl der potentiellen Helfer/innen in den Familien abnehmen. Verantwortlich dafür sind bekanntlich neben der demographischen Entwicklung lebensweltliche Faktoren, wie z.B. eine steigende Frauenerwerbsquote oder die zunehmende berufliche Mobilität.

Der Landkreis hat die Ergebnisse der Studie und die dadurch entfachte Aufbruchstimmung in der Region aufgegriffen, um die teilweise unwürdigen Lebensumstände Demenzkranker nachhaltig zu verbessern. Zur weiteren Begleitung und Umsetzung des Projektes wurde die Zusammenarbeit mit dem ISO-Institut fortgesetzt. Im Mittelpunkt des Auftrages standen zentrale aus der Studie abgeleitete Handlungsfelder, zu denen folgende Maßnahmen einzuleiten waren:

- die Intensivierung der Beratung und Entlastung der Angehörigen in der häuslichen Betreuung und

---

[1] Der Bericht ist vergriffen, steht aber im Internet (www.demenz-saarlouis.de; downloads).

- eine „konzertierte Aktion" in der Fort- und Weiterbildung als Teil einer Qualifizierungs- und Qualitätsoffensive.

Schwerpunktthema: Mangelnde Unterstützung für pflegende Angehörige
Der Großteil der Demenzkranken – im Landkreis Saarlouis über drei Viertel – ist auf die Pflege und Betreuung durch Angehörige angewiesen. Durch den mit der Erkrankung einhergehenden Realitätsverlust geraten die Kranken in eine zunehmende Abhängigkeit bei der Bewältigung der Verrichtungen des täglichen Lebens. Sie reagieren auf ihre Einbußen an Alltagskompetenz mit Angst und Verunsicherung und kompensieren diese Gefühle durch die Anklammerung an vertraute Personen, die ihnen eine gewisse Sicherheit vermitteln. So entwickeln sich oft sehr intensive und zeitaufwendige Pflegebeziehungen, die für die Angehörigen zu extremen körperlichen, psychischen, emotionalen und sozialen Belastungen führen können.

Diese engen Pflegeduale, die nicht selten mit Erschöpfungssyndromen und Erkrankungen der Angehörigen einhergehen, sind jedoch erfahrungsgemäß krisenanfällig. Insbesondere in einem fortgeschrittenen Stadium der Demenz bzw. bei schwerwiegenden Verhaltensauffälligkeiten, wie Aggressivität oder extremer Unruhe, wird die häusliche Pflege häufig abrupt abgebrochen. Am Ende verbringen fast zwei Drittel der Dementen ihre letzten Lebensjahre im Heim. Damit hat sich die Demenz zum häufigsten Anlass einer langfristigen institutionellen Versorgung entwickelt.

Dass sich die häuslichen Pflegeressourcen bei Demenzkranken unter Umständen schnell erschöpfen, wird – neben den besonderen Belastungen – durch strukturelle Defizite befördert. Denn zum einen ist das (professionelle) Hilfesystem auf eine geeignete Entlastung dieser pflegenden Angehörigen noch nicht entsprechend eingestellt. Es fehlt vor allem an niederschwelligen Formen von Beratung und Unterstützung. Zum anderen wird der aufwendigen Betreuung Demenzkranker im Pflegeversicherungsgesetz nicht ausreichend Rechnung getragen.

Hinzu kommt, dass die Annahme externer Hilfen für die pflegenden Angehörigen mit hohen Barrieren verknüpft ist:

- Insbesondere bei pflegenden Ehepartnern wird die Einbeziehung „fremder" Hilfen oft als Vertrauensbruch gegenüber dem Demenzkranken erlebt und ist dann mit starken Schuldgefühlen verbunden.

- Auffällige Verhaltensweisen der Kranken werden als beschämend erlebt, so dass man sie lieber innerhalb der Familie belässt und nicht nach außen trägt.

- Über adäquate Entlastungsmöglichkeiten liegen keine ausreichenden Informationen vor.

- Man scheut den finanziellen Aufwand zusätzlicher Hilfen bzw. will keine Abschläge vom Pflegegeld hinnehmen.

- Die bestehenden Hilfeinstanzen werden im Umgang mit Demenzkranken als nicht kompetent erlebt.

Zusammenfassend lässt sich feststellen: Angehörige leisten den Hauptbeitrag in der Versorgung Demenzkranker, und sie stehen dabei in aller Regel mit ihren Problemen alleine da. Um sie selbst vor Erschöpfung und Krankheit zu schützen und um die wie beschrieben krisenanfälligen Pflegesituationen zu stabilisieren, benötigen sie professionelle Unterstützung.

Gleichzeitig müssen die Hemmschwellen pflegender Angehöriger vor externer Hilfe ernst genommen und mit geeigneten Maßnahmen gesenkt werden.

Schwerpunktthema: Qualifizierungsdefizite im professionellen Hilfesystem
Gerade in den Pflegeeinrichtungen stellen die Demenzkranken eine zunehmend wichtige Gruppe dar. Durchschnittlich 38% der Patient/innen von ambulanten Diensten und 75% der Bewohner/innen von Pflegeheimen im Landkreis sind psychisch verändert. Dabei versorgen die Pflegeheime vor allem psychisch Veränderte, die bereits regelmäßig auf Anleitung und Beaufsichtigung angewiesen sind (48%), während dieser Anteil in ambulanten Diensten deutlich geringer ist (16%).

Auch wenn sich einzelne Einrichtungen oder Personen vom allgemeinen Trend positiv abheben, konnte festgestellt werden, dass sich die meisten Einrichtungen auf diese Entwicklung noch nicht in ausreichender Weise eingestellt haben. Im Rahmen der Erhebungen wurde ein sehr unterschiedlicher Wissensstand und ein ebenso unterschiedliches Problembewusstsein bei den relevanten Akteuren deutlich. Unterschiedlich stellte sich auch der Stand der Organisationsentwicklung dar. Damit ist gemeint, inwieweit die Einrichtungen bereits Anstrengungen unternommen haben, dementengerechte Konzepte zu entwickeln und umzusetzen.

Bei den *ambulanten Diensten* ist das Wissen über Demenz meist eher lückenhaft ausgeprägt. In immerhin 64% der Dienste verfügt keine Mitarbeiterin über eine gerontopsychiatrische Zusatzqualifikation. Bei den anderen werden Fort- und Weiterbildungen unterschiedlichster Intensität angegeben. Durch die mangelnden Kenntnisse fehlen vor allem Handlungsoptionen für den Umgang mit verhaltensauffälligen Demenzkranken. Genannt wurden die so genannten „Schreipatient/innen" und Patient/innen, die sich verweigern und aggressiv sind oder an wahnhaften Störungen leiden. Nach Berichten der Interviewpartner/innen besteht die Gefahr von Zuspitzungen, wenn die Mitarbeiter/innen unter starkem Zeitdruck arbeiten und gleichzeitig Strategien der Deeskalation fehlen.

Noch gravierender stellt sich die Situation in den *Pflegeheimen* dar. Auch wenn im Durchschnitt 75% der Bewohner/innen eine psychische Veränderung aufweisen, verfügt noch nicht einmal die Hälfte der Heime (44%) über Personal mit gerontopsychiatrischer Zusatzqualifikation. Allerdings gibt es nur wenige Einrichtungen, die diesen Zustand nicht selbst problematisieren. Ähnlich wie bei den ambulanten Diensten geraten die Mitarbeiter/innen insbesondere bei stark aggressiven Bewohner/innen an ihre Grenzen. Auch Kotschmieren, ständiges lautes Schreien oder offen zur Schau getragene sexuelle Handlungen werden als Verhaltensweisen aufgelistet, die die Toleranzgrenze so mancher Einrichtung strapazieren. Nach Aussagen der Interviewpartner/innen verbreiten unruhige Bewohner/innen, die ständig in Bewegung sind und in unbeobachteten Momenten die Einrichtung verlassen oder in fremde Zimmer laufen, vielfach Stress und Hektik. Mehr oder minder offen wurde berichtet, dass Sedierungen und Fixierungen mitunter als letzter Ausweg gesehen werden, um die Abläufe aufrecht zu erhalten.

Um die Versorgungssituation Demenzkranker zu verbessern, aber auch um die Belastungen des Personals abzubauen, sind Qualifizierungsmaßnahmen demnach unerlässlich.

2. Bearbeitung der Aufgaben

Zur Umsetzung des Projektes hat das ISO-Institut die Bildung von Arbeitsgruppen angeregt. Sie sollen für beide Themenbereiche die Keimzellen der Weiterentwicklungen bilden. Denn wie die Erfahrungen aus anderen Projekten belegen, hat es sich als wenig effektiv erwiesen, „Schreibtischkonzepte" auszuarbeiten und einer Region „überzustülpen". Viel Erfolg versprechender ist es, die Weiterentwicklung der Hilfen in einem gemeinsamen Diskussionsprozess zu erarbeiten. So können die Konzepte auf dem vorhandenen Wissensstand aufbauen und an die regionalen Erfordernisse angepasst werden.

Angestrebt wurde eine trägerübergreifende und multiprofessionelle Besetzung der Arbeitsgruppen, um sich den Themen aus verschiedenen Perspektiven zu nähern. In der Presse und anlässlich von Tagungen erfolgten erste Hinweise auf die neue Projektkonstellation. Dann wurden alle Träger von Pflegediensten und -einrichtungen schriftlich über die bestehenden Planungen informiert und gebeten, sich an den AG zu beteiligen. Zusätzlich warb man in Abhängigkeit vom jeweiligen Thema bei sonstigen relevanten Personen persönlich um eine Mitarbeit.

Für jede AG wurde eine überschaubare Zahl von drei Sitzungen angekündigt, die in etwa vierwöchigem Rhythmus durchgeführt werden sollten. Man versah die AG mit einem klar umrissenen Auftrag. So ging es weniger um einen allgemeinen Austausch im Sinne einer Entlastung der Teilnehmer/innen, sondern um die zielorientierte Entwicklung eines gemeinsamen Konzeptes zur Verbesserung der Situation Demenzkranker im Landkreis Saarlouis.

Damit gewann die sorgfältige Vorbereitung der Sitzungen große Bedeutung, die in den Aufgabenbereich des ISO-Instituts fiel. Dazu zählten vor allem die Sammlung und Aufbereitung relevanter Informationen und Materialien aus dem Bundesgebiet. Hier ergaben sich Vorteile im Rahmen der langjährigen Wissenschaftlichen Begleitung des BMGS-Modellprogramms „Verbesserung der Situation der Pflegebedürftigen", durch die gute Kontakte zu Modellprojekten und sonstigen Fachpersonen oder -institutionen im Bereich der Gerontopsychiatrie bestehen. Neben der Vorbereitung war das ISO-Institut auch für die Nachbereitung und Moderation der Treffen zuständig.

Für jede Arbeitsgruppe konnten ca. zwanzig Teilnehmer/innen gewonnen werden. Dabei handelte es sich in der Hauptsache um Leitungskräfte und Mitarbeiter/innen von ambulanten Pflegediensten, Beratungsstellen und Pflegeheimen. Zusätzlich beteiligten sich der Demenzverein, die Psychiatrische Klinik der Region, mehrere Personen aus dem Bereich der Aus-, Fort- und Weiterbildung, eine pflegende Angehörige und das Landessozialministerium.

Arbeitsgruppe „Hilfen für pflegende Angehörige": Entwicklung eines Beratungsstandards
Nach einer ersten Erörterung des Problemfeldes war den AG-Teilnehmer/innen schnell klar, dass die Problemvielfalt pflegender Angehöriger eine Prioritätensetzung erforderlich macht. Die Beteiligten einigten sich darauf, sich auf die zu Hause Pflegenden zu beschränken, auch wenn Angehörige dementer Heimbewohner/innen ebenfalls Unterstützung benötigen würden.

Eine Prioritätensetzung musste auch bezogen auf die Unterstützungsarten stattfinden. Es bestand Konsens, zunächst die Qualität der Beratung in den Mittelpunkt der Bemühungen zu rücken. Im Bereich der spezialisierten Beratung hat der seit einigen Jahren im Landkreis Saarlouis tätige Demenzverein ein Angebot etabliert, dass zunehmend genutzt wird. Trotz der erfolgreichen Arbeit sind dem Verein jedoch personelle Grenzen gesetzt, vor allem was die erforderliche örtliche Präsenz und den hohen Bedarf an häuslichen Beratungen anbelangt. Die Teilnehmer/innen beschlossen deshalb – in Ergänzung zu den Angeboten des Demenzvereins – die Installierung einer soliden „Basisberatung" in den Diensten und Einrichtungen, für die in der AG allgemeine Qualitätsstandards entwickelt werden sollten.

Die AG formulierte zunächst „Eckpfeiler für eine solide Basisberatung", in denen zum einen die Beratungsinhalte, zum anderen einige Rahmenbedingungen beschrieben sind, die für eine fundierte Beratung notwendig sind. Anschließend vereinbarte man, diese Eckpfeiler in ein Ablaufschema zu transferieren. Denn gerade für Neueinsteiger in die Beratungsarbeit kann ein Ablaufschema eine wesentliche Arbeitserleichterung darstellen und die Qualität der Beratung steigern. Das Ablaufschema enthält neben einem ausführlichen Anamneseteil (persönliche Daten, medizinische Vorinformationen, biographische Angaben usw.) eine Auflistung wesentlicher Beratungsinhalte, die den Berater/innen als Gedankenstütze dienen sollen.[2]

Zur weiteren Systematisierung verabredeten die Teilnehmer/innen, eine Beratungsmappe zusammenzustellen, die zum Ziel hat, die Angehörigen und Betroffen über das persönliche Gespräch hinaus mit hilfreichen Informationen zu versehen.[3]

Als Maßnahme der Qualitätskontrolle sprach sich die AG für eine Erprobungsphase mit Evaluation aus, die vom ISO-Institut übernommen wird. Dabei sollen nicht nur die Erfahrungen der Berater/innen mit den neuen Instrumenten, sondern auch die Zufriedenheit der beratenen Personen erhoben werden. Nach der Testphase, die in drei ambulanten Diensten zwischen August und Oktober 2003 läuft, wird die Arbeitsgruppe nochmals zusammentreffen, um gegebenenfalls Anpassungen vorzunehmen. Wichtig ist dann auch die Informationsarbeit, damit möglichst viele Träger die erarbeiteten Standards nutzen und die Qualität der Beratung im Landkreis möglichst umfassend verbessert werden kann.

Arbeitsgruppe „Qualifizierung": Konzept für die interne und externe Qualifizierung
Auch in der AG Qualifizierung stand am Anfang der Debatte eine Prioritätensetzung. Man legte fest, sich auf in der Pflege tätige Mitarbeiter/innen zu konzentrieren, auch wenn quer durch alle Einrichtungstypen und Berufsgruppen Wissenslücken zu beklagen sind.

Ziel der Qualifizierungsoffensive sollte sein, das Denken und die Haltungen der Betreffenden zu verändern und eine Sensibilität für die Situation Demenzkranker zu schaffen. Die AG-Mitglieder waren sich darüber im Klaren, dass dies nicht mit sporadischen Einzelveranstaltungen zu erreichen ist, sondern dass es eines umfassenden und auf Dauer angelegten Qualifizierungskonzeptes bedarf. Zu qualifizieren, ohne dass ein übergreifendes Konzept im Hintergrund steht, kann nach den Erfahrungen der Teilnehmer/innen sogar zu erheblichen Frustrationen und zu Motivationsverlust führen.

---

[2] Kirchen-Peters, Sabine 2002: Qualifizierung professionell Pflegender und Hilfen für pflegende Angehörige. Saarbrücken. Anhang: 1-3.

[3] Kirchen-Peters 2002: 30.

Deshalb wurde es als wenig effektiv eingeschätzt, in einer Einrichtung einige wenige Personen zu „Demenzexpert/innen" auszubilden. Ein Umdenken kann nur dann entfacht werden, wenn eine möglichst breite Basisschulung für alle an einem Team beteiligten Personen erfolgt. Diese Basisschulung schließt jedoch nicht aus, dass sich einzelne Personen zu bestimmten Themen fortbilden und das Erlernte an die Kolleg/innen weitervermitteln.

Angestoßen werden muss das Konzept von der Leitungsebene, es sollte aber gemeinsam mit den Mitarbeiter/innen ausdifferenziert werden. Die Leitung benötigt dazu spezielle Kenntnisse über Demenz. Es wurde eingeschätzt, dass die Einrichtungen sich in aller Regel eher in einem Anfangsstadium der Umsetzung befinden und mit kleinen Schritten und viel Geduld beginnen müssen.

Die AG-Mitglieder beschlossen, sowohl für die einrichtungsinterne Qualifizierung (Inhouse-Schulung) als auch für die externe Fort- und Weiterbildung Konzepte zu erstellen. Auch hier konnte die AG von den Erfahrungen des ISO-Instituts profitieren, die vor allem durch die Wissenschaftliche Begleitung des BMGS-Modellprogramms aufgebaut wurden. Bezogen auf die interne Qualifizierung befassten sich die AG-Mitglieder mit dem Modell der „teambezogenen Beratungen" aus Münster. Für die externe Qualifizierung dienten Beispiele aus Berlin, Marburg, Kaufbeuren und Luxemburg.[4]

Auf der Basis der präsentierten Modelle erstellte die Arbeitsgruppe auf den Landkreis Saarlouis zugeschnittene Konzepte. Zur „internen Qualifizierung" einigten sich die Teilnehmer/innen auf ein je nach Einrichtung individuell zu entwickelndes Schulungs- und Coaching-Konzept, das auf vier Säulen basiert. In einem ersten Schritt soll für alle Mitarbeiter/innen ein Basisseminar durchgeführt werden, an dessen Ende eine gemeinsame Ist-Analyse und eine Zielvereinbarung stehen. Die weiteren Säulen umfassen die kontinuierliche Schulung des Personals, die begleitende Beratung bei der schrittweisen Umsetzung des Konzeptes sowie die fallbezogene Begleitung. Im Mittelpunkt des Vorschlages steht das Ziel, die Kompetenz des Personals zu stärken. Es sollen keine Konzepte „übergestülpt" werden, sondern das Team soll die Entscheidung über die Zielrichtung der Weiterentwicklung übernehmen. Damit erhofft man sich eine möglichst große Akzeptanz und Mitarbeit an der Umsetzung des Konzeptes.

---

[4] Kirchen-Peters 2002: Anhang.

Tab. 1: Qualifizierungsprogramm für den Landkreis Saarlouis

	1. Block Grundkurs	2. Block Erweiterungskurs
Medizinische Grundlagen	Stundenzahl	Stundenzahl
Gerontopsychiatrische Krankheitsbilder und diagnostische Verfahren	28	16
Internistische und neuropsychologische Hintergründe	12	4
Wirkungen und Nebenwirkungen von Medikamenten	8	8
Betreuungs-/Pflegekonzepte		
Milieutherapie	4	-
Validation	32	32
Biographiearbeit	24	20
Basale Stimulation	8	16
Kinästhetik	8	16
Aktivierung Demenzkranker	16	-
Musiktherapie	2	-
Snoezeln	2	-
Umgang mit herausforderndem Verhalten und Krisensituationen		
Typische Problemsituationen im Umgang mit Demenzkranken	24	24
Aggression, Macht, Gewalt, Suizid, rechtliche Probleme	24	24
Stressbewältigung und Selbstreflexion in der gerontopsychiatrischen Pflege	16	8
Versorgungskette für Demenzkranke	8	-
Pflegedokumentation und Pflegeplanung in der Gerontopsychiatrie	16	24
Insgesamt	**240**	**208**

Quelle: Eigene Zusammenstellung

Bei externen Fort- und Weiterbildungsangeboten ist von Vorteil, dass die Teilnehmer/innen über den Tellerrand ihrer Einrichtung hinausschauen und von anderen Impulse aufnehmen können. Für die „externe Qualifizierung" entwarf die Arbeitsgruppe ein fundiertes Programm mit sieben Hauptthemen, wobei die Pflege- und Betreuungskonzepte den breitesten Raum einnehmen. Dabei musste ein Kompromiss zwischen notwendigen Qualifizierungserfordernissen und pragmatischen Erwägungen, etwa der Finanzierbarkeit für die Träger, getroffen werden. Um den unterschiedlichen Bedürfnissen der Pflegenden Rechnung zu tragen, hat man eine Aufteilung in Grund- und Erweiterungskurs vorgenommen sowie die Möglichkeit vorgesehen, sich einzelne Veranstaltungen „herauszupicken".

In der Folge beschäftigte sich die AG zunächst mit der Umsetzung des entwickelten Kursprogramms. Auf der Basis der festgelegten Lerninhalte entwickelte man ein zeitlich gestrecktes Modulsystem, das gewährleisten soll, dass für die Teilnehmer/innen nicht längere Blockfehlzeiten anfallen, die die Vereinbarkeit mit den beruflichen Anforderungen erschweren. Zur Sicherstellung der Qualität der Dozent/innen wurde ein Kooperationsverbund mit bestehenden Bildungsträgern und zwei (geronto)psychiatrischen Kliniken etabliert. Die Saarländische Pflegegesellschaft, eine Interessenvertretung der regionalen Träger von Pflegeeinrichtungen, unterstützt den Landkreis bei der Öffentlichkeitsarbeit.

Durch die vereinten Anstrengungen der um die neuen Kooperationspartner erweiterten Arbeitsgruppe ist es gelungen, einen ersten Grundkurs aufzubauen, der von Mai 2003 bis Januar 2004 im Demenzzentrum Saarlouis durchgeführt wird. Trotz kurzer Anlaufphase konnten schnell 21 Teilnehmer/innen von 17 verschiedenen Trägern gewonnen werden, was den Handlungsdruck auf Seiten der Pflegeeinrichtungen dokumentiert.

Der Grundkurs ist ausschließlich für Pflegefachkräfte konzipiert. Ein zweiter Grundkurs sowie ein Modul für Helfer/innen wird in 2004 aufgelegt. In 2005 soll dann ein erster Erweiterungskurs gestartet werden.

Auch wenn die AG der Umsetzung der externen Qualifizierung Priorität eingeräumt hat, wird angestrebt, interne und externe Qualifizierung sinnvoll miteinander zu verknüpfen. Schließlich geht es darum, ein regionales Angebotsnetz zu schaffen, das von den Trägern und Qualifikant/innen je nach den individuellen Erfordernissen flexibel nutzbar ist. Dabei kann sowohl das interne als auch das externe Angebot am Anfang einer Qualifizierungsoffensive stehen.

Die externe Qualifizierung wird evaluiert um zu entscheiden, ob die jeweiligen Programme nochmals zu modifizieren sind. Dazu füllen die Teilnehmer/innen nach jedem Themenblock einen Fragebogen aus, in dem sie die präsentierten Lerninhalte beurteilen und Verbesserungsvorschläge einbringen können. Um zu überprüfen, ob das Erlernte Eingang in die Praxis findet und wo gegebenenfalls Barrieren liegen, soll eine Auswahl von Absolvent/innen ein halbes Jahr nach Kursende persönlich befragt werden.

3. Schlussbemerkung

Betrachtet man die vorliegenden Ergebnisse, ist zunächst hervorzuheben, dass der Landkreis gut daran getan hat, der Umsetzungsphase eine Bestandsaufnahme voranzuschalten, um die Aktivitätenplanung auf empirisch gesichertem Fundament vornehmen zu können. Aber auch ein anderer Effekt ist nicht zu unterschätzen: Im Rahmen der Erhebungen und der nachfolgenden Öffentlichkeitsarbeit über die Ergebnisse der Studie setzte ein Prozess der Sensibilisierung ein, der den Boden für eine regionale „Demenz-Initiative" bereitete.

Durch die Gründung der Arbeitsgruppen und das Engagement der daran Beteiligten ist es gelungen, die im Landkreis bestehenden Kompetenzen zu bündeln und die erarbeiteten Vorschläge konkret auf die regionalen Bedingungen abzustimmen. Die bisherige Realisierung des Projektes hat davon profitiert, dass sich die Konzepte bereits auf einen Konsens mehrerer wichtiger Akteure in der Pflegelandschaft stützen konnten, die sich in ihrem beruflichen Umfeld als Multiplikatoren betätigen. Die begleitende Evaluation ermöglicht es, die Projekte auf ihre Tauglichkeit für die Praxis hin zu überprüfen und kontinuierlich anzupassen. Damit wurde ein erster Grundstein zur Verbesserung der Situation Demenzkranker im Landkreis Saarlouis gelegt.

Beratung und Weiterbildung im Bildungssektor

I. Aufgabe und Anerkennung der Organisations- und Personalentwicklung *(Matthias Rolle, Annette Schilli und Stephan Fischer)*

1. Einführung

Personalentwicklung umfasst alle Maßnahmen zur Qualifizierung der Mitarbeiter und Führungskräfte und ist orientiert an den Zielen der Personalwirtschaft und an den Interessen der Mitarbeiter (vgl. Thom 1992: 1676). Sie wird heute kaum noch unabhängig von der Organisationsentwicklung gesehen, also von geplantem Wandel von Verhalten und Einstellungen bei Organisations- und Kommunikationsstrukturen unter der Zielsetzung von Effizienz (Leistungsfähigkeit der Organisation) und Humanität (Qualität des Arbeitslebens) (vgl. Staehle 1992: 864). Beide Bereiche haben sich in der Qualifikation der Mitarbeiter und der Autonomie im Rahmen des Human Resource Management (HRM) eigenständig entwickelt.

Organisations- und Personalentwicklung in Großbetrieben hat die Akzeptanzschwelle fast überall überschritten, zur Debatte steht nicht mehr, ob sie eingesetzt werden sollen. Beide folgen jedoch noch zu häufig dem Muster der „Moden und Mythen" (Kieser et al. 1998: 24), die dann nur schwer zu einer für den individuellen Mitarbeiter verlässlichen Kontinuität führt, ein Beleg für die Ernsthaftigkeit des Arbeitgebers. Umgesetzt wird, was von großen Beratern gefördert, von Vorstandsetage zu Vorstandsetage getragen wird. Ganz anders sieht die Akzeptanz und die Umsetzung von Personalentwicklung und vor allem von Organisationsentwicklung noch in mittelständischen Unternehmen aus. Hier gilt neben der klassischen Ausbildung häufig immer noch sporadische Weiterbildung als Prototyp der Personalentwicklung. Kontinuität, aber auch Systematik i.S. einer Zielorientierung für den betroffenen Mitarbeiter und damit eine wesentliche Voraussetzung für seine Beteiligung (Selbstentwicklung) an der Entwicklung fehlen (vgl. Stäbler 1999: 80)[1].

Es kann vermutet werden, dass in beiden Fällen nicht nur der Gruppendruck auf der Chefetage oder die kurzfristige ökonomische Orientierung Ursachen für dieses Ergebnis sind, sondern auch die mangelnde professionelle Sicherheit derjenigen, die Personalentwicklung anzuregen und umzusetzen haben. Professionalisierter Organisations- und Personalentwicklung (OE/PE) sollte es eher gelingen, den (langfristigen) ökonomischen Nutzen der Entwicklung des Personals und das Interesse der Mitarbeiter an ihrer Entwicklung zu wecken, wenn die Potenzialförderung des Einzelnen und die Strategieunterstützung der Organisation als (ethische) Verpflichtung zum professionellen Selbstverständnis gehören. Organisations- und Personalentwicklung wird dann systematisch, wenn einerseits die Verknüpfung mit der Strategie des Unternehmens angestrebt wird, also eine Zielorientierung nicht an Defiziten der Vergangenheit, Fehlern der Mitarbeiter oder Misserfolgen der Organisation, sondern an den

---

[1] Interessant sind lokale Zusammenschlüsse von Mittelständlern mit dem Ziel einer gemeinsamen Personalentwicklung, z.B. Innovationsregion Hohenlohe.

zukünftigen Herausforderungen von Mitarbeitern und Organisation. Andererseits gewinnt sie dann an Interesse für den Mitarbeiter, wenn Personalentwicklung ihre Orientierung am Potenzial des Mitarbeiters findet und nicht nur am Defizit im Abgleich zu seiner aktuellen Aufgabe.

Diese Systematik der Entwicklung beeinflusst den gesamten organisatorischen Rahmen, Strategie, Kultur und Struktur, und beachtet Entwicklung und Lernen nicht nur des Individuums, sondern auch der Gruppen/Teams und der Gesamtorganisation. Wir sprechen dann von einer Lernenden Organisation, an der sich auch die Qualifikation des Personalentwicklers auszurichten hat (vgl. ebd.: 130).

Anlass für eine solche Neuausrichtung der Personalentwicklung sind häufig besondere (bewältigte) Krisensituationen von Unternehmen i.S. von interner Neuausrichtung (Umstrukturierung) auf ein verändertes Umfeld, z.B. eine veränderte Position im Markt durch Wegfall von schützenden Regulierungen oder Privatisierung. Nach strukturellen Maßnahmen wird die Bedeutung der Humanressourcen deutlich. Unternehmen erkennen, dass die aktuellen, vor allem aber die zukünftigen Veränderungen nur mit Personal zu bewältigen sind, das bereit und dazu in der Lage ist, sich im Hinblick auf neue Anforderungen immer wieder (selbst) zu entwickeln.

Diese Geburtsstunde der Organisations- und Personalentwicklung in einer Organisation erfordert vom Profi eine theoretische Grundlage, also einen Überblick über die Wirkungsweise der Entwicklung in Organisationen und bei Individuen, wie auch praktische Kenntnisse der methodischen Umsetzung. Dieser Kenntnisstand stammt im Idealfall nicht aus zufälliger und biografisch je unterschiedlicher Qualifizierung, wie dies in den Anfängen der Organisations- und Personalentwicklung der Fall war, sondern nähert sich einer Qualifizierung, die auch (ethische) Verhaltensstandards umfasst und somit professionellen Anforderungen genügt. Diese professionellen Standards werden heute in einer Reihe von postgradualen außeruniversitären Instituten gepflegt, sind also für gestandene Profis gefestigt.

Anfänger jedoch, also Hochschulabsolventen, müssen sich ihr Know-how in der Praxis, im *on-the-job*-Training aneignen. Diese Situation ist sowohl für den beruflichen Anfänger unbefriedigend als auch für die Unternehmen, die es in anderen Berufsfeldern gewohnt sind, dass Berufsanfänger ihr professionelles Rüstzeug mitbringen.

Professionelles Wissen und Verhalten erhöht den Aktionsraum und den Status von Personalentwicklern im Unternehmen. Dies ist bisher auf unsystematische Weise geschehen und hat die Organisations- und Personalentwicklung z.T. neben dem übrigen Personalmanagement positioniert. Profession verlangt jedoch systematisches Wissen und Verhalten. Es lohnt, sich über Professionalisierung und über Schritte ihrer Verwirklichung Gedanken zu machen.

2. Professionalisierung der Organisations- und Personalentwicklung

Beruf und Profession
Professionalisierung wird im Allgemeinen mit den beiden klassischen Professionen, der Medizin und der Rechtswissenschaft, verbunden, welche die begriffliche Diskussion nach-

haltig prägten. Zunächst nur im angloamerikanischen Raum diskutiert, vollzog sich in den 60er und 70er Jahren mit der aufkommenden Diskussion um soziale Ungleichheit ein Paradigmenwechsel. Professionen verloren ihren Nimbus, ethisch begründet in erster Linie altruistisch zu handeln. Man sah in Professionals nunmehr Akteure, die erfolgreich verstanden, ihre Eigeninteressen durchzusetzen und zu wahren.

Im Folgenden geht es zunächst um die Klärung von Profession in Abgrenzung zum Beruf und der Entwicklung eines Verständnisses von Professionalisierung als einem Prozess sozialer Institutionalisierung, die anders verläuft als in den klassischen Professionen.

Der Begriff des Berufs wird in der Regel funktional unter der Perspektive der konkreten Berufsinhalte und der in einem Beruf Tätigen gefasst. Charakterisiert wird er durch das Arbeitsgebiet und die Arbeitsbedingungen, die erforderlichen Fertigkeiten und Kenntnisse sowie die Eignungsanforderungen an die physische und psychische Disposition (vgl. Schlieper 1956: 7-22). Durch Einbettung der mit dem Beruf intersubjektiv verbundenen *Handlungserwartungen* in entsprechende rechtliche, politische, ökonomische und pädagogisch-sozialisatorische Rahmenbedingungen wird er institutionalisiert (vgl. Corsten 1998: 17).

Professionalität impliziert im alltäglichen Sprachgebrauch eine herausragende Handlungskompetenz und ist mit einer sozialethischen Dimension verbunden. Fünf qualitative Kriterien sind für eine Profession nach Verständnis der meisten angloamerikanischen Autoren konstituierend: (1) Professionals müssen in einem eigenen Verband organisiert sein, der relativ autonom ist und Einfluss auf die Berufszulassung ausübt. (2) Professionals müssen im Umgang mit anderen an bestimmte Verhaltenregeln und Normen gebunden sein. (3) Die Ausbildung muss durch eine theoretisch fundierte Spezialausbildung erfolgen (vgl. Hesse 1968: 40ff.). Millerson ergänzt als viertes qualitatives Kriterium (4) Kollektivitätsorientierung und gesellschaftliche Anerkennung.[2] Als fünftes Kriterium (5) ist die soziale Schließung eines Arbeitsmarktsegments zu nennen (vgl. Freidson 1979).

Die Beschränkung auf qualitative Kriterien als strukturelle Charakteristika einer Profession lässt den dynamischen Aspekt der Professionalisierung als Prozess unberücksichtigt, da lediglich die Auswirkungen der Professionalisierung betrachtet werden und weniger nach Ursachen von Professionalisierung als abhängiger Variable geforscht wird. Weder Technik, noch steuernde Mechanismen und Kräfte werden offen gelegt. Der Prozess wird noch nicht als zielgerichtet und zweckrational begriffen.

Hesse betrachtet Professionalisierung formal gesehen als gesteuerten, zweckrationalen und kalkulierten Prozess, der die individuelle Leistungsfähigkeit sichern oder das Einkommen und das soziale Prestige steigern soll (Hesse 1968: 140f.). Um einen dynamischen Aspekt erweitern Hartmann (1972) und Rüschemeyer (1972) den Begriff von Professionalisierung. Auf einem Kontinuum begründen sie die evolutionäre Entwicklung der Profession aus der Arbeit über den Beruf mit einer Zunahme der Ausprägung in den beiden Dimensionen Wissen und soziale Orientierung. Die berufliche Tätigkeit wird verstärkt rationalisiert und neben die ökonomische Ausrichtung tritt eine gesellschaftliche Orientierung (Hartmann 1972: 40;

---

[2] "[Profession] is a type of higher-grade, non-manual occupation, with both subjectively and objectively recognized occupational status, possession a well-defined area of study or concern and providing a definite service, after advanced training and education." (Millerson 1964: 10).

Rüschemeyer 1972: 168). Aufgrund der kontinuierlichen Entwicklung sind die Grenzen zwischen Beruf und Profession vermutlich fließend.

Die qualitativen Kriterien einer Profession bedingen Autorität und Autonomie (vgl. Goode 1960: 902-914). Die fachliche Autorität beruht auf dem exklusiven Fachexpertenwissen, mit dem die Richtigkeit des Inhalts und der Methodik professionellen Handelns außer Frage steht. Mit der Monopolisierung von Interpretations- und Leistungsangeboten verfügt sie über eine Definitionsmacht und fachliche Autonomie. Da der Klient als Laie außer Stande ist, die Leistung des Professionals kompetent zu beurteilen, ist die intensive berufliche *Sozialisation des Nachwuchses* außerordentlich wichtig.

Professionalisierung als Prozess der Institutionalisierung und die Bedeutung der Sozialisation

Im Folgenden soll ein Verständnis der Professionalisierung von Organisations- und Personalentwicklung dargelegt werden, das eine Erklärung im Hinblick auf die berufliche Sozialisation als wesentlicher Komponente einer Profession zulässt. Professionalisierung soll als Prozess sozialer Institutionalisierung verstanden werden. Professionelles Handeln ist ein soziales Handeln, das klar definierte Rollenerwartungen an die Professionals und deren Klientel stellt.

Eine professionelle Organisations- und Personalentwicklung erfordert ein Handeln, das auf einer spezifischen Fachexpertise basiert, in die alle Gesichtspunkte von Organisations- und Personalentwicklung eingehen und die in einer entsprechenden Ausbildung vermittelt wird. Dazu zählt der Entwurf spezifischer Problemlösungstechniken, in denen die Mitglieder der Profession systematisch geschult werden. Wesentlich ist die Definition des von Organisations- oder Personalentwicklung zu lösenden Problems, das als soziales Phänomen immer eine Dynamik in sich birgt. Jede Form der Personalarbeit in Organisationen hat im allgemeinen die Funktion, die Fragestellungen, die im organisationalen Kontext aus der Transformation von Arbeitsvermögen in Arbeitsleistung entstehen, mit dem Aufbau geeigneter Strukturen bzw. der Initiierung langfristig angelegter Entwicklungs- und Veränderungsprozesse aufzulösen. Organisations- und Personalentwicklung, die sich im Rahmen des HRM zu eigenständigen Bereichen entwickelt haben, dienen insofern (vgl. Fischer 1998; Staehle 1994) „der fortwährenden Anpassung dieses Systems an neue Herausforderungen." (Neuberger 1994: 12) Zielsetzung und Bereitstellung der Problemlösungsmittel sind eng miteinander verbunden.

Professionelle Organisations- und Personalentwicklung muss sich weiterhin an der Organisation als Kollektiv orientieren und im Austausch für die eigene Leistung eine Gegenleistung erfahren, die nicht nur materieller Natur (z.B. Gehalt) sein muss, sondern auch, in Form von Anerkennung und Autonomie, eine soziale Dimension beinhalten kann (vgl. Millerson 1964: 28f. bzw. 120ff.). Ihre Leistungen müssen im Kontext der Organisation von den relevanten Rollenpartnern gewürdigt werden. Als solche sind spezifische Funktionsbereiche der Organisation wie das HRM genauso zu zählen wie Funktionsträger, so z.B. Führungskräfte, mit ihrer spezifischen Rolle gerade auch im Hinblick auf Organisations- und Personalentwicklung, sowie das Personal als Mitglieder der Organisation und Träger dieser Bereiche.

Für die Professionalisierung ist ein Konsens über die Ziele zwischen der professionellen Organisations- und Personalentwicklung und den relevanten Rollenpartnern notwendig. Die

Probleme müssen gemeinsam wahrgenommen und definiert werden. Erst nachdem Organisations- und Personalentwicklung als eigene Professionen mit spezifischer Fachexpertise anerkannt sind, werden sie nach und nach Probleme selbst definieren können. Professionalisierung ist also ein Prozess sozialer Institutionalisierung (vgl. Kairat 1969: 136ff.).

Zu diesen professionellen Standards gehören

- Wissen und Wissensentwicklung
- Verhaltensstandards und ethische Standards.

Spielte bisher im Prozess der Institutionalisierung die soziale Bewertung der tatsächlichen Leistungen von Organisations- und Personalentwicklung eine Rolle, steht nach Anerkennung der professionellen Expertenexpertise im Fokus, wie Organisations- und Personalentwickler als Träger dieser Positionen vorbereitet werden können, um die Realisation damit verknüpfter Handlungsstandards und einer weiteren Wissensentwicklung zu erreichen.

Implizit ist damit, in traditioneller Professionsbetrachtung meist nicht berücksichtigt, auch Persönlichkeitsentwicklung und Persönlichkeitsauswahl berührt, d.h. Zugang nur für den zuzulassen, der bestimmte Persönlichkeitsstrukturen mitbringt.

Wissen als Kriterium der Professionalisierung von Organisations- und Personalentwicklung
Betrachtet man beispielhaft die postgradualen Studienangebote in Deutschland, die eine Weiterbildung in Personalentwicklung anbieten, stellt sich die Frage, ob diese über die berufliche Sozialisation eine Professionalisierung von Personalentwicklung als Prozess der sozialen Institutionalisierung eines professionellen Handlungssystems unterstützen. Nach dem vorliegenden Verständnis von Professionalisierung spielen die Expertenexpertise und das Wissen eine elementare Rolle in diesem Prozess. Im Allgemeinen ist professionelles Wissen als Existenz eines gemeinsamen Bestands an Mindeststandards für die Umsetzung in die Praxis zu verstehen.

Professionelles Wissen zeichnet sich nach dem merkmalstheoretischen Verständnis dadurch aus, dass es systematisiert, theoretisch und wissenschaftlich begründet vorliegt. Lücken oder Inkonsequenzen sind nebensächlich. Professionelles Wissen muss neben Zweckmittelzusammenhängen, die beruflichem Wissen immanent sind, eine Differenzierung zwischen ursächlichen und abhängigen Elementen ermöglichen, d.h. Kausalzusammenhänge erklären können. Während der Ausbildung muss demnach neben der Anwendung spezifischer Verhaltensmuster und Problemlösungstechniken als praktisch technischer Expertise auch eine theoretisch analytische Expertise im Sinne einer Entwicklungskompetenz vermittelt werden, die Wissen um die Gründe eines Problems und die Auswirkungen einer Problemlösung umfasst. Weiterhin erfordert ein professionelles Wissen eine kontinuierliche Reflexion des Wissens und umfasst auch relativ viele allgemeine Fertigkeiten (vgl. Daheim 1967; Hartmann 1972; Freidson 1979; Svensson 1990; Torstendahl 1990).

Abb. 1: Qualitative Merkmale des Wissens bezogen auf das evolutionäre Kontinuum: eine Profession entwickelt sich aus dem Beruf über eine Rationalisierung des Wissens und Zunahme der sozialen Orientierung

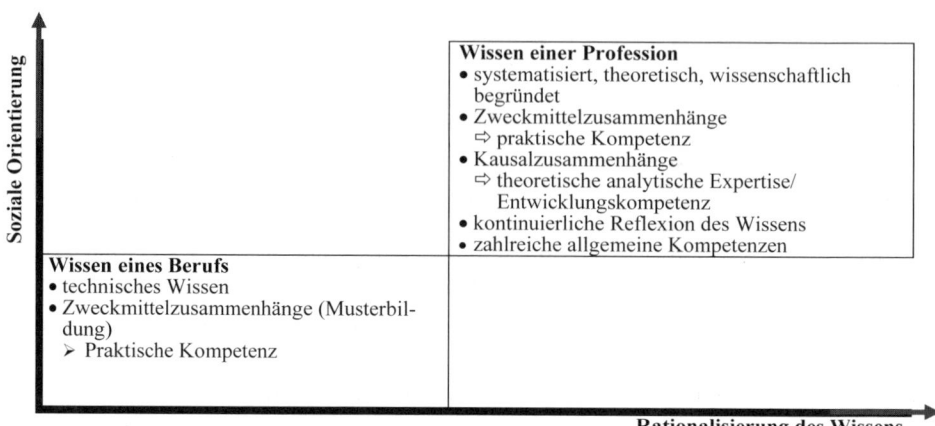

Quelle: Darstellung nach Hartmann bzw. Rüschemeyer 1972; vgl. Kap. „Beruf u. Profession")

Eine professionelle Personalentwicklung muss drei Handlungsebenen integrieren: Organisation, Individuum und Gruppe. Wolf hat 10 Qualitätsstandards der Personalentwicklung erstellt, die neben dem Expertenwissen die Einbettung in den Kontext der Organisation unterstreichen (Wolf 1998: 120ff.). Die nach dem hier zugrundeliegenden Verständnis von Personalentwicklung bestehende Komplexität bedingt einen sehr breiten Anforderungskatalog an professionelles Wissen. Neben rein fachspezifischem Wissen müssen wissenstheoretische Aspekte über die gesamte Organisation und insbesondere über das Personalmanagement als dem Funktionsbereich, der Arbeitskraft in Arbeitsleistung transformiert, indem er für eine Passung der organisationalen Strukturen und personalen Qualifikationen sorgt, wenigstens rudimentär vermittelt werden. Nur so wird ein analytisch-theoretisches Wissen um kausale Zusammenhänge in der organisationalen Komplexität möglich. Die für Personalentwicklung notwendige Fachexpertise wird in der Literatur relativ homogen anhand der einzelnen Prozessschritte über Bedarfsermittlung, Planung, Umsetzung bis zur Evaluation definiert. Weiterhin gehören grundlegende Kompetenzen, die einen breiten Einsatz zulassen, zum Wissen einer professionellen Personalentwicklung (vgl. Heeg/Meyer-Dohm 1994; Berthel 2002; Bröckermann 1998).

Tab. 1: Übersicht der für eine professionelle Personalentwicklung relevanten Wissensfelder

Allgemeines Wissen im Kontext der Organisation	Fachspezifisches Wissen um PE als Prozess	Allgemeines Wissen i.S. von Basiskompetenzen
Organisationssoziologische Grundlagen	Personalentwicklung:	Kommunikation
Arbeits- und organisationspsychologische Grundlagen	• Grundlegendes Verständnis (Funktion, Definition, Konzepte)	Moderation
Grundkenntnisse im Personalmanagement:	• Bedarfsermittlung	Präsentation
• Unterschiedliche Ansätze/HRM	• Planung und Steuerung	Problemlöse-/Entscheidungstechniken
• Handlungsfelder	• Umsetzung (Instrumente/Methoden)	Analysetechniken
• Organisation/Steuerung	• Controlling/Evaluation	
• Führung		
• Arbeitsrecht		
Organisationsentwicklung		
Changemanagement		
Projektmanagement		
Qualitätsmanagement		

Quelle: Eigene Darstellung

Personal- und Organisationsentwicklung sind sehr eng miteinander verbunden, so dass die für eine professionelle Berufsausübung relevanten Wissensfelder im wesentlichen das gleiche Spektrum abdecken. Während Personalentwicklung alle Maßnahmen umfasst, die zur Qualifizierung der Mitarbeiter beitragen, bewegt sich Organisationsentwicklung mit der Initiierung organisationsumfassender Entwicklungs- und Veränderungsprozesse in einem wesentlich breiteren Rahmen. Organisationsentwicklung strebt gleichermaßen eine Steigerung der Leistungsfähigkeit bzw. Effizienz der Organisation und eine Humanisierung der Arbeitsbedingungen in der Organisation an. Die stärkere Betonung und Fokussierung der Organisation als Einheit erfordert von einer professionellen Organisationsentwicklung tiefere Kenntnisse über organisationale Zusammenhänge und betriebswirtschaftliche Grundlagen als dies für eine professionelle Personalentwicklung notwendig ist. Natürlich ist auch stärker das fachspezifische Wissen um Organisationsentwicklung zu akzentuieren, u. a. also ein Verständnis für Veränderungen in Organisationen, über Prozesse der Veränderung und Feedbackprozesse zu fördern.

Verhalten als Kriterium einer Professionalisierung von Organisations- und Personalentwicklung

Als Voraussetzung der Institutionalisierung einer professionellen Rolle muss die Organisations- und Personalentwicklung in der Organisation um Anerkennung kämpfen und in einer hinreichenden Zahl von Organisationen erfolgreich sein. Als Aufgabenfeld zwar in die funktionale organisatorische Einheit HRM integriert muss sich eine professionelle Organisations- und Personalentwicklung durch Etablierung eines eigenen Verständnisses ihrer spezifischen Arbeit vom HRM distanzieren und abgrenzen. Mit der Institutionalisierung einer derartigen beruflichen Rolle ist die professionelle Position von Organisations- und Personalentwicklung in der Organisation so gefestigt, dass die Rahmenbedingungen, unter denen sie in der Organisation stattfindet, strukturell und funktionell in der Organisation festgelegt werden. Eine professionelle Organisations- und Personalentwicklung erhält über eine eigenständige Funktion oder Organisationseinheit fachliche Autorität und Autonomie.[3] Dies ist Voraussetzung, um überbetrieblichen professionellen Standards neben den hierarchischen/organisatorischen Determinanten Gestaltungsraum zu schaffen. Zu den Rahmenbedingungen zählt auch die Definition der Funktion anderer Mitglieder der Organisation in Bezug auf diese Bereiche.

Professionalisierung, verstanden als aktiver Prozess, bedeutet für die Mitglieder der Profession Lernen bzw. Sozialisation. In der traditionellen Profession sagte man „Ausbildung". Daraus folgt, dass eine professionelle Sozialisation im Sinne der Antizipation einer Rolle und bestimmter Handlungserwartungen nach erfolgreicher Institutionalisierung ein wesentliches Element zur Sicherung der Profession ist. Immer stellt sich dann die Frage, wo und wann diese Sozialisation stattfindet.

Geschieht die Erstsozialisation in einem Wirtschaftsunternehmen wird die professionelle Orientierung gegenüber der hierarchischen Orientierung zurücktreten, vor allem bei Berufsanfängern. Dies wird verstärkt, wenn der Berufsanfänger nur eine hierarchische Organisation kennen lernt, was bei Dauerverträgen, also nicht im Beratungsverhältnis, ja der Fall sein wird.

Für eine Sozialisation in die Profession sind also bereits zu Beginn des Berufseintritts überbetriebliche Standards zu vermitteln. Die meisten privaten Weiterbildungsinstitute setzen erst nach einigen Jahren Berufserfahrung an, brauchen also gewissermaßen eine Re-Sozialisierung auf professionelle Standards und Netzwerke.

Ideal wäre also eine professionelle Sozialisation während der Studienzeit, wie dies bei den traditionellen Professionen der Fall ist.

Zum Stand der Ausbildung an deutschen Universitäten

Organisations- und Personalentwicklung wird in gradualen Studiengängen mit personalwirtschaftlichen Themen wie z.B. Betriebswirtschaftslehre und Sozialwissenschaften, auch in den Erziehungswissenschaften, häufig als Seminarthema mehr oder weniger ausführlich aufgegriffen. Schon der zeitliche Rahmen lässt eine umfassende Vermittlung des komplexen theoretischen Wissens zu Organisations- und Personalentwicklung nicht zu, so dass es sich nur um Einführungsveranstaltungen in das Themenfeld handeln kann.

Nach unserer Recherche bieten drei Universitäten eine berufsbegleitende Qualifikation in Personalentwicklung im Rahmen eines postgradualen Studiums an, während keine Universität ermittelt werden konnte, die eine derartige Qualifizierung in Organisationsentwicklung anbietet. Zwei weitere Universitäten hatten eine Ausbildung in Personalentwicklung zwar in der Vergangenheit angeboten, inzwischen aber eingestellt. Angesprochen werden Führungs(nachwuchs)kräfte und Akademiker, die in den Bereichen Human Resources, Personalentwicklung oder Organisationsentwicklung praxiserfahren sind. Mit der Zielgruppe wird einmal mehr die enge Verknüpfung von Organisations- und Personalentwicklung deutlich, die sich auch auf das Verständnis einer Professionalisierung in beiden Bereichen auswirkt. Ziele der Studiengänge sind einerseits die Reflexion praktischer Erfahrung vor neuem theo-

---

[3] So findet man in der Praxis mittlerweile Unternehmen, in denen der Bereichsleiter Personal als Kollege neben dem Bereichleiter Personalentwicklung gemeinsam an den Kaufmännischen Geschäftsführer berichtet.

retischem Wissen und andererseits die Verbindung von wissenschaftlichen Theorien und beruflicher Praxis sowie die Förderung eines fachübergreifenden Forschen und Lehrens. Es gilt, die Handlungskompetenz der Studierenden in der Praxis zu erweitern. Die Studiengänge werden aus Sicht der jeweiligen Fachbereiche mit unterschiedlichen Schwerpunkten versehen. So werden sozialpsychologische, erziehungswissenschaftliche und sozialwissenschaftliche Impulse auf Personalentwicklung und Organisationsentwicklung genauso aufgegriffen wie umgekehrt betriebswirtschaftliche Theorien. Ein Curriculum betrachtet Personalentwicklung von einer Metaebene, indem als Studienziel die Vermittlung der Fähigkeit genannt wird, betriebliche Reorganisationsprozesse zu reflektieren und gezielt zu gestalten. Die kommunikationswissenschaftlich oder pädagogisch orientierten Studiengänge vermitteln insbesondere didaktische und pädagogische Grundlagen im Rahmen von Personalentwicklung und allgemeine Kompetenzen wie Moderation, Kommunikation oder Präsentation.

Tab. 2: Übersicht der postgradualen Studiengänge in Personalentwicklung

Universität/Studiengang/Dauer/Abschluss	Curriculum	Zielsetzung
Universität Bielefeld Weiterbildendes Studium ‚Personalentwicklung und betriebliche Bildung' (PEBB) 3 Semester – Abschluss: „Geprüfte/r Bildungsmanager/in"	vier Module: 1. Berufliche Bildung in der lernenden Organisation 2. Planung und Organisation betrieblicher Bildung und Personalentwicklung 3. Entwicklung und Gestaltung betrieblicher Bildungs- und Personalentwicklungsprozesse 4. Führung und Beratung in der betrieblichen Bildung und Personalentwicklung	Verbindung von Wissenschaft und Praxis zur Erweiterung der Handlungskompetenzen. Förderung eines Netzwerkes zum Austausch von Wissen/Erfahrungen. Supervision, Coaching und Prozessberatung der Studierenden in konkreter Projektarbeit.
Technische Universität Braunschweig Weiterbildendes Studium „Personalentwicklung im Betrieb" 5 Semester – Abschlusszertifikat	Erziehungswissenschaftliche, sozialpsychologische und sozialwissenschaftliche Grundfragen Themenbereiche: 1. Lehren und Lernen in betriebsbezogenen Bildungsprozessen 2. Neue Management- und Führungskonzepte 3. Neue Instrumente der Organisations- und Personalentwicklung 4. Innovationsblockaden und Zukunftsperspektiven in Industrie- und Dienstleistungsbetrieben 5. Soziale, ökonomische und technische Entwicklungstrend moderner Gesellschaften 6. Zukunft von Arbeit und Beschäftigung 7. Regionalentwicklung und Existenzgründung	Förderung von fachübergreifendem Forschen und Lehren. Zusammenarbeit mit öffentlichen und privaten Einrichtungen. Verpflichtung zur Weiterbildung. Kombination von neueren wissenschaftlichen Erkenntnissen mit beruflichen Qualifikationen und Erfahrungen. Reflexion der Praxis vor neuen wissenschaftlichen Erkenntnissen Reflexion wissenschaftlicher Forschung vor praktischer Erfahrung.

Universität/Studiengang/Dauer/ Abschluss	Curriculum	Zielsetzung
Fortsetzung Tab. 2	8. Dynamik von industriellen Beziehungen und Mitbestimmungen und veränderte Partizipationsformen 9. Kommunikations- und Kooperationstechniken	
Universität Kaiserslautern Berufsbegleitendes Fernstudium „Personalentwicklung im lernenden Unternehmen" 4 Semester – Abschlusszertifikat	10 Module: 1. Grundlagen 2. Management 3. Methoden der Personalentwicklung I 4. Methoden der Personalentwicklung II 5. Mitarbeiterführung 6. Lernen 7. Arbeitsorganisation 8. Weiterbildung 9. Change Management 10. Organisationsberatung	Vermittlung von Grundlagen und neuen Konzepten der Personalentwicklung. Verbindung von Berufspraxis mit wissenschaftlichen Theorien und Forschungsansätzen. Wissenschaftliche Reflexion der Konzepte, Modelle und des beruflichen Handelns.
Technische Universität Chemnitz ⇒ Projekt: 01/1994-12/1998 am ifip (Institut für Innovationsmanagement) OE/PE "PEri-SCOPE" 4 Semester – Zertifikat	1. Lernbedarfsanalyse 2. Individuelles und organisationales Lernen 3. Qualifikationsdiagnostik 4. Neue Medien in der Personalentwicklung 5. Evaluation der Personalentwicklung 6. Befragungstechniken 7. Planung der Personalentwicklung 8. Szenariomethoden in der Personalentwicklung 9. Personalcontrolling 10. Qualifizierende Arbeitsgestaltung 11. Projektmanagement 12. Konfliktmanagement 13. Moderation und Präsentation 14. Führung und Kommunikation	Integration betriebswirtschaftlicher und sozialwissenschaftlicher Erkenntnisse. Das Curriculum wurde im Rahmen eines Projekts erstellt und inhaltlich aktualisiert bzw. qualitätsgesichert durch Praktiker aus Dienstleistung/Industrie und der Wissenschaft.
Universität Gesamthochschule Kassel ⇒ Studiengang ist 1999 ausgelaufen Management, Innovation, Training, Kommunikation, Organisation, Planung und Führung (MITKOPF) zwei Semester – Teilnahmebescheinigung/Zeugnis	sechs Module: 1. Grundlagen, Instrumente und Umsetzung von Personalentwicklung in Organisationen 2. Konfliktmanagement 3. Personalplanung und Personaleinsatz 4. Änderungsmanagement durch zielorientierte Kooperation im Betrieb 5. Konzeption und Umsetzung eines Reorganisationsprojektes 6. Strategien betrieblicher Weiterbildung	Erwerb von Handlungskompetenz im Zusammenhang von Technik, Organisation und Personal. Reflexion von Veränderungsstrategien und Denkansätzen.

Stand: Juni 2003

Die einzelnen Curricula unterscheiden sich in der Pointierung der Wissensgebiete so stark, dass eine weitergehende Klassifizierung wenig sinnvoll erscheint, da mit ihr zu viele Details und dadurch die Spezifika verloren gingen. Grundsätzlich umfassen die Curricula dieser postgradualen Studiengänge allerdings die drei oben ausgeführten Wissensfelder, die professionelles Wissen von Personalentwicklung mehr oder weniger ausführlich generieren.

Organisations- und Personalentwicklung auf dem Weg der Professionalisierung

Ansätze der Professionalisierung in postgradualen Studiengängen
Nach dem vorliegenden Professionalisierungsverständnis ist die Existenz und Vermittlung professionellen Wissens und konkreter Handlungsstandards und die Entwicklung neuer Handlungskompetenzen ein Indikator für Professionalisierung. In der Regel entspricht das Wissen, das während einer Ausbildung vermittelt wird, nicht dem tatsächlichen Ausmaß an systematischem Wissen, da zwischen Produktion neuer Wissensstoffe in der Forschung und ihrer Rezeption Jahre vergehen. Die Reflexion der beruflichen Praxis vor der neuen Forschung als einheitliche Zielsetzung der drei zuerst genannten Studiengänge impliziert den zeitnahen Bezug auf den aktuellen wissenschaftlichen Stand der Forschung. Die Förderung eines Netzwerkes zum Austausch von Wissen und Erfahrung, die in der Universität Bielefeld als Ziel gesetzt wird, unterstützt den kontinuierlichen Gedankenaustausch von theoretisch fundierter Forschung und der Umsetzung in die professionelle Praxis.

Mit der Vermittlung des Wissens durch Praktiker, wie es in allen drei Studiengängen gehandhabt wird, werden mit dem Wissen konkrete Handlungsanleitungen gegeben und Erwartungen formuliert. Insbesondere die Begleitung in Form des Coaching, der Supervision und des Beratungsprozesses in einem konkreten Projekt der Studierenden, das der Studiengang der Universität Bielefeld beinhaltet, verdeutlicht, dass es nicht nur darum geht, praktische Expertise und theoretisch analytisches Wissen zu vermitteln, sondern dass die Umsetzung des Erlernten in konkretes Handeln eine wesentliche Zielsetzung ist.

Schwierig ist die Bewertung der Studiengänge in Bezug auf die Frage nach der Qualität des vermittelten Wissens im Sinne eines professionellen Wissens, das die Existenz eines gemeinsamen Bestandes an theoretischem und systematisiertem Wissen sowie methodischen Mindeststandards für die Umsetzung in die Praxis voraussetzt. Die Wissensgebiete der Studiengänge liegen nicht in standardisierter Ausprägung vor. Die oben entwickelte Tabelle mit den Anforderungen an eine professionelle Personalentwicklung orientiert sich am funktionalen Verständnis einer Organisation in ihrer Gesamtheit, indem es neben der Expertenexpertise Wissen im Bereich des Personalmanagements und organisationstheoretischer Ansätze als organisationalem Handlungsrahmen von Organisations- und Personalentwicklung beinhaltet. Impliziert wurde damit einerseits ein stark konzeptionelles Verständnis von Organisations- und Personalentwicklung als eigenständiger funktionaler Einheit. Andererseits akzentuiert dieses Verständnis mit dem eigentlichen Aufgabengebiet die originäre Aufgabe von Personalentwicklung, zu der Böhme die drei weiteren Arbeitsebenen Weiterbildung, Training und Teamentwicklung zählt (Böhme 2002: 3).

Das Curriculum des Studiengangs der Universität Bielefeld, der Personalentwicklung und betriebliche Bildung in einem Studium anbietet, pointiert die beiden Arbeitsebenen Weiterbildung und Training. Eine Professionalisierung von Personalentwicklung entwickelt sich offensichtlich aus dem Bildungsmanagement, was der Titel des Abschlusses des Studiengangs bestätigt. Auch wenn dieses Verständnis nicht unbedingt im Widerspruch zu dem konzeptionellen Verständnis im Rahmen eines Human Resource Management steht, ist kritisch zu betrachten, ob dies einseitig fokussierte Wissen ausreicht, um im Rahmen von Personalentwicklung, die im Gesamtkontext der Organisation stehen muss, Kausalzusammenhänge in der gesamten Organisation analytisch nachvollziehen zu können. Neben den beiden Arbeitsebenen geht der Ansatz mit der Vermittlung von Interaktions- und Kommunikationsmodellen allerdings auf die Mittlerrolle der Personalentwicklung stärker ein, die zwar Strukturen kreieren kann, um Personal zu entwickeln, aber auf andere betriebliche Akteure wie Führungskräfte bei der Umsetzung angewiesen ist.

Legt man einen einheitlichen Wissensbestand für eine Profession zugrunde, kann man aufgrund der Diversifikation in den drei bestehenden Studiengänge nicht von Professionalisierung sprechen. Ohne Institutionalisierung im Sinne einer Standardisierung der Ausbildung über die notwendigen Wissensfelder fehlt nicht nur ein wesentliches Kriterium einer Profession. Auch die Anforderung an professionelles Wissen nach methodischen Mindeststandards für die Umsetzung in die Praxis bleibt unerfüllt. Kritisch ist der Wissenskatalog zu prüfen, der anhand der Anforderungen an Personalentwicklung im Gesamtkontext der Organisation für die professionelle Sozialisation eines Personalentwicklers konzipiert wurde. Weiterhin ist zu überlegen, ob ein professionelles Handlungssystem zur Organisationsentwicklung nicht in der professionellen Sozialisation eines Personalentwicklers institutionalisiert sein sollte, um der engen Verknüpfung von Organisations- und Personalentwicklung mit dem entsprechenden professionellen Verständnis gerecht zu werden.

Graduale oder postgraduale Ausbildung zum Organisations- und Personalentwickler
Ein Ergebnis dieses Vergleichs ist, dass es sich ausschließlich um postgraduale Studiengänge handelt. Unter dem Aspekt der Sozialisation und Professionalisierung bedeutet dies, dass die jungen Anwärter ihre erste Begegnung mit der Profession auf den Ebenen Wissen und Verhalten in einer Organisation erhalten haben. Organisationsorientiertes Verhalten prägt also die sensible Phase der „dritten Sozialisation" in das Berufsleben. Erst später wird es im Allgemeinen durch Wissen und Verhalten über den einzelnen Betrieb hinaus erweitert, primär durch freie Weiterbildungsinstitute, z.B. das Institut für Systemische Beratung in Wiesloch.

Die Teilnehmer der postgradualen Studiengänge haben also mindestens eine (wichtige) berufliche Sozialisation durchlebt und verfügen dadurch bereits über einzelne Wissensgebiete dieses komplexen theoretischen Anforderungskatalogs. Solange keine graduale Qualifikation zum Personalentwickler angeboten wird, ist dieser Umweg zwar notwendig, aber es stellt sich die Frage, ob er erstrebenswert für eine Profession sein kann. Trotz aller Einschränkungen lässt sich doch ein Beitrag postgradualer Studiengänge zur Professionalisierung von Personalentwicklung erkennen. In jedem Fall ist die Verbindung von theoretisch-analytischem und praktischem Wissen und die Reflexion der Praxis vor der neueren Forschung, was natürlich auch eine gegenseitige Prüfung der neuen Forschung in der Praxis impliziert, im Sinne einer Weiterentwicklung des Wissens gegeben, die von einem professionellen Wissen gefordert wird. Mit der Vermittlung des Wissens durch Praktiker und Professionals an Studierende als zukünftige Professionals werden Handlungsorientierungen und Standards gesetzt, die allerdings nicht in einem einheitlichen professionellen Verständnis von Personalentwicklung institutionalisiert sind. Es fehlt ein professionelles Netzwerk, das über eine einzelne Universität hinaus eine Einheitlichkeit herstellt.

Bei einem postgradualen Studium handelt es sich immer um eine weitere berufliche Sozialisation. Bei einer Professionalisierung von Organisations- und Personalentwicklung muss
über die Institutionalisierung einer Ausbildung eine eigene berufliche, bzw. eine professionelle Sozialisation sichergestellt werden. Es wird von dem professionellen Verständnis der
Organisations- und Personalentwicklung abhängen, in welchem Ausmaß dabei die angeführten Wissensbereiche vermittelt werden. In jedem Fall gilt es, die Ausbildung als Standard zu
institutionalisieren und über ein Netzwerk die Ausbildungsinhalte zu kontrollieren und zu
sanktionieren. Solange keine institutionalisierte Ausbildung vorliegt, wird auch das Berufsbild der Professionen Organisations- und Personalentwicklung je nach Perspektive unterschiedlich akzentuiert wahrgenommen. Die Ausbildung kann im Rahmen eines Studiengangs
genauso geschehen, wie durch ein postgraduales Studium. Es ist zu vermuten, dass mit zunehmender Professionalisierung, die eine deutliche Abgrenzung von anderen Berufsfeldern
mit sich bringt, eine frühzeitige Abgrenzung von den Ausbildungen verwandter Berufsfelder
im Sinne einer ersten beruflichen Sozialisation angestrebt wird.

Im Folgenden soll das Projekt einer gradualen Ausbildung an der Universität vorgestellt
werden. Der ursprüngliche Anlass dafür war, den beruflichen Einstieg zu erleichtern, weil

- die Studierenden bereits im Studium eine Fokussierung auf ein zukünftiges Berufsziel hin
  vornehmen,
- die Betriebe bereits (vor)ausgebildete Bewerber erhalten, die in Aufgaben von Organisati-
  ons- und Personalentwicklung rascher einsetzbar sind, also weniger betriebliche Ausbildung brauchen.

Dies bedeutet unter dem Aspekt der Professionalisierung jedoch auch, dass

- der Studierende in der Erstphase beruflicher Sozialisation auf eine Vielzahl (ausgesuchter)
  Betriebe trifft, sich also von vornherein Unterschiede im Verhalten deutlich machen kann,
  also eher eine überbetrieblich Sozialisation erfährt.
- Wissen bereits vor der ersten beruflichen Herausforderung angeeignet hat, also mit einem
  höheren Selbstvertrauen an die Aufgabenstellung herangeht.
- möglicherweise eine Auswahl unter dem Aspekt der Persönlichkeit ausschließlich unter
  dem Aspekt der Profession erfolgt.

3. POP – ein Projekt der studienbegleitenden Professionalisie-
rung in der Organisations- und Personalentwicklung an den
Universitäten Heidelberg und Mannheim

Charakterisierung des Projektes

"Professionalisierung in Organisations- und Personalentwicklung" (POP) ist ein Projekt,
welches durch das Programm "Innovative Projekte in der Lehre" im Themenschwerpunkt 2
(„Maßnahmen zur Steigerung der Berufsfähigkeit") des Ministeriums für Wissenschaft,
Forschung und Kunst Baden-Württemberg gefördert wird. Im Rahmen des Projektes wird ein
Zusatzstudium für Studierende der Industrie- und Betriebssoziologie an der Universität Heidelberg und der Wirtschafts- und Organisationspsychologie an der Universität Mannheim
eingeführt und erprobt. Das Projekt wird in enger Kooperation beider Universitäten durchge-

führt. Ausgangspunkt des Zusatzstudiums, das auf die Professionalisierung der Organisations- und Personalentwicklung abzielt, ist es, die für eine Profession notwendigen theoretischen und systematisierten Wissensbestände auf der einen sowie die methodischen Mindeststandards, Verhaltensmuster und Problemlösetechniken für die Umsetzung in die Praxis auf der anderen Seite zu vermitteln.

Die Qualifizierung wird während des Universitätsstudiums und in Verbindung mit ausgewählten, herausragenden Kooperationsunternehmen, Organisationsberatungen und Bildungsinstitutionen der Region verwirklicht. Dieser Prozess geschieht durch die Übertragung der in der Praxis entwickelten Standards in die universitäre Ausbildung.

Ziele des Zusatzstudiums sind:

- die Förderung und Verankerung der Professionalisierung von OE/PE-Beratern aus den Sozialwissenschaften an der Universität , damit verbunden
- die Erweiterung praktischer Handlungskompetenzen. Dies umfasst die Bereiche Fachkompetenz, Methodenkompetenz, soziale Kompetenz (Interaktions- und Kommunikationsfähigkeit) und personale Kompetenz (individuelle Fähigkeiten und Einstellungen).
- Aufbau von lokalen Netzwerken zwischen zukünftigen Professionellen und Aktiven in Firmen mit vorbildlicher PE/OE und professionellen Instituten,
- Verbesserung der Berufschancen von Sozialwissenschaftlern in einem zukunftsweisenden Berufsfeld. POP steht dabei für hohe Qualifikation der Bewerber.

Die Studierenden sollen die Qualifikationen erhalten, die in den Anfangspositionen von einem professionellen Anfänger in diesen Tätigkeitsbereichen erwartet werden. Es werden theoretische Grundlagen, Methoden, Schlüsselqualifikationen und praktische Erfahrung für den Berufseinstieg vermittelt. Studierende werden somit befähigt, unmittelbar nach Studienabschluss eine berufliche Tätigkeit in der Organisations- oder Personalentwicklung aufnehmen zu können, ohne die sonst notwendige postuniversitäre Zusatzqualifizierung bzw. dem Erwerb professioneller Grundkenntnisse in der ersten Tätigkeit.

Im Studienverlauf erwerben die Studierenden zunächst fachrelevante, interdisziplinäre Grundlagen (Modul 1, siehe unten). Dabei müssen die Teilnehmerinnen und Teilnehmer bereits vor der Zulassung zum Zusatzstudium den Nachweis über den Besuch von je einer Veranstaltung (Vorlesung oder Seminar) aus dem Bereich der Arbeits- oder Organisationspsychologie und dem Bereich der Organisations- oder Betriebssoziologie erbringen. Die fachfremde Leistung muss an der jeweiligen Partneruniversität erbracht werden.

Die Inhalte dieser Veranstaltungen werden vor Beginn des Zusatzstudiums in einer Eingangsklausur geprüft und gemeinsam mit einem Auswahlinterview als Zugangsvoraussetzung gewertet. Das Auswahlinterview zielt darauf ab, berufsrelevante Persönlichkeitsfaktoren (z.B. Zielstrebigkeit, Engagement, Selbstreflexion) zu messen. Sind die Zugangsvoraussetzungen erfüllt, können sich die Studierenden für das Zusatzstudium POP einschreiben und die Veranstaltungen der Module II–IV (siehe unten) besuchen. Es handelt sich also bei den POP-Teilnehmern um einen geschlossenen Kreis ausgewählter Studierender, die für die Teilnahme am Programm vielfältige und anspruchsvolle Voraussetzungen erfüllen müssen. Die Diplomarbeit schließlich muss ebenfalls im Themengebiet Organisations- und Personalentwicklung geschrieben werden. Für die ersten drei Jahrgänge (Kohorte 2003, 2004 und 2005) wurden je 20 Studierende für das Zusatzstudium aufgenommen.

Professionalisierung auf verschiedenen Ebenen und Lernfeldern

Vier Module zur Vermittlung von Wissen
Wird in diesem Kontext von Wissen gesprochen, sind damit sowohl Theorien als auch methodische Mindeststandards gemeint. Die notwendigen Studieninhalte sind in vier Themengruppen („Module") mit zugehörigen Veranstaltungen („Bausteine") gegliedert:

I: Theoretische Grundlagen: Vermittlung von theoretischem Grundlagenwissen in Organisationssoziologie, Arbeits- und Organisationspsychologie sowie Grundlagen der OE/PE und Beratung.

II: Planung und Konzeptentwicklung: Erwerb von Transferkompetenz zur Umsetzung des theoretischen Wissens in praktisch-relevante Handlungsstrategien. Inhalte sind hier u. a. die Bausteine *Projektmanagement, Konfliktmanagement, Change Management, Grundlagen der Beratung* etc.

III: Methoden und Instrumente: Training von methodischem Know-how zur Realisierung von OE- und PE-Projekten. Dazu gehören Bausteine wie *Moderation, Workshopkonzeption, Befragungsmethoden, Kommunikation und Gesprächsführung, Methoden der Potenzialanalyse etc.*

IV: Praxis und Projekte: Sammeln von praktischen Erfahrungen in Praxis- und Beratungsprojekten unter Begleitung von Fachexperten und wissenschaftlichem Personal. Unterschiedliche Lernerfahrungen werden in diesem Modul durch Praktika, Mitarbeit an Projekten, Besichtigungen, Fallstudien etc. gemacht.

Während die Veranstaltungen in Modul I Bestandteil des regulären Studiums (Seminare/Vorlesungen) an den Partneruniversitäten sind, findet die Lehre in den Modulen II und III ausschließlich in Form von Blockveranstaltungen (Seminare/Workshops) statt, die nur den POP-Teilnehmern zugänglich sind.

Modul IV findet ausnahmslos in der Praxis statt: In den Kooperationsunternehmen wenden die Studierenden ihr in den vorherigen Modulen erworbenes Wissen und Methoden an. Dies kann beispielsweise in Form von PE-Projekten, Konzeption und Durchführung von Workshops und Trainings oder bei der Teilnahme an Abteilungsbesprechungen sein. So erwerben Studierende Schlüsselqualifikationen für die Tätigkeitsbereiche Organisations- und Personalentwicklung und werden schon frühzeitig in Projekte und Prozesse in Unternehmen integriert.

Den Abschluss des gesamten Curriculums bildet für jede Kohorte eine zweitägige Fallstudie. Die Fallstudie wird von einem Kooperationsunternehmen konzipiert. Der Vertreter des Unternehmens fungiert als fiktiver Auftraggeber. Der Beratungsauftrag muss dann von den Studierenden innerhalb des vorgegebenen Zeitrahmens in Gruppen bearbeitet werden. Anschließend werden die Lösungen präsentiert. Diese Lösungen wird von den Unternehmensvertretern bewertet und ein Auftrag wird an das beste Team „vergeben".

Der Zusatzstudiengang POP soll theoretisches und systematisiertes Wissen und methodisches Können i. S. professioneller Mindeststandards vermitteln. Ein Schwerpunkt wird dabei neben fundiertem Wissen über Konzepte der Personal- und Organisationsentwicklung auf die Entwicklung von Beratungskompetenz gelegt, da Beratungstätigkeiten im praktischen Alltag wesentlicher Bestandteil der Personal- und Organisationsentwicklung sind. Die Reflexion des erworbenen Wissens wird durch den Austausch mit Unternehmensvertretern und durch Intervision der Studierenden angeregt.

Abb. 2: Das POP-Curriculum

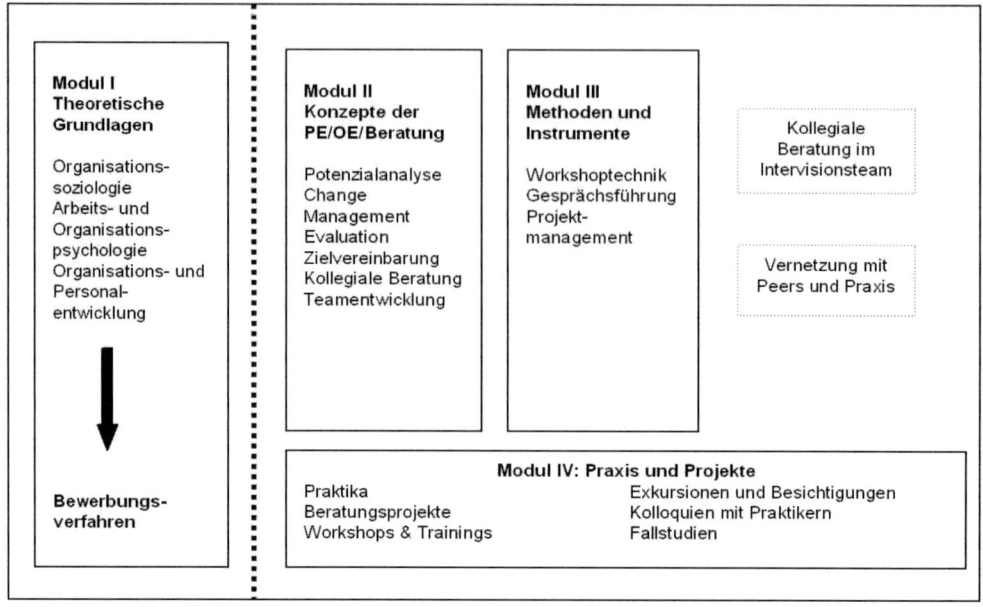

Quelle: Eigene Darstellung

Das POP-Curriculum als Lernfeld

Das gesamte Curriculum soll als Lernfeld begriffen werden, in dem während des Studiums professionelle Methoden angewandt werden. Lernen geht deshalb über das Erlernen definierter Inhalte innerhalb verschiedener Bausteine hinaus und bedeutet umfassende Sozialisation im Hinblick auf berufliche Anforderungen, Verhaltensweisen und Normen. Aus diesem Verständnis folgt auch, dass Elemente und Prozesse professioneller PE im POP-Curriculum eingeführt und institutionalisiert werden, die in ähnlicher Form in Unternehmen Einsatz finden, z.B. Zielvereinbarungen, Intervision, oder Workshopgestaltung. Studierende nehmen dabei wechselnd die Perspektive von Personalentwicklern oder die der Klienten von Personalentwicklungsmaßnahmen ein. Wird jedoch Lernen über die reine Wissensvermittlung hinausgehend verstanden, gerät zwangsläufig das Lernen von professionellem Verhalten in den Blick.

Desweiteren werden einmal pro Semester Gespräche mit jedem/r Studierenden analog zu Mitarbeitergesprächen in Unternehmen stattfinden, in denen der eigene Lernfortschritt, selbst gesteckte Ziele und Zufriedenheit mit dem Zusatzstudium thematisiert werden.

Schließlich werden die Studierenden in die Konzeption und Durchführung der Evaluation einzelner Lehrveranstaltungen sowie des gesamten Projekts einbezogen, tragen somit zur (Weiter-) Entwicklung des Curriculums bei und sammeln Erfahrungen mit der Evaluation eines „PE- und Professionalisierungsprojektes".

Lernen auf Verhaltensebene

Durch das POP-Studium kommen die Studierenden bereits in ihrer frühen beruflichen Sozialisation in Praktika und Projekten mit mehreren Unternehmen in Kontakt und lernen ganz unterschiedliche Praxisformen der PE/OE kennen. Das Erlernen und die Reflexion professionellen Verhaltens wird durch die Vergleichsmöglichkeit in besonderer Weise unterstützt.

Dieses wird auch durch den Umstand gefördert, dass alle Lehraufträge von Praktikern aus dem Bereich Organisations- und Personalentwicklung durchgeführt werden, die damit eine Modellfunktion für relevante Verhaltensmuster in Unternehmen und technische und praktische Expertise einnehmen. Die Lehrbeauftragten rekrutieren sich vorwiegend aus den Kooperationsunternehmen. Die Erprobung professionellen Verhaltens findet in Seminaren beispielsweise durch Rollenspiele oder das Üben von Gesprächsführung statt. Dazu erhalten die Studierenden qualifiziertes Feedback sowie Hilfestellungen und Ratschläge von Praktikern.

In Praktika, Projektarbeit oder der Teilnahme an Abteilungsbesprechungen in Unternehmen wird das Erlernen professionellen Verhaltens verstärkt. Dazu gehören auch Projekte von studentischen Beratungsteams, die in einem begrenzten Zeitrahmen und mit professioneller Supervision einen Beratungsauftrag für Kooperationsunternehmen oder andere Organisationen bearbeiten.

Diese praxisnahe Sozialisation erstreckt sich über das gesamte Curriculum und wird zusätzlich unterstützt, indem sich die Studierenden permanent mit dem eigenen Lernfortschritt auseinander setzen und somit ihre Entwicklung hin zum Berufsbild „Organisations- und Personalentwickler" reflektieren. Bereits zu Beginn des Curriculums müssen sich die Studierenden im Auswahlprozess intensiv mit den Anforderungen an Personalentwickler auseinander setzen, ebenso mit den Anforderungen an dieses Berufsfeld. Sie müssen die Motive ihrer Berufswahl bestimmen und erleben sich als Teil einer Bewerbungssituation.

Netzwerkbildung als bewusstes Lernziel

Professionelles Handeln wird immer durch den Austausch zwischen Angehörigen einer Profession gestärkt. Dieser Aspekt soll ebenfalls systematisch in das POP-Curriculums eingebaut werden, und zwar zwischen den Studierenden und mit Professionellen in den Kooperationsunternehmen.

Die Kontakte unter den Studierenden werden durch die Bildung von Intervisionsgruppen angeregt, die von Professionellen geschult und mit dieser Lernkultur vertraut gemacht werden. Die Kommilitonen und Kommilitoninnen werden damit zu Austauschpartnern bei der Unterstützung des Lernens. Diese Kontakte sollen später auch noch in der erste Berufsphase weiter wirken, was durch den Aufbau eines Alumni-Netzwerkes gefördert werden soll. Dieses soll eine langfristige Bindung ehemaliger POP-Studierender ermöglichen. Die Kontakte zu berufstätigen Absolventen, die als professionelle Organisations- und Personalentwickler arbeiten, können zudem für das Ausbildungsprogramm nutzbar gemacht werden.

Darüber hinaus besteht die Hoffnung, dass Kontakte, welche die Studierenden zu Personalentwicklern der Unternehmen knüpfen, auch nach der Zeit im POP-Curriculum bestehen bleiben.

Kühl, der sich mit den Professionalisierungsbestrebungen der letzten Jahre in den Bereichen Organisations- und Personalentwicklung kritisch beschäftigt hat, sieht in der Bildung von Netzwerken eine der wenigen Chancen für den Erfolg von Professionalisierungsansätzen. Er nimmt an, dass Netzwerke professionelle Verbände ersetzen werden, so dass Kooperation und Aus- und Fortbildung vor allem in stark persönlich geprägten Zusammenschlüssen abgewickelt werden. Laut Kühl wird es daher für eine erfolgreiche Marktpositionierung der Organisationsentwickler immer wichtiger werden, in funktionsfähigen und anerkannten Netzwerken aktiv zu sein (Kühl 2001: 18).

Aufbau einer Lernkultur durch kollegiale Beratung in Intervisionsteams
Die Entwicklung von Beratungskompetenz nimmt innerhalb des POP-Curriculums einen besonderen Stellenwert ein. Unterstützt wird dieses Lernziel durch Intervisionsteams, die zu Beginn von Modul II unter Anleitung eines professionellen Bildungsinstituts[4] gebildet und geschult werden und in denen Studierende Beratungstechniken über einen längeren Zeitraum einüben. Sie setzen sich aus Gruppen von je vier Studierenden zusammen, die sich selbstorganisiert drei mal im Semester treffen. Die Intervisionsteams unterstützen dabei die Auseinandersetzung mit Zielen, Herausforderungen aus Studium und Beruf sowie konkreten Projekten. Sie verfolgen vor allem das Ziel, durch die Methode der kollegialen Beratung einzelnen Studierenden differenzierte Sichtweisen aus der Gruppe auf Problemstellungen und zu bewältigende Aufgaben zu eröffnen und gemeinsam Hilfestellungen und Problemlösungen zu erarbeiten.

Lernen durch kollegiale Beratung in Intervisionsteams konfrontiert die Studierenden mit einer Lernkultur, die sich deutlich von der in universitären Lehrveranstaltungen abhebt. Im Gegensatz zu diesen zielen die Intervisionsteams auf den Aufbau einer konstruktiven Gesprächskultur, in der Studierende als kollegiale Berater zu kompetenten Gesprächspartnern werden und auf die individuellen Lernbedürfnisse ihrer Kollegen eingehen, gleichzeitig aber ausführlich Aufmerksamkeit für ihre eigenen Lerninteressen finden können. Die Studierenden reflektieren so ihr eigenes Lernverhalten und ihre Lernprozesse und entwickeln sich anhand von gegenseitigem Feedback weiter. Damit werden sich die Teilnehmer ihrer eigenen Stärken und Schwächen, ihrer Fähigkeiten und Vorlieben und deren Auswirkung auf die Aufgabenerfüllung und auf andere Menschen bewusst. Die Intervisionsteams bieten Zeit und einen geschützten Rahmen für eben diese Lernprozesse.

Als zusätzliche Unterstützung wurde in Zusammenarbeit mit dem Bildungsinstitut ein Supervisionskonzept erarbeitet: Pro Gruppe werden ein oder zwei Moderatoren bestimmt, die in regelmäßigen Supervisionssitzungen (3 x pro Semester) mit einem Vertreter des Instituts spezifische Fälle und Beratungstechniken diskutieren. Damit erlangen die Moderatoren eine größere Sicherheit in der Anwendung der kollegialen Beratung und können ihrerseits in ihren Teams die Umsetzung der Intervision überwachen und steuern.

Lernen in Intervisionsteams dient somit ebenso der Erweiterung der Selbstwahrnehmung, dem Verständnis und der Rekonstruktion eigenen Verhaltens als auch der Erweiterung der Wahrnehmung der Beziehungen und deren besserer Gestaltung und Klärung. Die Kompetenz professioneller kollegialer Beratung kann somit als Element kollegialen Lernens verstanden werden und bildet als solche eine wichtige Kernkompetenz und Grundlage organisationalen Lernens, das in Unternehmen einen hohen Stellenwert erlangt hat.

---

[4] Das Institut für systemische Beratung in Wiesloch

Zusammenfassend lässt sich also sagen, dass das Lernen in Intervisionsteams in mehrfacher Hinsicht den Zielen von POP dient: Der Reflexion des eigenen Wissens und Verhaltens, der Persönlichkeitsentwicklung und der Netzwerkbildung zwischen zukünftigen Kollegen.

Evaluation als Lernen im Projekt

a) Das Evaluationsmodell von POP
Um das Programm systematisch weiterzuentwickeln wird begleitend eine umfassende Evaluation durchgeführt. Das Feedback der Beteiligten (Studierende, Unternehmen, Lehrbeauftragte) fließt kontinuierlich in die Verbesserung und Anpassung des Programms ein.

Das primäre Ziel des Zusatzstudiums ist es, die Studierenden zu befähigen unmittelbar nach Studienabschluss eine berufliche Tätigkeit in der Organisations- oder Personalentwicklung aufnehmen zu können, ohne eine sonst notwendige postuniversitäre Zusatzqualifizierung absolvieren zu müssen.

Daraus leitet sich für die Evaluation folgendes Leitthema ab: Alle beteiligten Akteure, Studierende wie Partner aus der Praxis, evaluieren die einzelnen Bausteine und das Gesamtprogramm im Hinblick auf die individuelle Entwicklung der Programmteilnehmer (in den Ausprägungen Kompetenzerweiterung, Praxisrelevanz des Gelernten und Steigerung der Berufschancen). Die Erweiterung praktischer Handlungskompetenzen umfasst Fachkompetenz, Methodenkompetenz, soziale Kompetenz (Interaktions- und Kommunikationsfähigkeit) und personale Kompetenz (individuelle Fähigkeiten und Einstellungen).

Dabei kommen sowohl Aspekte der formativen (aktiv-gestaltend, prozessorientiert) Evaluation, als auch der summativen (zusammenfassend, bilanzierenden) Evaluation zum Zuge.

Die nachfolgend dargestellten Evaluationsergebnisse sind in den ersten beiden Jahren des Projektes erhoben worden. Sie waren im weiteren Projektverlauf Grundlage vielfältiger wichtiger Verbesserungen und Ergänzungen des Curriculums.

b) Instrumente und Ergebnisse
Im Rahmen des Projektes findet eine Evaluation auf mehreren Ebenen statt:

- Ebene 1: Evaluation einzelner Veranstaltungen (Bausteine) durch die Studierenden und die Lehrbeauftragten
- Ebene 2: Evaluation des Curriculums insgesamt durch die Studierenden
- Ebene 3: Übergang der Absolventen in das Berufsleben.

Im Folgenden werden die Erhebungsinstrumente und Auszüge der bisherigen Ergebnisse in Bezug auf die jeweilige Ebene vorgestellt.

Ebene 1: Evaluation der Einzelveranstaltungen
Auf der Ebene der Einzelbausteine (Seminare und Praxisprojekte) werden folgende Evaluationsinstrumente eingesetzt:

- Quantitativer Seminarfragebogen zu Didaktik, Anwendungsbezug des Themas, Bewertung der Gruppenarbeit und Gesamtzufriedenheit mit dem Seminar.

- Schriftliche Reflexion des Lernerfolges anhand von fünf Leitfragen nach jedem Seminarbaustein. Relevante Dimensionen sind die Bewertung des persönlichen Nutzens, die Integration in den Praxiskontext, Feststellen von weiterem Lernbedarf.

Die Auswertung der Evaluationsergebnisse zeigt:

Nach Meinung der Studierenden tragen die Seminare dazu bei, relevante Inhalte für die Praxis kennen zu lernen und bereits im Rahmen dieser einzuüben. Der Beitrag des Gesamtcurriculums von POP zum Ausbau der Fähigkeit, das angeeignete Wissen in der Praxis umsetzen zu können, fällt ebenfalls positiv aus.

Gespräche mit den Studierenden, die Auswertung der Seminarevaluationsbögen und der Lernreflexionen zeigen, dass sowohl Inhalte als auch Durchführungsweise der Bausteine aus Modul II und III bei den Studierenden sehr gut angekommen sind. V.a. die Erfahrungsberichte der Praktiker, die als Vorbilder aus der Praxis gesehen werden (Lernen am Modell), und die Vermittlung der Inhalte durch Gruppenarbeit, Rollenspiele oder *case studies* wurden durchwegs als positiv bewertet.

Ebene 2: Evaluation des Curriculums
Auf der Ebene des Gesamtcurriculums wird summativ die Kompetenzerweiterung der Teilnehmer erfasst. Die untersuchten Kompetenzen umfassen fachliche, methodische, soziale und personale Kompetenzen, die für eine berufliche Tätigkeit in der OE/PE relevant sind. Es wird angenommen, dass durch die Kombination von Lernen durch Vermittlung (in Seminaren) und Lernen durch Erfahren (in Praxisprojekten) eine berufsrelevante Kompetenzerweiterung stattfindet, die über die normalen in der Studienendphase auftretenden Reifeprozesse hinausgeht.

Dazu wurden bei der ersten Kohorte (2003), die sich im Sommersemester 2004 im dritten POP-Semester befand, folgende Instrumente eingesetzt:

- *Quantitativer Kompetenz- und Erwartungsfragebogen* zu den Fragen, inwiefern das bisherige POP-Studium zu einer Verbesserung der fachlichen, methodischen, sozialen und personalen Kompetenzen geführt hat, und in welchem Maße Erwartungen an Praxisnähe und Berufsvorbereitung durch das Zusatzstudium erfüllt wurden.

- *Qualitative Rückmeldegespräche* zur Ergänzung der individuellen Sichtweise und zur Validierung des Kompetenz- und Erwartungsfragebogens.

ERGEBNISSE ZUM WAHRGENOMMENEN KOMPETENZZUWACHS
Zunächst zu den Ergebnissen der quantitativen Befragung: Abbildung 3 enthält die relevanten Ergebnisse zu den Fragen, die den Kompetenzzuwachs und die Wichtigkeit der einzelnen Kompetenzfelder betreffen:

Abb. 3: Wahrgenommener Kompetenzzuwachs und eingeschätzte Wichtigkeit der Kompetenzfelder

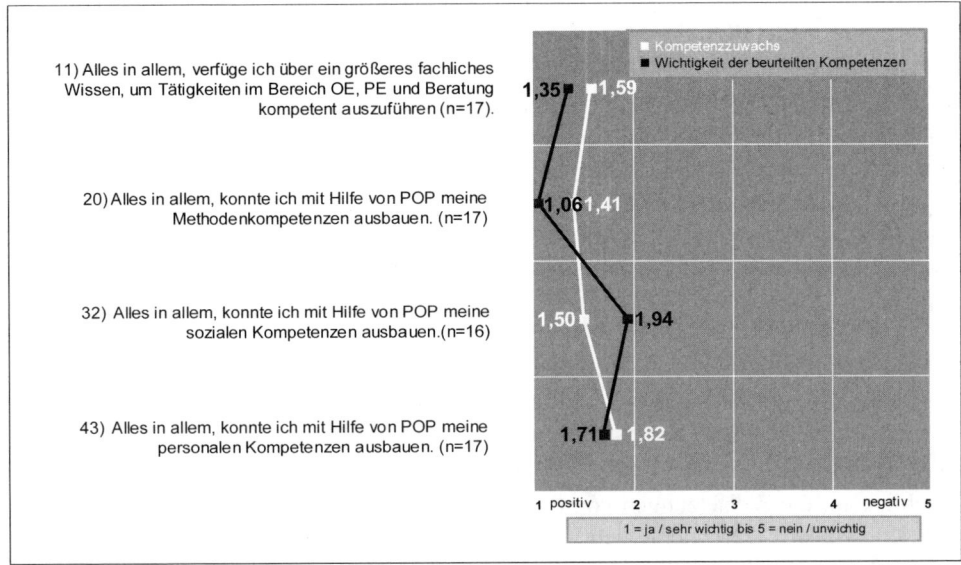

Quelle: Kohorte 2003

Die Mittelwerte aller beurteilten Kompetenzfelder liegen unter m=2,00, was positiv zu beurteilen ist. Somit wird in allen Kompetenzfeldern von Seiten der Studierenden ein Zuwachs wahrgenommen.

Zusätzlich wurden die Studierenden befragt, an welchen Stellen sie Verbesserungsbedarf bei POP sehen. Einige Vorschläge zur Optimierung des Programms (vor allem in der Vermittlung von Fach- und Methodenkompetenz) konnten bereits im Projekt umgesetzt werden. So werden im Curriculum nun die Seminare „Gesprächsführung" und „Grundlagen der Beratung" angeboten, die einige der gewünschten Lernfelder (z.B. Verhandlungsmethoden; Kennenlernen verschiedener Beratungsansätze) aufgreifen.

ERGÄNZENDE BEWERTUNG DES PROGRAMMS

Ergänzt und validiert wird diese Selbsteinschätzung durch ein leitfragengestütztes Rückmeldegespräch. Die Gesprächsprotokolle werden qualitativ-inhaltsanalytisch u.a. nach den Dimensionen „Zufriedenheit mit dem Curriculum", „Studienverlängerung", „Zufriedenheit mit Praxiselementen", „Auswahlverfahren" und „Nutzen der Intervisionsgruppen" ausgewertet.

Ergebnisse der Rückmeldegespräche mit der Kohorte 2003 (durchgeführt im Sommersemester 2004 mit 20 Studierenden) sind eine hohe Zufriedenheit mit dem Curriculum aufgrund des hohen Praxisbezugs des gesamten Programms. Auch die Vielseitigkeit des Seminarangebots und die Tatsache, dass es aufgrund der beschränkten Teilnehmerzahl keine überfüllten Seminare gibt, führen zu einer hohen Zufriedenheit der Teilnehmer. Die Zusammenarbeit mit den Unternehmen wurde von den Studierenden ebenfalls als sehr positiv bewertet.

Im Hinblick auf das Programmziel „Netzwerkbildung" ergab sich, dass die Studierenden den Netzwerken untereinander eine genauso hohe Bedeutung beimessen wie den Netzwerken zu

Unternehmen. Es besteht ein großes Interesse der Studierenden auch nach dem Studium in Kontakt zu bleiben, etwa in Form einer Alumni-Organisation, um damit ein Forum für fachlichen Austausch zu haben. Als wichtiger Grund für dieses Interesse an Vernetzung wird angesehen, dass alle POP-Studierenden das gleiche Berufsfeld anstreben und über einen ähnlichen fachlichen Hintergrund verfügen.

Bereits innerhalb des POP-Studiums wird der interdisziplinäre Austausch zwischen Soziologen und Psychologen durch die unterschiedlichen Perspektiven auf das Feld der OE/PE als Mehrwert wahrgenommen.

Die Umsetzung und der Nutzen der Intervisionsteams wurde in der ersten Befragung teilweise kritisch eingeschätzt. Aus diesem Grund wurde in der Folge die Betreuung der Intervisionsgruppen intensiviert, um sowohl Sinn also auch Techniken dieser Lernform besser zu vermitteln.

GESAMTBEWERTUNG ZUR ERFÜLLUNG DER ERWARTUNGEN AN DAS PROJEKT „POP"
Mit Hilfe des zweiten Teils des quantitativen Fragebogens, welcher der Kohorte 2003 vorgelegt wurde, wird die Frage untersucht, in welchem Maße Erwartungen an Praxisnähe und Berufsvorbereitung durch das Zusatzstudium erfüllt wurden.

Im Hinblick auf die Zielsetzungen von POP „Verknüpfung universitären Wissens mit praktischem Know-how", „Kennenlernen zukünftiger Berufsfelder" und „Aufbau praktischer Handlungskompetenz" sind die dargestellten Ergebnisse sehr erfreulich. Die Studierenden sind der Meinung, berufspraktische Kompetenzen erworben zu haben und systematisch auf berufliche Anforderungen vorbereitet worden zu sein. Sie fühlen sich besser gewappnet für den Berufseinstieg.

PERSPEKTIVE DER LEHRBEAUFTRAGTEN UND DER KOOPERIERENDEN UNTERNEHMEN
Nach jedem Seminar erfolgt in Form von Dozentengesprächen eine Bewertung der Studierenden und des Curriculums hinsichtlich der Praxistauglichkeit. Im Abstand von 2-3 Semestern finden Qualitätssicherungs-Workshops mit Vertretern der Kooperationsunternehmen statt, wobei diese die Studierenden auch im praktischen Kontext erleben. Dabei werden die Arbeitsleistungen wie auch die sozialen und persönlichen Fähigkeiten der Studierenden überwiegend positiv oder sehr positiv bewertet werden. Aus Sicht der Praxis bringen die Studierenden ein fundiertes theoretisches Vorverständnis und ein hohes Gespür für unternehmerisch relevante Fragestellungen bei gleichzeitig kritischem Blick auf die zu bearbeitenden Prozesse mit.

Hohe Zufriedenheit besteht auch bezüglich der Leistungen der Studierenden in den praktischen Projekten .

Ebene 3: Übergang der Absolventen in das Berufsleben
Die dritte Evaluationsebene bilanziert den Beitrag des Zusatzstudiums hinsichtlich der verbesserten Berufschancen und dem daraus resultierenden erfolgreichen Berufseintritt.

Zum jetzigen Zeitpunkt (Stand: April 2005) haben bereits drei POP-Absolventen der ersten beiden Kohorten eine Anstellung im Bereich OE/PE bei POP-Kooperationspartnern erhalten.

Eine systematische Untersuchung und eine daran anschließende generelle Prognose der Berufseintrittschancen kann jedoch erst erfolgen, wenn eine größere Anzahl von Absolventen in den Arbeitsmarkt eintritt, was voraussichtlich gegen Ende 2005 der Fall sein wird.

4. POP: ein Schritt zur Professionalisierung

Im Gegensatz zu postgradualen Studiengängen qualifiziert POP im Rahmen eines Schwerpunktstudiums für Personal- und Organisationsentwicklung in Form einer ersten beruflichen Sozialisation. POP erreicht damit eine höhere Standardisierung der Ausbildung und Kontrolle über die fachlichen Inhalte der Ausbildung und methodischen Mindeststandards als postgraduale Studiengänge, die auf vorhandene Wissensbestände und Erfahrungen reüssieren und damit gleichzeitig unterschiedliche Verständnisse von der Rolle des Personalentwicklers vermitteln.

Gleichzeitig gewährleistet POP eine hohe Autonomie bei der Festlegung und Kontrolle der Ausbildungsinhalte (Inhalte, Verständnis im Sinne von Definition und Funktion von PE), und erfüllt somit eine wesentliche Anforderung an eine Profession. Als Leistung von POP kann gleichermaßen gesehen werden, dass hier sozialwissenschaftliche Studiengänge mit beruflicher Praxis verbunden werden, wie dies bereits seit langem bei den beiden klassischen Professionen Rechtswissenschaft (Referendariat) und Medizin (klinische Semester, AIP, Facharztausbildung) im Curriculum institutionalisiert ist. Über die Institutionalisierung einer Ausbildung und die damit verbundene eigenständige berufliche Sozialisation leistet POP einen Beitrag zur Professionalisierung von Personalentwicklung.

Damit entspricht dieses Projekt dem „Anspruch selbstgesteuerten Lernens durch Teilnahme an Wissenschaft" einer berufsfeldorientierten Kompetenzentwicklung, wie sie von Armutat in seiner fundierten Untersuchung für das gesamte Berufsfeld Personal gefordert wird (Armutat 2003). Er stellt ein Studienfachkonzept vor, das auf die Entwicklung von Basiskompetenzen abzielt, und demonstriert am Beispiel des Studienfaches Personal die kompetenzentwicklungsorientierte Identifikation von Lernzielen, -inhalten, -methoden und Studienaufbauprinzipien für den gesamten Bereich Personalmanagement. Seine Ergebnisse sind ermutigend für eine universitäre Ausbildung und deshalb soll dieser Ansatz auch für POP fruchtbar gemacht werden, um die Studierenden durch die stärkere Ausrichtung auf berufsrelevante Kompetenzen besser auf das komplexe und dynamische Berufsfeld vorzubereiten.

Als verbleibende Aufgabe ist für die Professionalisierung von Personalentwicklung im Rahmen einer beruflichen Sozialisation wie POP notwendig:

- Aufstellung von kompetenzentwicklungsorientierten Mindeststandards für die Ausbildung über die beteiligten Universitäten und Studiengänge hinaus,
- Ausbau eines Netzwerks über die Studierenden und Lehrenden und über die lokale Verknüpfung hinaus.

POP kann als Lernfeld verstanden werden, in dem systematisiertes Wissen in Form von Bausteinen erworben werden kann, womit gleichzeitig das gesamte Projekt als Lernfeld für professionelles Verhalten, Netzwerkbildung und Lernen in Gruppen dient. Dies alles bildet Organisationsentwicklung und Personalentwicklung in Unternehmen ab, weil in POP bewusst Prozesse und Elemente implementiert werden, die sich in professioneller Personalentwicklung in Unternehmen bewährt haben. POP bietet damit weit über die Vermittlung systematisierten Wissens hinaus einen komplexen Professionalisierungsrahmen, indem es durch seine Ausbildungsinhalte dafür sorgt, dass Standards für die Absolventen bei den eigenen Verhaltensregeln gegenüber Partnern im Unternehmen (etwa die Personalbetreuung, Betriebsrat, Vorgesetzte) entwickelt werden. Zudem entsteht eine erste Kollektivorientierung innerhalb der Studierenden, die sich nicht mehr nur als Soziologie- oder Psychologiestudenten, sondern fächerübergreifend als POP-Absolventen sehen, die sich im Bereich der Organisations- und Personalentwicklung qualifizieren. Durch diese Spezialausbildung leistet POP somit einen Beitrag zur Etablierung der Profession der Organisations- und Personalentwickler.

Literatur

Armutat, S. (2003): Kompetenzentwicklung im universitären Studienfach Personal für das Berufsfeld Personalmanagement, München/Mering

Berthel, J. (2002): Personal-Management: Grundzüge für Konzeptionen, 6. Aufl.. Stuttgart

Böhme, K. (2002): Strategische Personalentwicklung, München

Bröckermann, R. (1998): Personalwirtschaft: Arbeitsbuch für das praxisorientierte Studium, Köln

Corsten, M. (1998): Kultivierung beruflicher Handlungsstile, Frankfurt a. M.

Daheim, H. J. (1967): Der Beruf in der modernen Gesellschaft: Versuch einer Theorie beruflichen Handelns, Köln/Berlin

Fischer, St. (1998): Human Resource Management und Arbeitsbeziehungen im Betrieb, München/Mering

Freidson, E. (1979): Der Ärztestand: berufs- und wissenschaftssoziologische Durchleuchtung einer Profession, Stuttgart

Goode, W.J. (1960): Encroachment, Charlatanism, and the Emerging Profession: Psychology, Medicine, and Sociology, in: American Sociological Review XXV (1960): 902-914

Hartmann, H. (1972): Arbeit, Beruf, Profession, in: Luckmann, Th./Sprondel, W.M. (Hrsg.), Berufssoziologie. Köln: 36-52

Heeg, F.J./Meyer-Dohm P. (1994): Methoden der Organisationsgestaltung und Personalentwicklung, München

Hesse, H. (1968): Berufe im Wandel, Stuttgart

Kairat, H. (1969): „Professions" oder „Freie Berufe"?: Professionales Handeln im sozialen Kontext, Berlin

Kieser, A./Hegele, C./Klimmer, M. (1998): Kommunikation im organisatorischen Wandel, Stuttgart

Kühl, S. (2001): Von den Schwierigkeiten aus einem Handwerk eine Profession zu machen – Sieben Szenarien zur Zukunft der Organisationsentwicklung, in: Zeitschrift für Organisationsentwicklung, 20. Jahrgang, Heft 1: 4-19

Millerson, G. (1964): The Qualifying Associations: A Study in Professionalization. London

Neuberger, O. (1994): Personalentwicklung, 2. Aufl.. Stuttgart

Rüschemeyer, D. (1972): Ärzte und Anwälte: Bemerkungen zur Theorie der Professionen, in: Luckmann, Th./Sprondel, W.M. (Hrsg.): Berufssoziologie, Köln: 169-181

Schlieper, F. (1956): Die Ordnung der Berufserziehung im Handwerk, in: Berufserziehung im Handwerk, 2.Folge, Köln: 7-22

Staehle, W. H. (1992): Organisationsentwicklung, in: Gaugler, E./Weber, W. (Hrsg.): Handwörterbuch des Personalwesens (HWP), 2. Aufl. Stuttgart: 1476-1498

Staehle, W. H. (1994): Management, 7. Aufl., München

Stäbler, S. (1999): Die Personalentwicklung der „Lernenden Organisation", Berlin

Svennsson, L. G. (1990): Knowledge as a professional resource: case studies of architects and psychologists at work, in: Torstendahl, R./Burrage, M. (Hrsg.): The Formation of Profession, London

Thom, N. (1992): Personalentwicklung und Personalentwicklungsplanung, in: Gaugler, E./Weber, W. (Hrsg.): Handwörterbuch des Personalwesens (HWP), Stuttgart: 1676-1690

Torstendahl, R. (1990): Introduction: promotion and strategies of knowledge-based groups, in: Torstendahl, R./Burrage, M. (Hrsg.): The Formation of Profession, London

Wolf, B. (1998): Qualitätsstandards für Personalentwicklung in Wirtschaft und Verwaltung, in: Zeitschrift für Arbeits- und Organisationspsychologie 42 (N.F.16) 2

II. Das Konzept der Corporate University – Neue Akteure in der Bildungslandschaft *(Jutta Staudte)*

1. Einführung

Angesichts der zunehmenden Ausbreitung digitaler Informations- und Kommunikationsmedien nimmt der verfügbare Wissensbestand in modernen Gesellschaften annähernd exponentiell zu. Dies eröffnet ein soziologisch relevantes Spannungsfeld, das Georg Simmel als „Tragödie der Kultur" bezeichnet: die Übermacht der objektiven über die subjektive Kultur (Simmel 1919). Auf der kollektiven Ebene wird Wissen ständig akkumuliert, der Umgang mit Wissen steigt in allen gesellschaftlichen Bereichen an. Die individuellen Aneignungsmöglichkeiten von Wissen sind jedoch begrenzt. Die rapide Verkürzung der Halbwertszeit von Wissen und die Steigerung der Qualifikationsanforderungen in der Berufswelt erfordern eine Neustrukturierung der Bildungsinstitutionen.

Aus unternehmerischer Sicht verlangt die komplexer werdende Welt die Erschließung strategisch relevanter Themen und die Formulierung einer klaren Stoßrichtung. Dies kann nicht durch einzelne Führungskräfte bzw. den Vorstand allein geleistet werden, sondern muss auf dem Boden eines arbeitsteilig organisierten Expertentums durch eine engere Verzahnung von Lern- und Strategieprozess erreicht werden. Unternehmen reagieren, indem sie Wissensmanagement sowie die kontinuierliche Weiterbildung ihrer Mitarbeiter als integralen Bestandteil ihrer Zukunftsfähigkeit begreifen und als wechselseitigen Prozess gestalten. Mit dem Ziel, ein praxisorientiertes Netzwerk aufzubauen, um den Produktionsfaktor Wissen effizienter zu nutzen, errichten vor allem Konzerne maßgeschneiderte Bildungsangebote – sog. *‚Corporate Universities'* (im Folgenden CU).

In diesem Beitrag wird das Konzept der CU zunächst skizziert und hinsichtlich seinem Anspruch und Funktion von der traditionellen Universität abgegrenzt. Des Weiteren wird dargestellt, wie sich CUs als Akteure auf dem viel versprechenden Markt der Weiterbildung positionieren. Die zentralen Strukturmerkmale von CUs und die daraus resultierenden individuellen und organisationalen Handlungsspielräume werden aufgezeigt. Zwei Fallbeispiele zeigen auf, wie unterschiedlich die konkrete Ausgestaltung des Konzepts aussehen kann.

2. Eine strategische Lernarchitektur

Unternehmen sind gezwungen, mehr für die Weiterbildung ihrer Mitarbeiter zu tun, als in Sprach- oder EDV-Kurse zu investieren. ‚Lebenslanges Lernen' ist zum viel beschworenen Schlagwort der gegenwärtigen Bildungsdiskussion geworden.[1] Um die Rahmenbedingungen

---

[1] Die normative Zielsetzung vom lebenslangen Lernen lässt sich mit Arnold Gehlens Konzeption vom Menschen als „Mängelwesen" in Bezug setzen (Gehlen 1986).

dafür zu implementieren und neue Handlungsperspektiven herauszuarbeiten, wird das Management von Lernprozessen in Form von CUs systematisch institutionalisiert.

Es findet sich eine große Bandbreite an Ausprägungsformen von CUs, die sich mit einer verbindlichen Definition schwer fassen lassen. Gemeinsames Merkmal ist die strategische Funktion der betrieblichen Weiterbildungsaktivitäten, d.h. die Integration von Lernen in den Strategieprozess. Als wesentlicher Machtpromotor fungiert dabei die Unternehmensspitze. Jeanne C. Meister, die Gründerin des Beratungsunternehmens CUX,[2] bezieht in ihrer breiten Auslegung auch organisationsexterne Akteure mit ein:

> *„A CU is the centralized strategic umbrella for the education and development of employees and value chain members such as customers, suppliers, and dealers. Most importantly, a CU is the chief vehicle for disseminating an organization's culture and fostering the development of not only job skills, but also such core workplace skills as learning-to-learn, leadership, creative thinking and problem solving."* (Meister 1998: 38)

Weitere Beschreibungen betonen die Verzahnung von Personal- und Organisationsentwicklung (Münch 2003). Die meisten CUs unterscheiden sich von herkömmlichen Weiterbildungsabteilungen, indem sie mehr leisten als die bloße Weitergabe von fachlichen Inhalten (Allan 2002). Sie haben nicht nur die Vermittlung von Schlüsselqualifikationen entsprechend dem firmenspezifischen Bedarf sowie die Integration von Kernkompetenzen zum Ziel, sondern sind darüber hinaus Instrumente der firmeninternen Sozialisation und erhöhen so die Mitarbeiterbindung an das Unternehmen. Kernziel ist die Schulung des Managements für konkrete Aufgaben am Arbeitsplatz unter Beachtung ökonomischer Sachzwänge. In CUs können Erfahrungen ausgetauscht und innovative Ideen für geschäftspolitische Herausforderungen generiert werden. Letzten Endes soll die CU wirtschaftlich verwertbare Innovationen institutionalisieren.

Der Trend zur CU stammt aus den USA. Ein Musterbeispiel der einschlägigen Literatur ist das *General Electric's Management Developement Institute* in Crotonville, New Jersey. Es wurde bereits 1956 eingerichtet und firmiert seit 1981 als CU. Hier wurden u.a. Instrumente wie ‚Management by objectives' entwickelt.

Ende der 80er Jahre kam es im anglo-amerikanischen Raum zu einer Gründungswelle von CUs. Derzeit existieren in den USA mehr als 1800 solcher Bildungszentren (das entspricht einer Vervierfachung seit 1988), in England sind es etwa 200 (Prince/Beaver 2001).[3] Nach Schätzungen einer viel zitierten Studie des *Henley Management Colleges* werden in den USA 2010 mehr Studierende an CUs als an traditionellen Hochschulen eingeschrieben sein.

---

[2] Die Gesellschaft Corporate University Xchange vergibt seit 1998 jährlich Prämierungen für besonders kreative Angebote von CUs – seit dem Jahr 2000 auch in Europa. [http://www.corpu.com]

[3] Etwa 40 % der 500 weltweit größten Unternehmen betreiben eine eigene CU (Stauss 1999: 121). In Europa bestehen die meisten CUs nach Frankreich und Großbritannien in Deutschland (Renaud-Coulon 2002: 222). Bei sämtlichen Angaben ist darauf zu achten, welche Definition von CUs als Grundlage genommen wird.

Die firmeneigene Ausbildung fällt bildungshistorisch betrachtet amerikanischen Unternehmen leicht, weil sich die Business Schools[4] seit jeher an praktischen Fallstudien aus Unternehmen orientiert haben (Domsch/Andresen 2001). Eine bloße Adaption des amerikanischen Formats der CU ist daher nicht angemessen.

In Deutschland wurden Ende der 90er Jahre die ersten offiziellen Firmenuniversitäten ins Leben gerufen: Die *Lufthansa School of Business* (Heuser 2001; Sattelberger/Heuser 1999), die *DaimlerChrysler Corporate University* (Müller 2001), die *Bertelsmann University*, die *mg academy* (Gottwald 2000/2001) und die *Deutsche Bank University*[5] (Svoboda/Hoster 2000). Über Art und Aufbau von CUs in Deutschland gibt ein im Auftrag des Bundesministeriums für Bildung und Forschung durchgeführtes Projekt der Privaten Universität Witten/Herdecke Aufschluss. Die Anzahl deutscher CUs wurde 2001 auf 80 geschätzt, wobei es im Allgemeinen Großunternehmen sind, die eine solche Institution betreiben (BMBF 2002: 9). Die Boomphase scheint in Deutschland vorbei zu sein; seit 2001 wurden nur noch wenige CUs gegründet (Müller 2005).

3. Eine Frage des Etiketts

Die Idee der Universität ist mit dem Humboldt'schen Bildungsideal verbunden: Hochschulen sind staatliche Bildungseinrichtungen, die sich bei der grundlegenden akademischen Ausbildung nach den Prinzipien Wissenschaftsfreiheit und rechtlicher, finanzieller sowie intellektueller Autonomie richten. Charakteristika des gesellschaftlichen Auftrags sind Interdisziplinarität und die Einheit von (Grundlagen-)Forschung und Lehre. Die Universität gilt als privilegierter Ort zum Lernen, wobei sie jedem offen steht, der die allgemeine Hochschulreife vorweisen kann.

Weil der Begriff ‚University' positiv besetzt und in den USA nicht geschützt ist, nutzen und verwässern ihn viele Unternehmen. Weiterbildung wird symbolisch aufgewertet, wenn sie mit dem verheißungsvollen Label ‚Universität' verbunden wird. So greifen CUs den Gedanken des Campus als Stätte der Begegnung auf und wecken positive Erwartungen, indem sie Strukturen und Positionen der traditionellen Universitäten übernehmen (z.B. Benennung der Abteilungen als ‚Fachbereiche' bzw. der Leiter als ‚Dekane'). Die Wortwahl ist jedoch irreführend und hat sich in Europa (noch) nicht durchgesetzt. Unternehmen verwenden deshalb auch die Bezeichnung ‚Akademie', z.B. die *DB-Akademie* der *Deutschen Bahn* oder ‚Institut', wie z.B. das *Allianz Management Institute*.[6]

Der Zugang zur CU wird nicht zwangsläufig über eine formale Vorbildung, sondern über die Firmenzugehörigkeit[7] bzw. den Preis geregelt.

---

4 Business-Schools sind in den USA an Universitäten gebunden; sie entsprechen in etwa den wirtschaftswissenschaftlichen Fakultäten in Deutschland. In Europa wurden die meisten Management-Schulen privat gegründet und stehen in engem Kontakt zu Unternehmen.

5 Die *Deutsche Bank University* wurde mittlerweile in *Deutsche Bank Learning and Development* umbenannt.

6 In Deutschland nutzen nur 14 % der Unternehmen das Label ‚University' (BMBF 2002: 25).

7 Die 1961 gegründete Hamburger University des McDonalds Konzerns steht beispielsweise allen MitarbeiterInnen auch ohne akademische Ausbildung offen.

Die formale Einrichtung einer CU bedeutet noch lange nicht, dass Weiterbildung substanziell neu definiert wird. Nicht selten dient die Bezeichnung nur dem Werbeeffekt, z.B. dann, wenn alle bestehenden Qualifizierungsmaßnahmen eines Unternehmens in der CU integriert werden. Letztendlich dient die CU einzig unternehmensinternen Zwecken; betriebliches Lernen wird nach kommerziellen Gesichtspunkten betrieben.

4. Der Zukunftsmarkt Weiterbildung

CUs erweitern den Markt für berufsbegleitende Bildung, dem sehr hohe Zuwachsraten vorausgesagt werden. Sie sollen dazu beitragen, die Wissensbasis im Unternehmen zu erneuern und neben der traditionellen Universität neues Wissen zu generieren. Dabei positionieren sie sich zwischen Wissenschaftsbetrieb und Praxisanforderungen. CUs treten weltweit als Nachfrager bei Hoch- und Fachhochschulen, Berufsverbänden, Kammern, Business Schools und freien Anbietern auf, öffnen sich aber auch als Bildungslieferanten für externe Zielgruppen.

Obwohl Weiterbildung 1998 als gesetzlich verankerter Auftrag in das deutsche Hochschulrahmengesetz aufgenommen wurde, ist der Anteil von öffentlichen Universitäten am kommerziellen Weiterbildungsangebot mit etwa 5 % gering (Willich/Minks 2004). Nur einzelne Professoren bieten in privater Nebentätigkeit Bildungsleistungen für Berufstätige an. Das Engagement beschränkt sich vielmehr auf die akademische Erstausbildung bei 18- bis 25-Jährigen. Dieses Defizit wird strukturell begründet und schlägt sich u.a. in unzureichender Praxisorientierung und Kapazitätsauslastung sowie fehlender internationaler Ausrichtung und zu langer realer Studiendauer nieder (Mayer 2003: 583f.). Eine erste Strukturerneuerung des unterfinanzierten Hochschulsystems ist die Einführung von Bachelor- und Masterstudiengängen im Rahmen des Bologna-Prozesses.

Private Universitäten, die finanziell weitgehend von Studiengebühren, Spenden und Stiftungsverträgen abhängig sind, müssen in zunehmendem Maße um Kunden bangen, wenn Unternehmen eigene CUs einrichten. Eine Konsequenz des lebendigen Wettbewerbs ist, dass Lernende verstärkt als Kunden wahrgenommen werden und von der großen Auswahl an aktuellen Wissens- und Lernangeboten auf dem „Bildungssupermarkt" (Hilse 2001: 152) profitieren können. Die funktionale Differenzierung der Bildungsmodelle führt zu einer stärkeren Nachfrage- und Dienstleistungsorientierung.

Inwiefern CUs eine echte institutionelle Konkurrenz zu bestehenden Bildungsangeboten darstellen oder zunehmende Kooperationsbeziehungen den steigenden Weiterbildungsbedarf mit qualitativ neuen Angeboten beantworten, wird sich künftig zeigen. Mittelfristig könnte sich eine kooperative Koexistenz im Beziehungsgeflecht der verschiedenen Akteure herausbilden, die jedoch nicht spannungsfrei erfolgen wird.

5. Aufgaben und Funktionen von Corporate Universities

Die gängigen Systematisierungsversuche von CUs basieren nicht auf repräsentativen empirischen Daten, sondern stützen sich auf Fallbeispiele und variieren je nach Anwendung und

Bewertung einzelner Eigenschaften.[8] Maike Andresen (2003) unterzieht die prominentesten Beschreibungsmodelle einer vergleichenden Betrachtung und entwickelt ein Erklärungsmodell nach dem Baukastenprinzip.

In diesem Beitrag wird der Schwerpunkt in Anlehnung an Pierre Bourdieus Kapitaltheorie vor allem auf die Aspekte ‚soziale Netzwerke' (soziales Kapital) und ‚Zertifizierung' (objektiviertes kulturelles Kapital) gelegt.

I. Leistungsspektrum

Neben der gezielten Unterrichtung und Qualifizierung der Mitarbeiter durch diverse Lernmethoden steht der Wissensaustausch durch Aufbau von Beziehungsnetzwerken im Vordergrund. Die Lernarchitekturen sollen interkulturelle Kompetenzen vermitteln und zur Suche nach den besten Lösungsstrategien beitragen sowie als Plattform zum Diskurs über Schlüsselthemen dienen. Die Vergabe von Zertifikaten steigert darüber hinaus persönliche Karrierechancen.

a. Lerninhalte

Ein Ziel von CUs ist der Wissenstransfer, wobei es nicht nur um generelle betriebswirtschaftliche Inhalte oder fachspezifisches Know-how, sondern vielmehr um unternehmensspezifische Problemlösungskompetenz geht. Entscheidender Bestandteil der Qualifikation ist *„die Fähigkeit, objektivierte Wissenssysteme und eigenes Handeln miteinander zu vermitteln und eigeninitiativ zur Generierung neuen Wissens beizutragen"* (Schumm 1999: 179). So stehen bei den maßgeschneiderten Programmen konkrete Anforderungen des Unternehmens auf dem Lehrplan. Lernbedarfe und Curricula werden in der Regel mit dem Vorstand abgestimmt. Sowohl Dozenten von namhaften Business Schools als auch Vorstandsmitglieder der Unternehmen vermitteln ‚best-practice'-Wissen. Fachliches Input wird von Externen geliefert, eigene Forschungsarbeiten werden dagegen kaum durchgeführt (BMBF 2002: 37).

b. Lernformen

Die Palette an Unterrichtsmethoden reicht von traditionellem Frontalunterricht bis zu modulartigen Lernformen wie ‚Blended Learning' (Verknüpfung von virtuellen Lernphasen mit Präsenzveranstaltungen). Technologiebasierte Lerninfrastrukturen ermöglichen Lernwilligen, den Wissensbedarf selbstgesteuert zu decken (z.B. über computergestützte Trainings, E-Mail-Systeme, Intranet).[9] Der Virtualisierungsgrad von Lernangeboten deutscher CUs ist jedoch eher gering ausgeprägt (BMBF 2002: 33). Da die direkte Kommunikation nicht ersetzt werden kann, werden Sozial- und Aktionsformen in den Lernprozess eingebunden. Zum Einsatz kommen Diskussionsforen, Workshops sowie längerfristige Curricula. In arbeitsplatzgebundenen Trainingsmaßnahmen wie Fallstudien und Projektarbeiten aus dem Ge-

---

[8] So klassifiziert Anthony Fresina (1997) anhand der ‚Mission' drei Prototypen von CUs. In Anlehnung an Roland Deiser (1998), der fünf Lernstufen für die Verknüpfung von Lernen und Praxis entwickelt, identifiziert Armin Töpfer (1999/2000) drei Entwicklungsstufen von CUs. Bernd Stauss (1999) konstruiert fünf Typen nach den Merkmalen ‚Zielgruppe' und ‚Inhalte'.

[9] In Deutschland verfügt *DaimlerChrysler* über die längste Erfahrung beim Einsatz von „virtuellen" CUs (Müller u.a. 2001).

schäftsalltag werden entsprechende Lernumgebungen geschaffen, die dem Unternehmen direkt Wert stiften.[10] Auf diese Weise wird ein aktiver Umgang mit Wissen gefördert.

c. Soziale Netzwerke

Im Idealfall stellen CUs eine Schnittstelle zwischen organisationalen und individuellen Zielen her. Die Verknüpfung des gesamtbetrieblichen Erfolgs mit individuellen Karriereaussichten gewährleistet einen wechselseitigen Anreiz zur Aktivierung aller vorhandenen Potenziale. CUs bieten Gelegenheitsstrukturen, um ein kollektives Grundverständnis von Konzernzielen und -philosophie zu verinnerlichen. Sie transportieren betriebliche Normen und stärken die Identifikationsbereitschaft und sind damit ein *„idealer Mechanismus für die unternehmensgerechte Sozialisation"* (Deiser 2000: 52). Die Bildung persönlicher Kontakte als Ausprägung sozialen Kapitals wird als positiver Nebeneffekt erhofft.

Seitens der Organisationen besteht ein Interesse an Informationsaustausch, wobei CUs eine Maklerrolle bei der kommunikativen Gestaltung übernehmen, indem sie multilaterale Begegnungen zwischen Managern ermöglichen und so institutionelle Mobilitätsbarrieren überwinden. Ein unternehmenseigener Campus schafft einen repräsentativen Rahmen für soziale Interaktionsmöglichkeiten. Tatsächlich finden Veranstaltungen überwiegend in Tagungshotels oder bei externen Partnern und kaum in firmeneigenen Räumlichkeiten statt (BMBF 2002: 41). Auf der innerbetrieblichen Ebene sind Netzwerke insbesondere in international operierenden Großunternehmen mit weit verstreuten Filialen für den Zusammenhalt von Bedeutung.

„[Netzwerke] sind deshalb besonders geeignet für Formen der Zusammenarbeit, die über traditionelle bürokratische, politische oder kulturelle Grenzen hinausgehen. Sie beruhen auf der Bereitschaft ihrer Mitglieder, sich bei Bedarf die jeweiligen Fähigkeiten und Kenntnisse gegenseitig zur Verfügung zu stellen." (Birkhölzer 1995: 512)

Netzwerke sind folglich ein mobilisierbares Kollektivgut, d.h. die Organisation kann sich die Summe aller sozialen Beziehungen zunutze machen. Zudem werden über informelle Sozialbeziehungen Vertrauensverhältnisse geschaffen, die durch Kooperationen zum wirtschaftlichen Erfolg des Unternehmens führen, indem sie Transaktionskosten senken.

Umgekehrt kann der einzelne CU-Teilnehmer nicht nur von der Vermittlung von praxisrelevantem Know-how profitieren, sondern ihm wird auch der Aufbau persönlicher Kontakte erleichtert. Sofern ein Teilnehmer in der Lage ist, private Bindungen und berufliche Kooperationsbeziehungen herzustellen, kann er aus den dort entstehenden Beziehungsnetzen individuelles Sozialkapital ziehen:

„Das Sozialkapital ist die Gesamtheit der aktuellen und potentiellen Ressourcen, die mit dem Besitz eines dauerhaften Netzes von mehr oder weniger institutionalisierten Beziehungen gegenseitigen Kennens oder Anerkennens verbunden sind." (Bourdieu 1983: 190 f.)

Informelle Sozialbeziehungen erleichtern den Zugang zu exklusiven Informationen und können Brücken zu anderen Netzwerkteilen schlagen. Man spricht in diesem Zusammenhang

---

[10] So konnte z.B. *Siemens* als direkte Folge des *Management Learning* die Kosten für interne Gespräche mit Mobiltelefonen in den britischen Niederlassungen um 60 % senken (Gloger 2000: 95).

von „strength of the weak ties".[11] Das primäre Motiv für die Teilnahme am Angebot einer CU ist die Möglichkeit, Netzwerkkontakte zu schließen (BMBF 2002: 30).

d. Zertifizierung und akademische Partnerschaften
Bildungszertifikate sind notwendige, aber nicht unbedingt hinreichende Voraussetzungen für den Zugang zu höheren Positionen.[12] Ihre Bedeutung wächst im Bewusstsein der Menschen und trägt auf dem Arbeitsmarkt entscheidend zur Wettbewerbsfähigkeit bei. Fortbildungsnachweise dokumentieren die Bereitschaft, zusätzliche Bildungsanstrengungen zu unternehmen. Sie dienen Arbeitgebern als wesentlicher Maßstab bei der Personalrekrutierung und können letztlich Lebenschancen positiv beeinflussen. Zeugnisse bescheinigen kulturelle Kompetenz und übertragen ihrem Inhaber einen dauerhaften, rechtlich garantierten Wert (vgl. Bourdieu 1983: 190). Institutionalisiertes kulturelles Kapital in Form von Bildungstiteln ist demnach eine soziale Aufstiegsressource, die mit Stellen (sozialen Positionen) belohnt wird. Dies wiederum erleichtert den Zugang zum Erwerb ökonomischen Kapitals.[13]

Neben formal berufsqualifizierenden Abschlüssen muss sich der „Arbeitskraftunternehmer" als neuer Leittypus der Erwerbsarbeit (Voß/Pongratz 1998) bemühen, seine ‚Employabilty' durch individuell verliehene Prädikate zu sichern. Aufgrund der Nachfrage nach solchen „Karrieretickets" entsteht ein profitträchtiger Markt um Zertifizierung.[14]

In den meisten deutschen CUs können hausinterne Bescheinigungen erworben werden. Neben extern zertifizierten nicht-universitären Abschlüssen werden vereinzelt akademische Zertifikate angeboten (BMBF 2002: 36). Lernallianzen ermöglichen es CUs, staatlich anerkannte Masterabschlüsse anzubieten, die in einem Studienzeitraum von bis zu zwei Jahren teils arbeitsbegleitend erlangt werden können. Da der ‚Master' kein geschützter Titel ist, garantieren nur akkreditierte Programme qualitative Mindeststandards, wobei auch das Renommee der Akkreditierungsstelle zählt.[15] Inwieweit CUs eigene akademische Grade einführen und dadurch dem staatlichen Bildungssystem mit seinen honorablen Titeln Konkurrenz machen, bleibt abzuwarten.

Die Zusammenarbeit mit externen Weiterbildungsanbietern kann vielfältig gestaltet sein: Entweder definieren die CUs die Lernprozesse selbst, übernehmen Veranstaltungskonzeption und Marketing und beziehen Partner als Lieferanten für wissenschaftliches Wissen nach Bedarf mit ein oder sie fungieren als Broker und stellen die ausgelagerten Leistungen der

---

[11] Mark Granovetter zeigt in seiner Studie zur Arbeitsplatzsuche, dass der überwiegende Teil der Stellen durch entfernte Bekannte vermittelt wurde (Granovetter 1995).

[12] Mit der Bildungsexpansion ist eine Vervielfachung qualifizierter Bildungsabschlüsse einher gegangen. In allen Bereichen der Gesellschaft ist eine Tendenz zur Akademisierung zu beobachten.

[13] Pierre Bourdieu beschreibt diesen Aufstiegsmechanismus anhand der französischen Verwaltungs-, Politik- und Wirtschaftseliten (Bourdieu 2004). Demnach ergänzen sich ökonomisches, soziales und kulturelles Kapital.

[14] Neben privaten Anbietern greifen Unternehmen den Trend auf: So übertraf die Nachfrage nach den Abschlüssen „Bachelor of International Management" der *Bertelsmann AG* und „Printmanager MBA" der *Heidelberger Druckmaschinen AG* die offenen Plätze bei weitem (Schamari 2001: 34).

[15] Das Problem der Akkreditierung kann zu kuriosen Situationen führen: Den MBA-Titel des renommierten *INSEAD* in Fontainebleau darf man in Deutschland nach den Vorgaben der Kultusministerkonferenz nicht führen, da das *INSEAD* eine Privathochschule und in Frankreich nicht staatlich anerkannt ist.

Zielgruppe zur Verfügung (strategische Allianz).[16] Knapp 80 % der deutschen CUs kooperieren mit namhaften internationalen Business Schools, fast ebenso viele arbeiten mit freien Trainern und Beratern zusammen (BMBF 2002: 34). Deutsche Universitäten sind als institutionelle Lernpartner kaum gefragt. Bei der Auswahl spielt die Reputation bzw. die Ressource ‚Aufmerksamkeit' und das damit verbundene Ansehen eine große Rolle (Franck 1998). Das Renommee garantiert verlässliches Handeln. Außerdem steht dahinter das Kalkül der Kapitalisierung des Namens: Ein Zeugnis über einen Kurs an einer imageträchtigen Einrichtung wertet den Lebenslauf auf.

II. Zielgruppe

Während in den USA in der Regel Mitarbeitern aller Hierarchiestufen Zugang gewährt wird, grenzen deutsche CUs ihren Wirkungskreis ein und adressieren ihr Angebot meist an Fachkräfte der ersten oder zweiten Führungsebene. So haben z.B. die *Deutsche Post World Net* und *DaimlerChrysler* in erster Linie Fortbildungsakademien für ihre Top-Führungskräfte etabliert. Die Weiterbildungsangebote richten sich überwiegend an firmeneigene High Potentials und dienen der Rekrutierung des Führungskräftenachwuchses auf dem unternehmensinternen Arbeitsmarkt. In nur 37 % der Fälle umfasst die Zielgruppe sämtliche Mitarbeiter des Unternehmens (BMBF 2002: 29). So stehen z.B. die *Print Media Academy* und die *SAP University* allen Mitarbeitern offen.

Der Zugang erfolgt häufig informell über Entsendung durch den Vorgesetzten und nicht durch standardisierte Potenzialeinschätzungsverfahren, funktionale Zugehörigkeit oder freie Anmeldung (BMBF 2002: 30). Diese Tatsache betont den meist elitären Charakter der CU und wertet die Fortbildungsmaßnahmen durch Exklusivität auf, statt sie zum „Nachsitzen" Minderqualifizierter zu degradieren.

Einige CUs öffnen sich aber auch externen Weiterbildungsadressaten (Kunden, Lieferanten) oder dem freien Markt (BMBF 2002: 29). Zum einen ermöglicht dies, Umfeldwissen in das Unternehmen zu integrieren und sich vor ‚Betriebsblindheit' zu schützen. Zum anderen bringt es den Nachteil mit sich, dass keine Interna behandelt werden können.

III. Organisationsstruktur

CUs besitzen in der Regel eine geringe eigene Infrastruktur und weisen keine eigene Rechtsform auf, sondern sind ein interner Bereich des Unternehmens bzw. in bereits existierende Strukturen eingebunden (BMBF 2002: 38). 77 % aller deutschen CUs sind der Personalabteilung angegliedert, nur wenige direkt dem Vorstand unterstellt (BMBF 2002: 38). Allerdings nimmt der Vorstand in der Regel die Beaufsichtigung der Bildungsaktivitäten wahr, was deren strategische Zielsetzung unterstreicht (BMBF 2002: 40). Damit repräsentiert eine hochkarätige Besetzung der entsprechenden Gremien den Stellenwert, den die CU im Vergleich zu herkömmlichen Weiterbildungsabteilungen innehat.

---

[16] Ein komplettes Outsourcing von Leistungspaketen, wie es z.B. die *Henkel Global Academy* betreibt (Jumpertz 2003: 92), kommt in den seltensten Fällen vor. Bei einer solchen Form wird den Lernpartnern ein hoher Gestaltungsfreiraum übertragen.

CUs sind zentral, dezentral oder föderal strukturiert, wobei jede dieser Formen konzeptinhärente Vor- und Nachteile aufweist (Lucchesi-Palli/Vollath 1999: 60ff.).[17]

Die Anzahl hauptamtlicher Mitarbeiter einer CU ist in Deutschland mit durchschnittlich 17 vergleichsweise gering (BMBF 2002: 11). Normalerweise beschäftigen CUs kein eigenes festes wissenschaftliches Lehrpersonal.

Die meisten CUs werden als Cost-Center geführt, wobei die Finanzierung über Zentralbudgets erfolgt (BMBF 2002: 42). Die Ausrichtung als Profit-Center birgt die Gefahr einer übermäßigen Orientierung an marktfähigen Themen.

6. Praxisbeispiele

Im Folgenden werden exemplarisch zwei unterschiedliche Ansätze vorgestellt, die beide das Label ‚CU' benutzen. Zum einen die ‚virtuelle' CU der *Bertelsmann AG*, die zu den Pionieren in Deutschland gehört und nur für die Managementelite zugänglich ist. Zum anderen das ambitionierte Projekt *AutoUni* der *Volkswagen AG*, die die staatliche Akkreditierung ihrer Masterabschlüsse sowie eine generelle Öffnung anstrebt.

Bertelsmann University

Die *Bertelsmann University (BU)* wurde 1998 als ‚dialogische Plattform' für das Topmanagement des Mediengiganten *Bertelsmann AG*[18] gegründet. Ausschlaggebend war die gegen Ende der neunziger Jahre zu Tage tretende Steuerungsproblematik des Konzerns, der eine kritische Größe erreicht hatte. Im Rahmen der daraufhin initiierten ‚Kulturevolution' wurden alle bestehenden Strukturen neu überdacht (BMBF 2002: 55). Eine Befragung der Führungskräfte ergab, dass diese die Forderung nach engerer Kooperation zwischen den zahlreichen Konzern-Töchtern und Sparten unterstützen, um u.a. Synergie-Potenziale innerhalb der Holding für ein effizientes Wissensmanagement auszuschöpfen. Die BU versteht sich nicht als eine Aus- oder Weiterbildungsabteilung, sondern als strategieumsetzendes Tool des Vorstandes.

I. Leistungsspektrum

Das Angebot der *BU* besteht aus fünf Leistungsformaten (BMBF 2002: 57f.): Drei *Kernprogramme* mit unterschiedlichen Schwerpunkten, *Consulting, State-of-the-Art-Foren, Research* und *Courses*.

Zu den *Kernprogrammen* gehören die einwöchigen *Workshops Mastering New Challenges (MNC)* und *Preparing for Opportunities (PFO)*. Im Veranstaltungszyklus *MNC* werden die wissenschaftlichen Erkenntnisse der Kooperationspartner[19] mit den Praxiserfahrungen der

---

[17] Dabei können im zeitlichen Verlauf unterschiedliche Formen durchlaufen werden. Kraemer/Klein prognostizieren eine Tendenz hin zu föderalen Organisationsstrukturen (Kraemer/Klein 2001: 26).

[18] Die internationale Medien- und Entertainment-Holding hat sieben Unternehmensbereiche und über 400 Einzelunternehmen, in denen mehr als 73.000 MitarbeiterInnen in 54 Ländern arbeiten. Im Jahr 2003 wurde ein Jahresumsatz von 16,8 Mio. Euro erwirtschaftet.

[19] Die maßgeschneiderten Inhalte und Formate werden mit der Harvard Business School, dem *IMD* und *INSEAD* sowie mit dem *MIT Media Lab* zusammengestellt. Des Weiteren kooperiert die *BU* mit den Beratungen *Monitor Group* und *McKinsey & Co*.

Führungskräfte verknüpft (Hermreck/Moran 2002a). *PFO* findet zweimal jährlich an den *INSEAD* Campi in Fontainebleau und Singapore statt und spricht die jungen Manager im Konzern an. Hier sollen unternehmerische Kompetenzen aktualisiert und Teamgeist gestärkt werden. Ergänzt werden die beiden Bausteine durch den *International Orientation Day*, der in Europa, den USA und in Asien durchgeführt wird. In seinem Verlauf werden den neu eingestellten Mitarbeitern Möglichkeiten zum Kennen lernen von Konzern und Unternehmenskultur sowie zum Aufbau von sozialen Netzwerken eröffnet. Persönliche Gespräche der Teilnehmer mit dem Vorstandsvorsitzenden sind vorgesehen.

Individuelle Beratungsangebote und Folgeveranstaltungen zum *MNC* werden in der Folge unter *Consulting* zusammengefasst. Die *BU* arbeitet die entwickelten Geschäftsideen so auf, dass sie in der Veranstaltung *Business Synergies* konkretisiert und weiter ausgebaut werden können.

Bei den *State-of-the-Art-Foren* werden hierarchieunabhängig und divisionsübergreifend alle Mitarbeiter angesprochen, die für strategisch relevante Fragestellungen ein besonderes Expertenwissen aufweisen. In Dialogforen soll der Wissens- und Erfahrungsaustausch gefördert werden.

Ergänzend zählen die Erarbeitung von Fallstudien und die Bereitstellung eines E-Learning Angebots *(Research)* und die *Courses*, d.h. die Vermittlung von Seminaren zu Führungs-Themen zum Angebot der *BU*.

Die Grundstruktur der Programme wird seit 1998 beibehalten. Die jeweiligen thematischen Schwerpunkte unterliegen einer ständigen an der Konzernstrategie orientierten Aktualisierung.

Die *BU* ist quasi eine virtuelle Einrichtung, einen eigenen Campus gibt es nicht.[20] Dies schaffe Flexibilität und berge *„nicht das Risiko, dass man zu einem Hotelbetrieb degeneriere"* (zitiert in: Hartung 2004). *Bertelsmann* nutzt eine Verknüpfung von Online-Kursen und dazu passenden Angeboten von Lernmaterialien. Der stetige Informationsaustausch unter den Führungskräften wird durch das firmeneigene Intranet unterstützt.

Die *BU* legt keinen Wert auf Zertifizierung, da dies für die Zielgruppe angesichts ihrer bereits etablierten Position im Unternehmen nicht attraktiv erscheint.

II. Zielgruppe
Da sich die *BU* nach den strategischen Zielen des Unternehmens ausrichtet, wird der Teilnehmerkreis auf 500-700 ausgesuchte Führungskräfte (Top Executives; High Potentials) begrenzt. Die Auswahl erfolgt in der Regel durch die Personalchefs der Unternehmensbereiche. Im sog. ‚Personalchefkreis' werden Teilnahmesitze an die verschiedenen Divisionen des Konzerns vergeben. Die Exklusivität der Zielgruppe schlägt sich im Modus der Einladung durch den Vorstand nieder. Da etwa 80 % der Topmanagement-Positionen bei *Bertelsmann* aus den eigenen Reihen besetzt werden, kommt der *BU* entscheidende Bedeutung zu.

---

[20] Das ‚Corporate Center' in der *Bertelsmann* Zentrale Gütersloh besteht aus vier Büroräumen (Wesselhöft 2004: 40).

III. Organisationsstruktur

Die *BU* ist eine Organisationseinheit des Konzernpersonalwesens, die von der Holding einen eigenen Etat erhält (Schnittker 2003: 70). 1998 beschäftige die *BU* sechs feste Mitarbeiter, heute sind es acht. Für die klassische Weiterbildung sind weiterhin die Tochterunternehmen verantwortlich.

Der Konzernvorstand kümmert sich persönlich um den Führungsnachwuchs und wohnt jeder Lern-Sitzung bei. Insgesamt sind die Aktivitäten eng an den Vorstand angelehnt:

> *„Der Leiter der BU berichtet offiziell an den Konzernpersonalvorstand. Parallel dazu erfolgt ein direkter Kontakt zum Vorstandsvorsitzenden, indem ihm alle drei Monate über die Aktivitäten der University berichtet wird. "* (BMBF 2002: 59)

In einem regelmäßig tagenden Beirat verständigen sich Mitglieder des Konzernvorstands, renommierte Wissenschaftler sowie die Leitung der *BU* über Themen, die in den Veranstaltungen bearbeitet werden sollen. Bei den Entscheidungen werden Evaluierungen, d.h. umfassende Benotungen durch die Teilnehmer, berücksichtigt (Hermreck/Moran 2002b: 88ff.).

Volkswagen AutoUni

Die im Jahr 2002 gegründete *AutoUni* der *Volkswagen AG*[21] soll wettbewerbsrelevantes Wissen im Themenfeld ‚Mobilität' generieren und als ‚ThinkTank' Input in die Strategieentwicklung des Konzerns geben. Die *AutoUni* wird nach erfolgter staatlicher Anerkennung die erste deutsche CU sein, die eigene akademische Abschlüsse vergeben kann und somit ein wissenschaftliches Profil aufweist.

I. Leistungsspektrum

Neben Kurzveranstaltungen wird es an der *AutoUni* unterschiedliche berufsbegleitende Studienmöglichkeiten geben: Zum einen Angebote für Mitarbeiter des *VW*-Konzerns als *Job Family Development Program*[22], zum anderen können im Rahmen der akademischen Weiterbildung einzelne *Module* sowie Postgraduiertenstudiengänge belegt werden.

Ab Winter 2005/06 wird der Studiengang *Sustainable Mobility* angeboten. Es folgen *Leadership in a Global Context* (Frühjahr 2006) und *Organizational Excellence* (Frühjahr 2007). Die *AutoUni* strebt an, für ihre gestuften Studiengänge je nach Fachrichtung verschiedene akademische Grade zu verleihen, die international anschlussfähig sind und die Teilnahme an Promotionsverfahren ermöglichen.[23]

Das Lehrangebot wird transdisziplinär die Themenbereiche ‚Mobilität', ‚Nachhaltigkeit', ‚Dienstleistung', ‚Führung' und ‚Gesundheit' umfassen, welche sowohl unter ökonomischen als auch unter technischen und sozialen Aspekten bearbeitet werden sollen. Dementsprechend werden die drei Studiengänge operativ von einer ‚Fakultät' verantwortet: der *School of Economics and Business Administration*, der *School of Science and Technology* und der

---

[21] Im Geschäftsjahr 2003 beschäftigte der Konzern weltweit über 335.000 MitarbeiterInnen; der Umsatz betrug 87,2 Mio. Euro. Zum Konzern gehören die Marken *Audi, Bentley, Bugatti, Lamborghini, Seat* und *Skoda*.

[22] Tätigkeiten und Funktionen, die durch Prozesse, Inhalte, Kompetenzen oder Organisation miteinander verwandt sind.

[23] Voraussetzung für die Verleihung des *Master of Science, Master of Arts* oder *Master of Economics* ist eine Mindestzahl von Credits der einzelnen Module und die erfolgreich abgeschlossene Masterthesis.

School of Humanities and Social Sciences. Die beiden Querschnittressorts *Unternehmenskultur* und *-werte* sowie *Lernstrategie* und *-technologie* vernetzen die Schools untereinander.

Ein Drittel der zweijährigen Studienzeit entfällt auf Präsenzveranstaltungen, zwei Drittel umfasst die begleitende Vor- und Nachbereitung, welche online durchgeführt wird.

In dem futuristisch anmutenden *Mobile-Life-Campus* in Wolfsburg soll eine Kombination von Forschungslabors und Lehreinrichtungen samt Studentenwohnheim angesiedelt werden.[24] Das Investitionsvolumen beträgt 50 Mio. Euro (Horstkotte 2003).

II. Zielgruppe

Das Angebot der *AutoUni* richtet sich in einem ersten Schritt an die *VW*-Mitarbeiter und zwar sowohl an die akademischen Eliten als auch an die Facheliten, beispielsweise die besten Ingenieure im Konzern. Auch Nicht-Akademiker sollen die Möglichkeit bekommen, betriebsintern eine Zusatzqualifikation zu erwerben. Die Bewerbung kann über den Vorgesetzten oder eigeninitiativ über alle Hierarchiestufen hinweg erfolgen.[25]

Formale Zugangskriterien für die Teilnahme an den Studiengängen sind ein abgeschlossenes Hochschulstudium und eine mindestens dreijährige Berufserfahrung bei *VW*, Nachweise von Sprach- bzw. einem analytischen Test, die Zustimmung des Vorgesetzten und das Bestehen eines Auswahltages.

Dies bedeutet nicht, dass jede Berufsbiografie im Konzern fortan den Besuch der *AutoUni* voraussetzt.

> *„Nur die Ausnahmekarrieren führen über uns. Die AutoUni kann eine Überholspur sein für Nachwuchskräfte, die den Parcours in der halben Zeit zu bewältigen vermögen und Führungsaufgaben bereits übernehmen können, auch wenn sie noch nicht vierzig sind. Deshalb haben wir die AutoUni bewusst aus der linearen Karriereplanung des Konzerns ausgekoppelt."* (Zimmerli zitiert in: Barthold 2002)

In einem zweiten Schritt werden ab 2008 auch Zulieferer und Partner aufgenommen. In einem dritten Schritt ist für 2010 eine generelle Öffnung geplant, wobei die Kapazität die Anzahl von 5000 Studierenden nicht überschreiten soll.

III. Organisationsstruktur

Als jüngstes Geschäftsfeld der *Volkswagen Coaching GmbH*[26] fungiert die *AutoUni* als Dialogplattform der Fach- und Führungselite der *VW*-Welt. Die *AutoUni* soll zwar innerhalb des Konzerns liegen, aber nicht direkt an die Konzernstrukturen angebunden sein. Die gängige fachliche Fortbildung für Spezialwissen bieten weiterhin z.B. die *VW Coaching* oder die *Audi Akademie*. Somit stellt die *AutoUni* nur eine Form der firmeninternen Weiterbildung unter mehreren dar.

---

[24] Geplant sind weitere Satellitenanlagen in Prag, Peking, Port Elizabeth, Sao Paulo und Puebla.

[25] *VW*-MitarbeiterInnen können sich seit Herbst 2004 über das Intranet bewerben. Seit Frühjahr 2005 läuft das Auswahlverfahren.

[26] Die *VW Coaching* wurde 1995 als Tochter der *Volkswagen AG* gegründet und beschäftigt heute mehr als 800 MitarbeiterInnen an sechs Standorten.

VW stellt das Budget für die ersten fünf Jahre, bei kontinuierlichem Betrieb sind Studiengebühren geplant. Für Externe sollen dann marktübliche Preise gelten.

Der Führungsstab der *AutoUni* umfasst neben dem Präsidenten zwei Aufsichtsgremien: den ‚Council' und das ‚Scientific Board'. Ersterer vertritt die strategischen Interessen des Konzerns, letzteres sichert die Einhaltung akademischer Standards. Der Präsident berichtet direkt an den Personalvorstand.

Trotz eines gewissen wissenschaftlichen Stammpersonals (z.B. die ‚Deans' der drei ‚Schools') soll es ein fluktuierendes System von Dozierenden geben, die extern rekrutiert werden. Etwa die Hälfte der Dozenten stellt *VW* selbst.

Die *AutoUni* kooperiert mit zahlreichen international anerkannten Institutionen; es gibt aber auch Formen der regionalen Zusammenarbeit.[27]

Kritische Bewertung

Die Fallbeispiele zeigen, dass die realisierten Ausgestaltungen der CUs erheblich variieren. Bei der *Bertelsmann University* steht die Vernetzung der Topmanager untereinander mit dem Ziel, strategische Themen zu bearbeiten, im Vordergrund. Die Veranstaltungen richten sich an diejenigen, die bereits eine Führungsposition im Konzern innehaben. Es werden also gemeinschaftliche Formen kollektiven Handelns gepflegt. Das Beziehungsgeflecht unter Gleichen führt zum Austausch von internem Know-how und dient der Umsetzung und Implementierung der Konzernstrategie. Diesem Anspruch wird Rechnung getragen.

Die Beschränkung auf die Managementelite verhindert allerdings die Möglichkeit überbetriebliche Expertennetzwerke zu bilden. Das Prestigeprojekt hält in der Hierarchie weiter unten stehende Mitarbeiter davon ab, sich an Entscheidungsprozessen zu beteiligen.

Die *AutoUni* soll ein Katalysator von Innovationen im Bereich ‚Mobilität' sein. Ein eigener Campus bietet die strukturellen Voraussetzungen für die parallele Entwicklung von Forschen und Lernen. Die breite Öffnung der *AutoUni* unterstützt dieses Vorhaben. Die Zertifizierung könnte besonders für Personen attraktiv sein, die berufliche Perspektiven im Automobilbereich anstreben.

Ob die postgraduellen Angebote der *AutoUni* auch außerhalb des Konzerns Anerkennung im Sinne von symbolischen Kapital finden werden, bleibt abzuwarten. Ungewiss bleibt auch, ob der *VW*-Konzern sein Wissen anderen Bildungsträgern zur Verfügung stellen wird.

7. Fazit und Ausblick

Die Forderung nach ‚Lebenslangem Lernen' ist nicht nur als Bringschuld des Individuums zu verstehen, sondern es müssen innovative Rahmenbedingungen geschaffen werden. CUs können dabei einen Beitrag zur strategischen Personalpolitik leisten, indem sie dem Mitarbeiter ein Lernumfeld garantieren, das seine Kompetenzentwicklung ermöglicht. Dabei leis-

---

[27] *Eidgenössische Technische Hochschulen* (Schweiz), *Stellenbosch University* (Südafrika), *Massachusetts Institute of Technology*, USA, *RWTH* Aachen, *Hochschule der Bildenden Künste* Braunschweig, *Universität der Künste* Berlin, *TU* Berlin und Braunschweig, Universitäten Hannover und Göttingen.

ten CUs der Schaffung von Freiräumen und der Vermittlung extrafunktionaler Qualifikation bewusst Vorschub.

Mehr oder minder explizit gewünscht ist die Bildung informeller Netzwerke. Fasst man Beziehungen als gesellschaftliche Ressource, so wird die Frage des Zugangs zu sozialen Netzwerken soziologisch relevant. Sozialkapital kann hier als sinnvolle Erklärungsvariable hinzugezogen werden.

Persönliche Entwicklungs- und Karriereziele haben einen positiven Effekt auf die Verwirklichung institutioneller Ziele. Was aus individueller Sicht als Karrierekatalysator fungiert, dient firmenpolitisch betrachtet der Loyalitätsmaximierung künftiger Topmanager. CUs können unternehmensinterne Karrierewege strukturieren und organisieren.

Die Frage des ‚Etikettenschwindels' ist nicht eindeutig zu beantworten, da die Ausprägungen von CUs zu stark variieren, um eine gesicherte Aussage treffen zu können. Mit Ausnahme der wissenschaftlich fundierten Arbeit von Andresen (2003) finden sich zahlreiche Publikationen von Praktikern in Form von ‚best-practice'-Beispielen. Um weitere Ausführungen über das Phänomen ‚CU' zu formulieren ist eine detaillierte Analyse der Veränderung institutioneller Arrangements auf unterschiedlichen Ebenen (Gesellschaft, Organisation, Netzwerk, Individuum) notwendig geworden.

Es ist jedoch anzunehmen, dass es sich bei dem Konzept nicht um Weiterbildung nach dem ‚Gießkannenprinzip' handelt. Vielmehr verspricht es eine qualitativ neue Verbindung von Bildung und Arbeit durch die Einbeziehung verschiedener Akteure. Mitarbeiter beteiligen sich an der Formulierung und Umsetzung strategischer Themen und werden zunehmend in Managemententscheidungen integriert. Die Sichtweise auf Lernen als sozialen Prozess ist nicht durch rein technokratische Lerneffizienz eingeengt.

CUs werden zu zentralen Agenten von Innovationen und bereichern die üblichen Formen der Wissenskonstitution. Die Herausforderungen auf dem internationalen Bildungsmarkt verlangen zunehmende Kooperation staatlicher Hochschulen mit der Privatwirtschaft. Dies darf freilich nicht zur Einschränkung von kritischer Wissenschaft an der Universität führen.

Literatur

Allan, Mark (2002): What is a Corporate University and why should an organization have one?, in: Allan, Mark (Hrsg.) (2002): The Corporate University Handbook. Designing, Managing and Growing a Successful Program, New York: AMACOM American Management Association, S. 1-12

Andresen, Maike (2003): Corporate Universities als Instrument des Strategischen Managements von Person, Gruppe und Organisation. Eine Systematisierung aus strukturationstheoretischer und radikal konstruktivistischer Perspektive, Frankfurt a. M.: Lang

Barthold, Hans-Martin (2002): Wir pumpen das notwendige Zukunftswissen ins Unternehmen, in: Frankfurter Allgemeine Zeitung, Nr. 267, S. 57

Birkhölzer, Karl (1995): Lokale Ökonomie, in: Flieger, Burghard/Nicolaisen, Bernd/Schwendter, Rolf (Hrsg.) (1995): Gemeinsam mehr erreichen. Kooperation und

Vernetzung alternativ-ökonomischer Betriebe und Projekte, München: AG SPAK-Bücher, S. 501-522

Bourdieu, Pierre (1983): Ökonomisches Kapital, kulturelles Kapital, soziales Kapital, in: Kreckel, Reinhard (Hrsg.) (1983): Soziale Ungleichheiten, in: Soziale Welt, Sonderband Nr. 2/1983, Göttingen: Schwartz, S. 183-198

Bourdieu, Pierre (2004): Der Staatsadel, Konstanz: UVK-Verlag

Bundesministerium für Bildung und Forschung (Hrsg.) (2002): Corporate Universities in Deutschland. Eine empirische Untersuchung zu ihrer Verbreitung und strategischen Bedeutung, Bonn <URL: – http://www.bmbf.de/pub/corporate_universities_in_deutschland.pdf> [15.02.05]

Deiser, Roland (1998): Corporate Universities – Modeerscheinung oder strategischer Erfolgsfaktor?, in: Organisationsentwicklung 1/1998, S. 36-49

Deiser, Roland (2000): Das Modell der Corporate University, in: Politische Studien, 51. Jg., Sonderheft 2, S. 48-53

Domsch, Michel E./Andresen, Maike (2001): Corporate Universitites. Eine bildungshistorische Standortbestimmung. Ursprung und Entwicklung in den USA und Deutschland, in: Zeitschrift für Berufs- und Wirtschaftspädagogik 4/2001, S. 523-538

Franck, Georg (1998): Ökonomie der Aufmerksamkeit, Wien: Carl Hanser.

Fresina, Anthony J. (1997): The Three Prototypes of Corporate Universities, in: Corporate University Review, 6/1997, S. 3-6

Gehlen, Arnold (1986): Der Mensch. Seine Natur und seine Stellung in der Welt, Wiesbaden: Aula-Verlag

Gloger, Axel (2000): Schulen des Geschäfts, in: managerSeminare, 43/2000, S. 94-102

Gottwald, Uwe (2000): Die mg academy setzt auf Führungskräfteentwicklung, in: Personalwirtschaft, 4/2000, S. 45-50

Gottwald, Uwe (2001): Die mg academy. Die Corporate Universitie der mg technologies ag, in: Kraemer, Wolfgang/Müller, Michael (Hrsg.) (2001): Corporate Universities und E-Learning. Personalentwicklung und lebenslanges Lernen. Strategien – Lösungen – Perspektiven, Wiesbaden: Gabler, 471-488

Granovetter, Mark (1995): Getting a job. A study of contacts and careers, Cambridge, Mass: Harvard University Press

Hartung, Manuel J. (2004): Bildung aus der Fabrik, in: Die ZEIT, 35/2004

Hermreck, Immanuel/Moran, Steven (2002a): Corporate Universities & Organizational Learning. Making a Corporate Learning Work, <URL: http://www.aib.ws.tum.de/euram/hermreck_paper.pdf> [15.02.05]

Hermreck, Immanuel/Moran, Steven (2002b): Bertelsmann University (BU), in: Glotz, Peter/Seufert, Sabine (2002): Corporate University. Wie Unternehmen ihre Mitarbeiter mit E-Learning erfolgteich weiterbilden, Frauenfeld: Huber, S. 79-95

Heuser, Michael (2001): Corporate Universities als strategiebetriebene ‚Schulen des Geschäfts'. Das Beispiel Lufthansa School of Business, in: Friederichs, Peter/Althauser, Ulrich (Hrsg.) (2001): Personalentwicklung in der Globalisierung. Strategien der Insider, Neuwied; Kriftel: Luchterhand, S. 343-359

Hilse, Heiko (2001): The Schools of Business – the Business of Schools. Corporate Universities und traditionelle Universitäten in einem sich verändernden Bildungsmarkt, in: Kraemer, Wolfgang/Müller, Michael (Hrsg.) (2001): Corporate Universities und E-Learning. Personalentwicklung und lebenslanges Lernen. Strategien – Lösungen – Perspektiven, Wiesbaden: Gabler, S. 149-175

Horstkotte, Hermann (2003): Firmenhochschulen. Denkfabriken der Konzerne, in: Mitbestimmung 3/2003, S. 65-67

Jumpertz, Sylvia (2003): Corporate Universities. Kompetenzschmiede, in: managerSeminare, 63/2003, S. 86-94

Kraemer, Wolfgang; Klein, Stefanie (2001): Klassifikationsmodell für Corporate Universities, in: Kraemer, Wolfgang; Müller, Michael (Hrsg.) (2001): Corporate Universities und E-Learning. Personalentwicklung und lebenslanges Lernen. Strategien – Lösungen – Perspektiven, Wiesbaden: Gabler, S. 3-53

Lucchesi-Palli, Ferrante/Vollath, Johann (1999): Sinn und Unsinn von Corporate Universities, in: Neumann, Reiner/Vollath, Johann (Hrsg.) (1999): Corporate University. Strategische Unternehmensentwicklung durch maßgeschneidertes Lernen, Hamburg; Zürich: A&O des Wissens, S. 57-70

Mayer, Karl Ulrich (2003): Das Hochschulwesen, in: Arbeitsgruppe Bildungsbericht am Max-Planck-Institut für Bildungsforschung (2003): Das Bildungswesen in der Bundesrepublik Deutschland. Strukturen und Entwicklungen im Überblick, Reinbek: Rowohlt, S. 581-624

Meister, Jeanne C. (1998): Corporate Universities. Lessons in building a world-class workforce, New York: McGraw-Hill

Müller, Gabriele (2005): Corporate Universities unter Druck, in: Computerwoche 6/2005, S. 44

Müller, Michael (2001): DaimlerChrysler Corporate University. The Path to Top Performance, in: Kraemer, Wolfgang/Müller, Michael (Hrsg.) (2001): Corporate Universities und E-Learning. Personalentwicklung und lebenslanges Lernen. Strategien – Lösungen – Perspektiven, Wiesbaden: Gabler, S. 391-399

Müller, Michael/Kraemer, Wolfgang/Gallenstein, Christine/Fünfrocken, Gabriele (2001): DaimlerChrysler Corporate University Online. The E-Dimension of Executive Development, in: Kraemer, Wolfgang/Müller, Michael (Hrsg.) (2001): Corporate Universities und E-Learning. Personalentwicklung und lebenslanges Lernen. Strategien – Lösungen – Perspektiven, Wiesbaden: Gabler, S. 401-425

Münch, Joachim (2003): Status und Rolle der Corporate University zwischen betrieblicher Bildungsabteilung und öffentlicher Hochschule, in: Backes-Gellner, Uschi/Schmidtke,

Corinna (Hrsg.) (2003): Hochschulökonomie. Analysen interner Steuerungsprobleme und gesamtwirtschaftlicher Effekte, Berlin: Duncker & Humblot, S. 63-104

Prince, Christopher/Beaver, Graham (2001): The Rise and Rise of the Corporate University. The emerging corporate learning agenda, in: The International Journal of Management Education, 1/2001, S. 17-26

Renaud-Coulon, Annick (2002): Corporate Universities in Europe, in: Allan, Mark (Hrsg.) (2002): The Corporate University Handbook. Designin, Managing and Growing a Successful Program, New York: AMACOM American Management Association, S. 219-230

Sattelberger, Thomas/Heuser, Michael (1999): Corporate University. Nukleus für individuelle und organisationale Wissensprozesse, in: Sattelberger, Thomas (Hrsg.) (1999): Wissenskapitalisten, oder Söldner? Personalarbeit in Unternehmensnetzwerken des 21. Jahrhunderts, Wiesbaden: Gabler, S. 221-246

Schamari, Ulrich W. (2001): Firmenuniversitäten als Alternativen, in: managment & training 9/2001, S. 34-35

Schnittker, Nancy Belinda (2003): Kaderschmieden für Führungskräfte, in: Personalmagazin 1/2003, S.70-73

Schumm, Wilhelm (1999): Kapitalistische Rationalisierung und die Entwicklung wissensbasierter Arbeit, in: Konrad, Wilfried/Schumm, Wilhelm (Hrsg.): Wissen und Arbeit. Neue Konturen von Wissensarbeit, Münster, S. 152-183

Simmel, Georg (1919): Der Begriff und die Tragödie der Kultur, in: Simmel, Georg: Philosophische Kultur, Leipzig, S. 223-253

Stauss, Bernd (1999): Die Rolle deutscher Universitäten im Rahmen einer Corporate University, in: Neumann, Reiner/Vollath, Johann (Hrsg.) (1999): Corporate University. Strategische Unternehmensentwicklung durch maßgeschneidertes Lernen, Hamburg; Zürich: A&O des Wissens, S. 121-155

Svoboda, Michael/Hoster, Daniel (2000): Die Deutsche Bank Universität. Motor des Wandels, in: Welge, Martin K./Häring, Karin/Voss, Annette (Hrsg.): Management Development. Praxis, Trends und Perspektiven, Stuttgart: Schäffer-Poeschel, S. 175-194

Töpfer, Armin (1999): Corporate Universities als Intellectual Capital, in: Personalwirtschaft 7/1999, S. 32-37

Töpfer, Armin (2000): Corporate Universities. Brücke zwischen Theorie und Praxis, in: Personalführung 1/2000, S. 26-31

Volkswagen AutoUni (Hrsg.) (2004): Jahresbericht 2004 <URL: http://www.autouni.de/autouni_publish/master/de/downloads.contentliststandard.0009.file.tmp/autouni_05.pdf> [15.02.05]

Voß, G. Günter/Pongratz, Hans J. (1998): Der Arbeitskraftunternehmer. Eine neue Grundform der Ware Arbeitskraft?, in: Kölner Zeitschrift für Soziologie und Sozialpsychologie, Jg.50/1998, 131-158

Wesselhöft, Philip (2004): Büffeln fürs Business, in: McK Wissen. Das Magazin von McKinsey 8/2004, S. 38-43

Willich, Julia/Minks, Karl-Heinz (2004): Die Rolle der Hochschulen bei der beruflichen Weiterbildung von Hochschulabsolventen, Hannover: HIS Hochschul-Informationssystem GmbH <URL: http://www.bmbf.de/pub/his_projektbericht_11_04 .pdf> [15.02.05]

AutorInnen

Dr. rer. pol. *Heiko Burchert* studierte Betriebswirtschaftslehre und wurde in den Wirtschaftswissenschaften mit einer Dissertation über die Transformation ehemals volkseigener Betriebe in marktwirtschaftliche Unternehmen promovierte. Seit 1997 Schriftleiter der Zeitschrift Betriebswirtschaftliche Forschung und Praxis. Seit 2001 Professor für das Fachgebiet betriebswirtschaftliche und rechtliche Grundlagen des Gesundheitswesens am Fachbereich Pflege und Gesundheit der Fachhochschule Bielefeld. Arbeits- und Forschungsschwerpunkte: Gesundheitsökonomie (insb. Telemedizin, Rehabilitation und Pflege), Betriebswirtschaftslehre sowie Arbeits-, Sozial- und Strafrecht.

Sandra Dengler M.A., 1972 geboren, kaufmännische Ausbildung, Studium der beruflichbetrieblichen Weiterbildung, Politikwissenschaft und Psychologie an der Otto-von-Guericke-Universität Magdeburg. Von 2001 bis 2004 wissenschaftliche Mitarbeiterin an der Otto-von-Guericke-Universität Magdeburg, im Arbeitsbereich berufliche Weiterbildung und Personalentwicklung. Mitarbeit an verschiedenen Projekten, z.B. BMBF-Verbundprojekt „Inno-how. Wissensmanagement in der Produktentwicklung". Weitere Schwerpunkte in den Bereichen E-Learning und Professionsforschung. Seit 2005 Kommunikationstrainerin in einem Dienstleistungsunternehmen mit dem Schwerpunkt betriebliche Weiterbildung, Training und Coaching.

Dr. *Stephan Fischer* ist Vorstand der O&P Consult Organisations- und Personalentwicklungsberatung AG, Gründer sowie Mitgesellschafter der O&P Consult GmbH. Stephan Fischer ist Mitglied im Gesellschafter-Beirat der Firma Bürkert Fluid Control Systems in Ingelfingen. Er hat an der Universität Heidelberg Soziologie (M.A.) und Jura studiert und wurde 1996 an der Universität Trier zum Dr. rer. pol. promoviert mit einer empirischen Arbeit über Human Resource Management und Arbeitsbeziehungen. Seit 2000 ist er Lehrbeauftragter an der Universität Heidelberg für die Themen Personal- und Organisationsentwicklung. In dieser Aufgabe ist Mitinitiator des Schwerpunktstudiengangs „Professionalisierung in der Organisations- und Personalentwicklung (POP)".

Michael Friedel, geboren 1972 in Eberbach. Studium der Soziologie und Politikwissenschaft an der Universität Heidelberg und an der Rijksuniversiteit Leiden (Niederlande). Postgradueller Masterstudiengang im Bereich Politik und Verwaltung am College of Europe in Brügge. Verschiedene Tätigkeiten bei internationalen Organisationen in New York und im Kosovo. Seit 2004 Promotion an der Universität Heidelberg. Forschungsschwerpunkte: Europäische Integrationsforschung, Medizinsoziologie, Politische Soziologie, Konfliktforschung.

Dr. *Hans-Joachim Gergs* studierte Soziologie, Wirtschaftswissenschaften und Psychologie und promovierte am Institut für Soziologie an der Universität Jena. Er war einige Jahre in einem Beratungsunternehmen tätig und arbeitet seit zwei Jahren als Organisationsentwickler in einem deutschen Automobilkonzern. Seit 2000 ist er Lehrbeauftragter an der Fachhochschule Nürnberg im Masterstudiengang „Adult Education", seit 2003 ist er am Aufbau des MBA-Programms „Communicate" an der Technischen Universität München beteiligt, wo er die Themen „Organizational Change and Communication" vertritt. Ehrenamtlich engagiert er sich als Vorstand der „Stiftung Bildung und Beschäftigung" mit Themen der nachhaltigen Personalentwicklung.

Dr. *Holger Gerlach* studierte Soziologie, Wirtschafts-, Rechtswissenschaft und Wirtschaftspädagogik. Er promovierte über Unternehmensberatung im Mittelstand. Zunächst an der Universität Jena in verschiedenen Forschungsprojekten zu spezifischen Themen der Unternehmensberatung beschäftigt, wechselte er im Jahr 2000 in den Schuldienst und ist hier im Bereich Wirtschaft & Verwaltung als Lehrer tätig.

Dr. phil. *Carola Iller* studierte Erziehungswissenschaft/Weiterbildung und Politik an den Universitäten Heidelberg und Bremen und promovierte an der Universität Bremen 1999. Sie war wissenschaftliche Mitarbeiterin im Forschungsschwerpunkt „Arbeit und Bildung" 1992-1994 und im Fachbereich „Erziehungs- und Gesellschaftswissenschaften" 1995-2000 an der Universität Bremen. Seit Februar 2000 ist sie Wissenschaftliche Assistentin in der Arbeitseinheit „Weiterbildung und Beratung" am Erziehungswissenschaftlichen Seminar der Ruprecht-Karls-Universität Heidelberg. Schwerpunkte in Forschung und Lehre: Betriebliche Bildung, Altersgerechte Laufbahngestaltung, Lernerfordernisse im Kontext von Technik- und Organisationsgestaltung, Recht und Organisation der Weiterbildung, Arbeiten und Lernen in transnationalen Kontexten, Empirische Forschungsmethoden.

Elisabeth Kamrad, Diplomsozialwissenschaftlerin, Studium der Sozialwissenschaften (Sozialpsychologie, Soziologie, Arbeits- und Organisationspsychologie, Politikwissenschaft) an der Universität Mannheim. Wissenschaftliche Mitarbeiterin am Institut für Bildungswissenschaft der Universität Heidelberg. Interessensschwerpunkte: E-Learning und Beratung für kleine und mittlere Unternehmen, Selbstgesteuertes Lernen, Organisationsforschung in Weiterbildungs- und (Weiter-)bildungsberatungseinrichtungen.

Dr. phil. *Christiane Kerlen*; nach dem Studium des Wirtschaftsingenieurwesens an der TU Berlin mit der technischen Fachrichtung Elektrotechnik (Kommunikationstechnik) von 1995 bis 1997 Durchführung von Projekten zur Geschäfts- und Organisationsentwicklung in einer Saarbrücker Unternehmensberatung. Anschließend Wechsel an das Wissenschaftszentrum Berlin für Sozialforschung, um in einem organisationssoziologischen Promotionsprojekt die Problemdefinition im Organisationslernen empirisch anhand von Beratungsprozessen zu untersuchen. Seit 2001 bei der VDI/VDE Innovation + Technik GmbH mit den Themenschwerpunkten Analyse und Gestaltung von Kooperations- und Innovationsprozessen sowie Evaluation von Projekten und Programmen in Unternehmen. Seit 2003 Leiterin des Kompetenzfeldes „Organisationsgestaltung und Innovationsprozesse".

Sabine Kirchen-Peters studierte Soziologie an der Universität des Saarlandes. Arbeitet seit 1993 als wissenschaftliche Mitarbeiterin am iso-Institut, Saarbrücken, dort im Forschungsschwerpunkt „Menschen im Alter". Arbeitsschwerpunkte liegen im Bereich der Wissenschaftlichen Begleitforschung und Studien über Versorgungsstrukturen für alte und pflegebedürftige Menschen mit Fokus auf Demenz und Gerontopsychiatrie. Weitere Tätigkeitsfelder beziehen sich auf die Politikberatung, die Konzeptberatung in Pflegeeinrichtungen, das Projektmanagement sowie die Moderation von Gestaltungszirkeln.

Dr. med. *Hyun Soo KO* (Universität Heidelberg, Université de Montpellier, Mount Sinai Medical School New York). Wissenschaftliche Mitarbeiterin und Oberärztin in der pädiatrischen Radiologie der Universität Heidelberg und Lehrbeauftragte im Rahmen des Studiums der Humanmedizin, in der Ausbildung zur MTRA und in der Facharztweiterbildung der Kinderheilkunde.

Jong-Hee LEE, geboren in Südkorea. Studium der Germanistik und Jura in Seoul, Soziologie und Deutsch als Fremdsprachenphilologie an der Universität Heidelberg. Seit 2001 Promotion an der Universität Heidelberg. Co-Autorin des Buchprojekts "Koreanisch" sowie Dolmetscherin und Beraterin koreanischer und deutscher Unternehmen im interkulturellen Management (u.a. Daimler Chrysler und Hyundai). Forschungsschwerpunkte: Bildungssoziologie, Frauenforschung, Kultursoziologie und Koreaforschung.

Michael Mosner, selbstständig in Frankfurt am Main mit mosner&netzwerkpartner und der mosner-akademie. Berater für systemische Personal- und Organisationsentwicklung, Trainer und Coach, Dipl. in Paar- und Familienberatung. Stammt aus einem Familienunternehmen, im Erstberuf Elektromeister. Seit 1996 Lehrbeauftragter an der Universität Lüneburg im Masterstudiengang Sozialmanagement in den Themenfeldern ,Führung', Teamentwicklung, ,Projektmanagement'. Interessenschwerpunkte: Entwicklung beruflicher und persönlicher Identität, Generationenwechsel in Familienunternehmen, Führung, Teamentwicklung, Konfliktmanagement, Entwicklung von Coaching- und Consultingkompetenz, Beratung und Begleitung von Veränderungsprozessen.

Prof. Dr. *Markus Pohlmann*, geboren 1961, Studium der Soziologie, Geschichte und Volkswirtschaftslehre in Freiburg und Bielefeld, Wissenschaftliche Tätigkeit an verschiedenen Universitäten in Deutschland, längere Auslandsaufenthalte in den USA und Ostasien, seit 2003 Professor für Soziologie mit einem Schwerpunkt in der Organisationssoziologie an der Ruprecht-Karls-Universität Heidelberg, Arbeitsschwerpunkte: Kultur-, Organisations-, Industrie- und Wirtschaftssoziologie.

Prof. Dr. *Sibylle Peters,* Studium der Soziologie und Erziehungswissenschaft, Professur für betriebliche Weiterbildung und Personalentwicklung am Institut für Berufs- und Betriebspädagogik der Fakultät für Geistes-, Sozial- und Erziehungswissenschaften an der Otto-von-Guericke-Universität Magdeburg. Schwerpunkte sind:Wissensmanagement und Wissensvernetzung, Führungsnachwuchskräfteentwicklung und Mentoringprogramme in mittelständischen Unternehmen. Neuere Schwerpunkte konzentrieren sich auf die Entwicklung neuer Studiengänge wie online-Projektmanagement und Wissens- und Kompetenzmanagement.

Matthias Rolle, Studium der Erziehungswissenschaften, Soziologie und Psychologie (Universität Heidelberg). Koordination des Zusatzstudiums „Professionalisierung in Organisations- und Personalentwicklung" am Institut für Soziologie. Zusatzausbildung zum Systemischen Berater. Interessenschwerpunkte: Personal- und Organisationsentwicklung, Alternde Belegschaften und Auswirkungen auf die betriebliche Praxis, Qualifizierung älterer Beschäftigter.

Dr. phil. *Bernd Schmid* studierte Wirtschaftswissenschaften und promovierte in Erziehungswissenschaften und Psychologie. Systemischer Berater und Supervisor. Lehrtrainer und

Vortragender im Bereich Psychotherapie, Coaching, Supervision, Systemische Beratung und Organisations- und Personalentwicklung. Interessensschwerpunkte: Systemische Lern-, Professions- und Arbeitskultur, seelische Entwicklung und berufliche Wirklichkeiten sowie die Arbeit mit Träumen.

Prof. Dr. *Christiane Schiersmann*, Jahrgang 1950, Studium der Erziehungswissenschaft, Soziologie, Germanistik und Politikwissenschaft in Kiel und Göttingen. 1976 Promotion zum Dr. phil. an der Universität Göttingen. 1976 bis 1985 wissenschaftliche Assistentin an der Universität Münster. Dort 1990 Habilitation für das Fach Erziehungswissenschaft. 1985 bis 1990 stellvertretende bzw. kommissarische Leiterin des Forschungsinstituts Frau und Gesellschaft in Hannover. Seit 1990 Professorin an der Universität Heidelberg, aktueller Forschungsschwerpunkt: Bildungswissenschaft mit dem Schwerpunkt Weiterbildung und Beratung.

Annette Schilli, Studium der Musik in Freiburg und San Diego University of California. Sie ist seit 1991 im Orchester am Nationaltheater Mannheim als Vorspielerin der Kontrabässe engagiert. Als Mitglied der örtlichen Personalvertretung seit 1997 Mitarbeit an verschiedenen theaterspezifischen Konzepten im Personalbereich, u.a. einem Personalentwicklungskonzept. Daneben Studium der Soziologie mit Schwerpunkt Industrie- und Betriebssoziologie an der Universität Heidelberg.

Annika Sixt, M.A., Studium der Erziehungswissenschaft und Soziologie (Universität Heidelberg). Wissenschaftliche Mitarbeiterin des berufsbegleitenden Masterstudiengangs „Berufs- und organisationsbezogene Beratungswissenschaft" am Institut für Bildungswissenschaft der Universität Heidelberg. Interessensschwerpunkte: Betriebliche Weiterbildung in kleinen und mittleren Unternehmen, Beratungsansätze und -konzepte für den Bereich Bildung, Beruf und Beschäftigung und Qualität von Beratung.

Jutta Staudte, geboren 1979 in Weilburg. Studium der Soziologie und Wirtschaftswissenschaften an der Ruprecht-Karls-Universität Heidelberg. Seit 2004 Promotion an der Fakultät für Wirtschafts- und Sozialwissenschaften der Universität Heidelberg. Forschungsschwerpunkte: Elitenbildung, Berufliche Weiterbildung und Techniksoziologie

Thorsten Veith, M.A. in Erziehungswissenschaft, Soziologie und Politikwissenschaft (Universität Heidelberg) und Diplom in Sciences Sociales (Institut d'Études Politiques de Paris). Interessensschwerpunkte: Bildungsmanagement, Lernkulturentwicklung und kollegiale Beratung, Etablierung von Formen neuer Didaktik und Lernkultur im Bildungsbereich (v.a. im Hochschul- und Organisationsbereich), Entwicklung von Lernberatungsmodellen für Übergangs- und (Um-) Orientierungsphasen.